全国技工院校计算机类专业教材

（中/高级技能层级）

“十三五”职业教育国家规划教材

Photoshop 平面设计与制作

（第二版）

人力资源社会保障部教材办公室　组织编写

中国劳动社会保障出版社

简介

本书主要内容包括：认识 Photoshop，图像的绘制与处理，图层的应用，路径和文字工具[illegible]用，蒙版的应用，滤镜的应用，颜色调整，通道的应用、图像批处理及 GIF 动画的制作，综合项目训练等。

本书由吕猛主编，叶矿任副主编，钟瑜静、杨林娟、朱一赵、黄晓欣、陈建美、黄丽怡、曾文珍、袁荣豪、谢石锁、秦文文、王彩霞、刘珊珊参加编写；何意满审稿。

图书在版编目（CIP）数据

Photoshop平面设计与制作 / 人力资源社会保障部教材办公室组织编写. -- 2版. -- 北京：中国劳动社会保障出版社，2019

全国技工院校计算机类专业教材. 中 / 高级技能层级

ISBN 978-7-5167-4050-7

Ⅰ. ①P… Ⅱ. ①人… Ⅲ. ①平面设计-图象处理软件-技工学校-教材 Ⅳ. ①TP391.413

中国版本图书馆CIP数据核字（2019）第149408号

中国劳动社会保障出版社出版发行

（北京市惠新东街 1 号　邮政编码：100029）

*

北京市艺辉印刷有限公司印刷装订　新华书店经销

787 毫米 ×1092 毫米　16 开本　20.25 印张　385 千字

2019 年 8 月第 2 版　2021 年 5 月第 4 次印刷

定价：49.00 元

读者服务部电话：（010）64929211/84209101/64921644

营销中心电话：（010）64962347

出版社网址：http://www.class.com.cn

http://jg.class.com.cn

前　言

为了更好地满足技工院校计算机类专业的教学要求，适应计算机行业的发展现状，全面提升教学质量，人力资源社会保障部教材办公室组织全国有关学校的一线教师和行业、企业专家，充分调研企业用人需求和学校教学情况，吸收借鉴各地技工院校教学改革的成功经验，根据人力资源社会保障部颁发的《技工院校计算机类通用专业课教学大纲（2015）》《技工院校计算机应用与维修专业教学计划和教学大纲（2015）》《技工院校计算机网络应用专业教学计划和教学大纲（2015）》对相关教材进行了修订。本次修订的教材包括:《电工与电子技术基础（第三版）》《键盘操作与五笔字型（第二版）》《计算机应用基础（第二版）》《常用办公软件（第三版）》《计算机组装与维护（第二版）》《Dreamweaver 网页设计与制作（第二版）》《Photoshop 平面设计与制作（第二版）》《Flash 动画设计与制作（第二版）》《计算机网络基础与应用（第二版）》《Internet 基础与应用（第三版）》《常用工具软件（第三版）》《微型计算机外围设备（第四版）》《制图与机械常识（第三版）》等。

本次教材修订工作的重点主要有以下几个方面:

第一，坚持以能力为本位，突出职业教育特色。

根据计算机类专业毕业生所从事职业的实际需要，合理确定学生应具备的知识结构与能力结构，对教材内容的深度、难度做了调整。同时，进一步加强实践性应用环节，突出职业教育特色，以满足社会对技能型人才的需要。

第二，兼顾技术发展与教学条件，突出计算机综合应用能力培养。

针对计算机软、硬件更新迅速的特点，在教学内容选取上，既注重体现新软件、新知识，又兼顾技工院校教学实际条件。在教学内容组织上，不仅仅局限于某一计算机软件版本的具体功能，而是更注重计算机使用能力的拓展，使学生能够触类旁通，提升计算机使用的综合能力，为后续专业课程的学习打下良好的基础。

第三，创新教材编写模式，注重实践能力培养。

根据技工院校学生认知规律，创新教材编写模式，以完成具体工作过程为主线组织教材内容，将理论知识的讲解与具体的任务载体有机结合，激发学生学习兴趣，提高学生实践能力。

第四，丰富教材表现形式，提高教材可读性。

在表现形式上，通过丰富的操作图片和软件截图详尽地指导任务操作步骤和软件使用方法，使教材内容更加直观、形象。结合计算机类专业教材的特点，多数教材采用四色印刷，图文并茂，增强了教材内容的表现效果，提高了教材的可读性。

第五，开发多种教学资源，提供优质教学服务。

在教学服务方面，为方便教师教学和学生学习，配套提供了制作素材、电子课件、教案示例等教学资源，可通过中国技工教育网（http://jg.class.com.cn）下载使用。除此之外，在部分教材中还借助二维码技术，针对教材中的重点、难点内容，开发制作了操作演示微视频，可使用移动设备扫描书中二维码在线观看。

本次教材的改版工作得到了河北、黑龙江、江苏、河南、广东、重庆等省（直辖市）人力资源社会保障厅（局）及有关学校的大力支持，在此我们表示诚挚的谢意。

人力资源社会保障部教材办公室

2019 年 1 月

目录

CONTENTS

项目一
认识 Photoshop

Photoshop 常被简称作“PS”，是由 Adobe 公司开发的一款图像处理软件，在 Windows 和 macOS 两大操作系统中均有相应的版本可使用，目前使用的最新版本为 Photoshop CC 系列。它的功能强大，操作界面友好，得到了很多开发厂家的支持，同时也得到了广大用户的好评。它主要用来处理由像素组成的数字化图像，其主要功能包括图像编辑、图像合成、校色调色及特效制作等。

本项目通过“玩具飞机上色”“证件照”“圆形标志”“照片批处理”等任务实例，练习文件的新建、打开及储存，工具调版的使用，颜色的应用，图像尺寸的调整，选取的使用以及批处理等基本操作，学习 Photoshop 软件的基本使用方法，为后续学习打下坚实的基础。

任务 1　玩具飞机上色

学习目标

1. 熟悉 Photoshop CC 的工作界面。
2. 了解常见的图像文件格式，能完成文件的新建、打开和存储操作。
3. 能使用“选区工具”“魔棒工具”“缩放工具”基本工具对图片进行编辑。
4. 能使用“拾色器”选取所需颜色。

任务分析

小时候，大家都玩过为空白的图画填充颜色的游戏，当时使用的工具是彩笔，在 Photoshop 中，也可以实现类似的功能。本任务将图 1—1 所示的黑白图片通过填充颜色

转换为图 1—2 所示的彩色图片。通过这一简单的练习，用户可熟悉 Photoshop 的工作界面和基本工具的使用方法。

● 图 1—1　素材　　● 图 1—2　最终效果

相关知识

一、Photoshop 的工作界面

Photoshop CC 的工作界面如图 1—3 所示，主要由菜单栏、工具选项栏、工具面板、文档窗口、面板等组成。

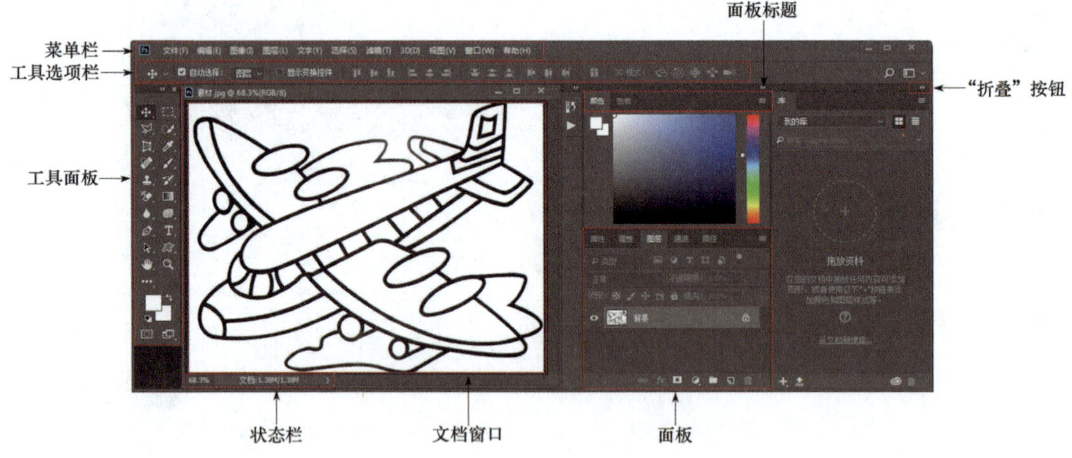

● 图 1—3　Photoshop CC 的工作界面

1. 菜单栏

Photoshop CC 共有 11 个菜单，分别是文件、编辑、图像、图层、文字、选择、滤

镜、3D、视图、窗口和帮助。菜单中几乎包含了 Photoshop 的所有命令，可以通过这些命令完成各种操作。

2. 工具选项栏

工具选项栏也称属性栏，当选择不同的工具时，工具选项栏中会出现相应的选项，可以在这里方便地设定相应工具的各种属性。

3. 工具面板

默认情况下，工具面板显示在屏幕的最左侧，如图 1—4 所示的工具面板显示为双列，可以根据个人的使用习惯调整为单列显示，切换方法为单击工具面板最上面的 。

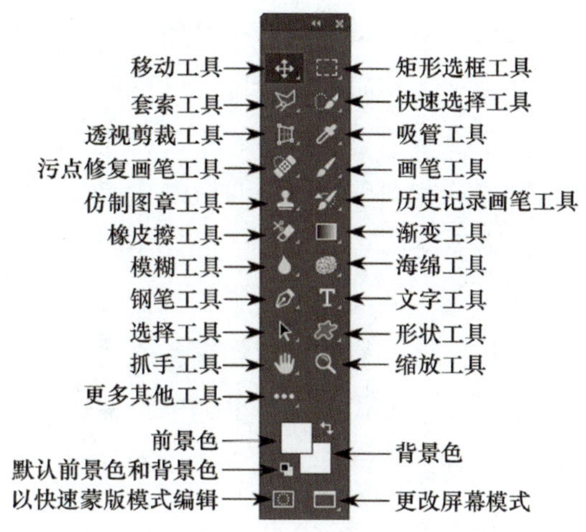

图 1—4 工具面板

单击工具面板右上方的关闭按钮 可以关闭当前的工具面板，如需再次启用可执行“窗口”→“工具”命令来恢复。

将鼠标放在工具图标上一段时间，系统会显示该工具的名称。

工具图标右下角的小黑三角形表示该工具还有其他隐藏的同类工具，在这些图标上按下鼠标不放或右击，就可以显示隐藏的工具图标和相应的工具名称。

提示

可按 Tab 键显示或隐藏除菜单栏和文档窗口以外的一切面板。此操作用于全屏观察和编辑文档。

4. 文档窗口

位于软件中间部位的窗口是图像文档的编辑窗口，它是 Photoshop 的主要工作区，用于显示图像文件。如果同时打开了多幅图像，可通过单击图像窗口或顶部的标签进行切换。

提示

切换图像窗口可使用 Ctrl+Tab 键。

5. 面板

面板也称为活动控制面板，是 Photoshop 程序必不可少的组成部分，之所以称为活动控制面板，是因为这些面板可以根据用户的需要显示或隐藏。

通过单击“窗口”菜单下相应的命令可打开相应的面板。

面板和工具面板一样可以进行折叠，单击面板区右上角的可折叠或展开面板。

每个面板除了窗口中的参数选项外，单击其右上角的按钮还可以弹出面板命令菜单，利用这些菜单可增强面板的功能，如图 1—5 所示。

6. 标题栏

在 Photoshop CC 中每个文档窗口都有自己的标题栏，显示在文档的上方，包含文档名称、扩展名、缩放比例和颜色模式等基本信息。

文档显示方式默认为平铺整个编辑区。如果需要恢复成活动窗口，可以通过右击标题栏，选择“移动到新窗口”命令来实现，如图 1—6 所示；也可以通过向下拖动该窗口标题栏来实现。

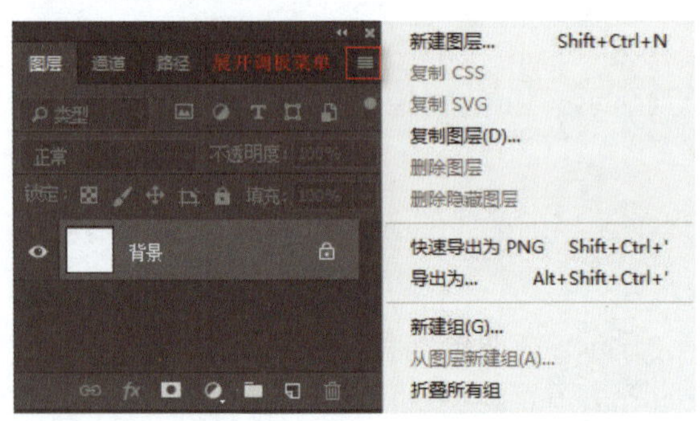

图 1—5 面板命令菜单

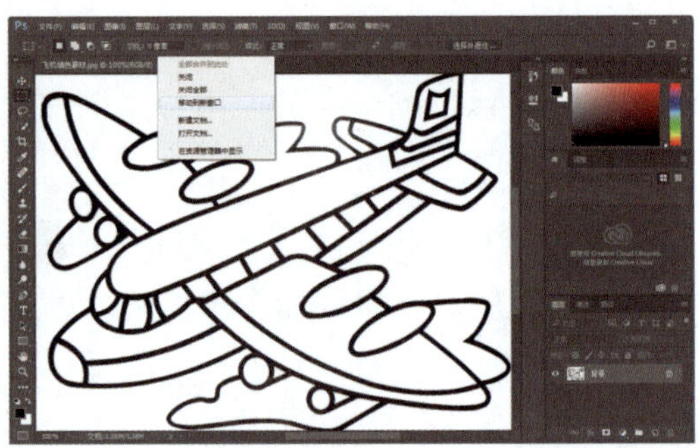

图 1—6 “移动到新窗口”命令

7. 状态栏

状态栏位于窗口的最底部，主要用于显示该图像处理过程中的相关信息，一般包括显示比例栏和文档大小等信息。在显示比例栏中直接输入数值可以改变当前图像显示的比例。

二、Photoshop 图像文件的基本操作

在 Photoshop 中，图像文件的基本操作主要包括：文件的打开、新建和保存。

1. 文件的打开

需要打开一幅已有的图像时，可以通过执行“文件”→“打开”命令，弹出图 1—7 所示的对话框，单击“打开”按钮打开选中的图像。

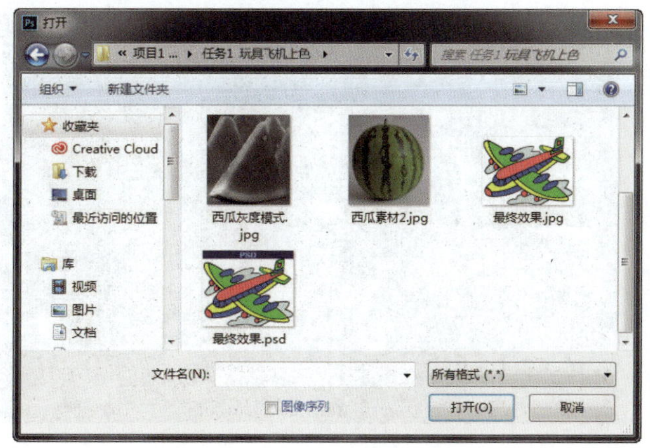

● 图 1—7 “打开”对话框

提示

还可以使用 Ctrl+O 键，或按住 Ctrl 键并在文档窗口外的灰色区域双击左键来打开文件。

2. 文件的新建

执行“文件”→“新建”命令，会弹出“新建文档”对话框。在 Photoshop CC 2017 以前的版本中，“新建”菜单界面如图 1—8a 所示。在 Photoshop CC 2017 及以后的版本中，其界面如图 1—8b 所示，功能和前一版本相比更为丰富。选择菜单“编辑”→“首选项”→“常规”，在“常规”选项卡中可通过“使用旧版‘新建文档’界面”单选框在两种界面间进行切换。

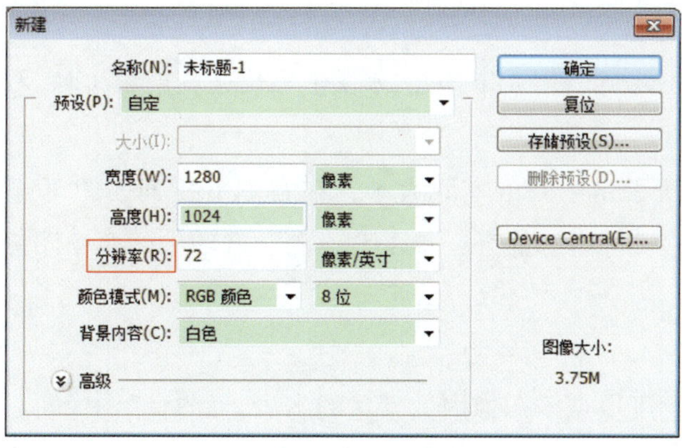

a）

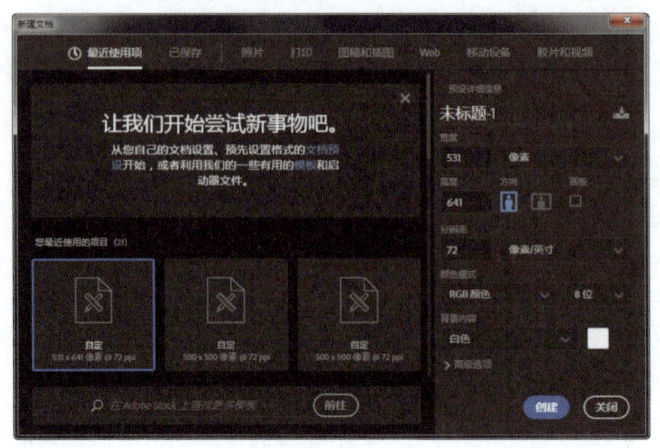

b）

● 图 1—8 “新建文档”对话框

在新版“新建文档”对话框中单击对话框的各模板选项，可从左侧窗格列出的模板中选择各类预设图像规格，如各种尺寸的照片、各种尺寸的纸张、各种尺寸的网页用图、各种尺寸的移动设备用图等。在旧版“新建文档”对话框或新版的窗口右侧，可对图像的参数进行详细设置，主要包括图像的名称、宽度和高度、分辨率、颜色模式、背景内容等。

（1）名称

名称指新建图像文档的名称，默认为“未标题 -1”，如继续新建，缺省将以“未标题 -2”命名。

提示

在命名时最好能做到“见名知意”，方便下次快速找到该文档。

（2）宽度和高度

宽度和高度用于设定图片的实际大小，在右侧下拉列表中可选择所使用的计量单位，如像素、厘米、英寸等。此外，单击“方向”选项中的两个图标可快速交换宽度和高度的数值。

（3）分辨率

分辨率用于设定度量点阵图像内像素量的多少，即打印图像时，在每个单位长度打印的像素数，通常以“像素 / 英寸”表示。默认情况下的分辨率 72 像素 / 英寸表示每英寸包含 72 个像素点。在图像尺寸相同的情况下，当图像的分辨率越高时，其单位面积内所包含的像素就越多，图像就越清晰；反之，图像就越模糊。这就是将图像放得过大时，图像看上去很模糊的原因。

（4）颜色模式

颜色模式用于设定新建图像的色彩模式，包括“RGB 颜色”“位图”“灰度”“CMYK 颜色”“LAB 颜色”等。通常情况下将颜色模式设置为“RGB 颜色”。

（5）背景内容

背景内容用于设定新建图像文档的背景颜色，包含“白色”“背景色”“透明”三个选项。

完成相关设定后，单击“确定”按钮即可建立一个新的图像，如图 1—9 所示。

3. 文件的保存

Photoshop 没有自动保存功能，处理过的文件一定要及时保存，第一次保存图像时，会弹出“另存为”对话框，如图 1—10 所示，设置合适的存储路径，输入文件名后单击“保存”按钮，默认保存的文件格式为 Photoshop 识别的源文件格式，即 PSD 格式。图像在应用到其他场合时需要设置为其他格式，如网页中常见的格式 JPEG、GIF、PNG 等。单击“另存为”对话框中“保存类型”下拉列表，如图 1—11 所示，选择需要保存的文件格式即可。

● 图 1—9　新建图像文档

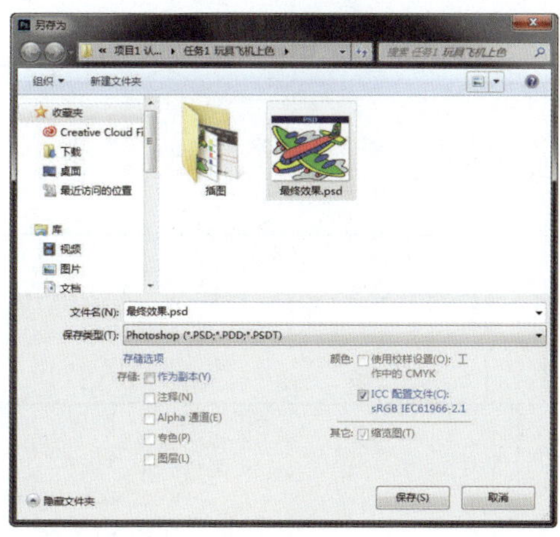

● 图 1—10　“另存为”对话框

● 图 1—11　Photoshop 图像格式

提示

在编辑图像过程中，为防止因停电或意外而前功尽弃，要随时按 Ctrl+S 键进行保存。

不同格式的图像有不同的特点，其应用场合也有所不同，见表 1—1。

表 1—1 常见图片文件格式比较

文件类型	优点	缺点
GIF	适用于网页 支持透明背景 支持动画 支持图形渐进 支持无损压缩	只有 256 种颜色
JPEG	适用于网页 支持上百万种颜色 有损压缩，文件小，质量好	有损压缩不可恢复 不支持透明背景 不支持动画 不支持图形渐进
PNG	适用于网页 良好压缩功能 无限调色板功能	不支持动画
PSD	适合印刷 便于再次编辑	文件通常较大，不适用于网页
BMP	使用广，支持模式较多 无压缩	文件通常较大，不适用于网页
TIFF	多种程序支持 有图层，可修改压缩	文件通常较大，且兼容性差，不适用于网页

三、图像的颜色模式

在使用 Photoshop 编辑图像的过程中，需要应用和处理各种颜色模式的图片素材，只有了解各种颜色模式，才能更加精确地描述、修改和处理图片。

1. 几种常见的颜色模式

（1）RGB 颜色模式

RGB 颜色模式是屏幕显示的最佳颜色，也称为加色模式，由红（red）、绿（green）、蓝（blue）三种颜色组成，每一种颜色有 0 ～ 255 种亮度变化。屏幕上显示的颜色都是由改变这三种基本颜色的比例值形成的。

（2）CMYK 颜色模式

CMYK 颜色模式由青（cyan）、洋红（magenta）、黄（yellow）、黑（black）组成，也称为减色模式。一般打印输出及印刷都采用这种模式。

（3）HSB 颜色模式

HSB 颜色模式将色彩分解为色调、饱和度及亮度，通过调整色调、饱和度及亮度得到颜色的变化。

（4）Lab 颜色模式

Lab 颜色模式通过一个光强和两个色调来描述，一个色调称为 a，另一个色调称为 b。它主要影响着色调的明暗，是从一种颜色模式转变到另一种颜色模式的中间形式。一般 RGB 转换成 CMYK 都要先经 Lab 的转换。

（5）灰度模式

灰度模式下只用黑色和白色显示图像，像素 0 为黑色，像素 255 为白色。要将彩色图像转换成高品质的黑白图像，Photoshop 会扔掉原有图像中所有的颜色信息，被转换像素的灰度级表示原像素的亮度。

（6）索引模式

索引模式下图像像素用一个字节表示，它最多包含有 256 色的色表储存并索引其所用的颜色，图像质量不高，空间占用较少。

（7）位图模式

位图模式只使用黑白两种颜色中的一种表示图像中的像素，包含的信息最少，从而占磁盘空间最小。

2. 颜色模式的转换

转换图像颜色模式的具体方法如下：

（1）执行“文件”→“打开”命令，在“打开”对话框中选择本任务素材“西瓜 .jpg”，如图 1—12 所示。

（2）单击“打开”按钮，打开素材图片，如图 1—13 所示。

（3）执行“图像”→“模式”命令，显示图 1—14 所示的“模式”子菜单选项，其中已勾选的“RGB 颜色”就是当前图像的颜色模式。

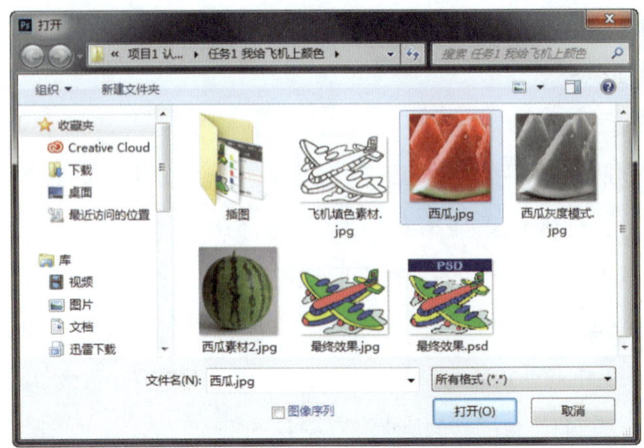

● 图 1—12 选择“西瓜 .jpg”

● 图 1—13 西瓜 .jpg

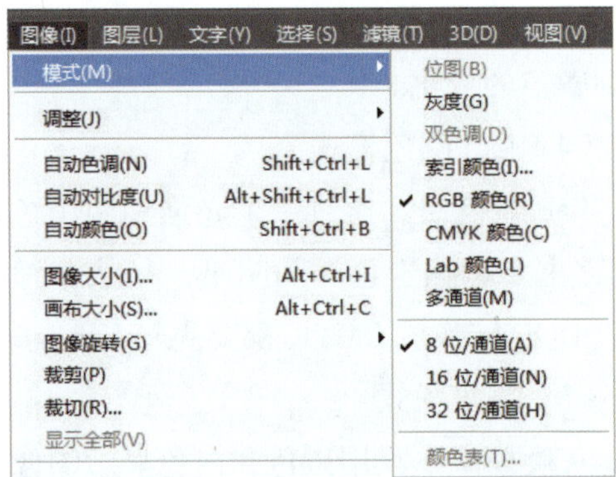

● 图 1—14 “模式”子菜单选项

（4）在“模式”子菜单中选择“灰度”，弹出询问对话框，如图 1—15 所示。

（5）单击“扔掉”按钮，图像的颜色模式转换为灰度模式，如图 1—16 所示。

（6）执行“文件”→“存储为”命令，可以在弹出的对话框中对转换后的图像进行保存。

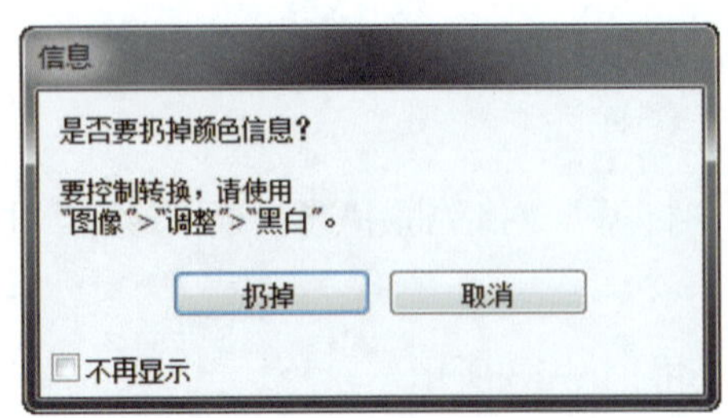

● 图 1—15 询问对话框

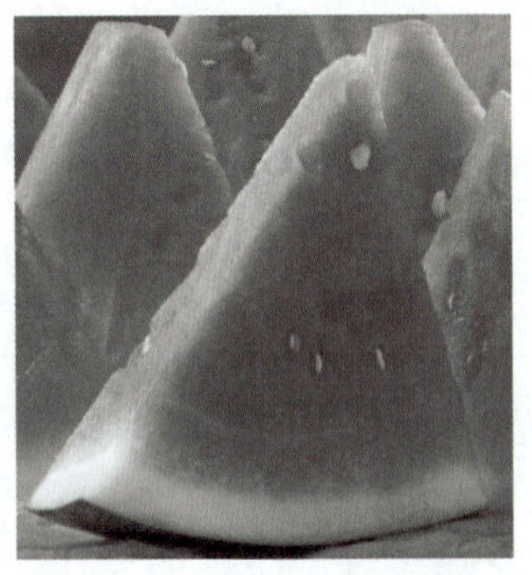

● 图 1—16 灰度模式效果

四、魔棒工具

“魔棒工具” 用来选择颜色相同或相近的像素，选项栏如图 1—17 所示。容差表示可允许的相邻像素间的近似程度，取值为 0~255，其值越大，选取的范围越大。勾选“连续”，表示只选取连续的区域。勾选“对所有图层取样”，表示不仅对当前图层进行选择，还会对其他可见图层进行选择。

● 图 1—17 “魔棒工具”选项栏

容差为 15 时创建的选区如图 1—18 所示；容差为 50 时创建的选区如图 1—19 所示。可见容差为 50 时的选取范围大于容差为 15 时的选取范围。

● 图 1—18 容差为 15 的选区

● 图 1—19 容差为 50 的选区

五、拾色器和颜色面板

“拾色器”和“颜色”面板用于色彩的选择。执行“窗口”→“颜色”命令可切换“颜色”面板的显示和关闭。“颜色”面板显示在窗口右侧，如图 1—20 所示。在“颜色”面板中单击“设置前景色”或“设置背景色”按钮后，再单击选择相应的颜色即可对前景色和背景色进行快速设置。在选中状态下再次单击相应的按钮，即可打开“拾色器”对话框，对颜色的参数进行详细设置。如设置前景色的“拾色器（前景色）”对话框如图 1—21 所示。此外，直接单击左侧工具调板中的“设置前景色”按钮就可直接打开“拾色器”对话框。

● 图 1—20 “颜色”面板

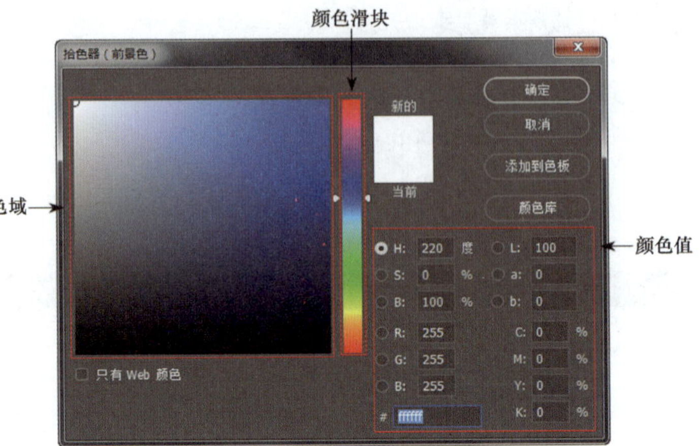

● 图 1—21 “拾色器（前景色）”对话框

在进行颜色选择时，可以先在颜色滑块中选取大致的颜色，再用鼠标在色域中单击选择颜色；也可以在颜色值区域直接输入特定的颜色值。

任务实施

按以下步骤完成本任务的操作，扫描右侧二维码可观看视频讲解。

1. 执行“文件”→“打开”命令，打开本任务素材“飞机.jpg”。

2. 选择“魔棒工具”。方法是右击“快速选择工具”，在弹出的菜单中选择“魔棒工具”，如图 1—22 所示。

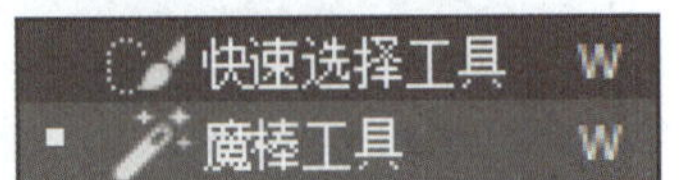

● 图 1—22 选择“魔棒工具”

3. “魔棒工具”选项栏参数设置如图 1—23 所示。

● 图 1—23 “魔棒工具”选项栏参数设置

4. 单击需要填色的区域，形成选区，如图 1—24 所示。

5. 选择“图层”面板，单击“新建图层”按钮 得到“图层 1”，如图 1—25 和图 1—26 所示。

6. 单击工具面板中“设置前景色”按钮，如图 1—27 所示。

● 图 1—24 形成选区

7. 打开“拾色器（前景色）”对话框，设置前景色为 #f9576e，如图 1—28 所示，然后单击“确定”按钮。

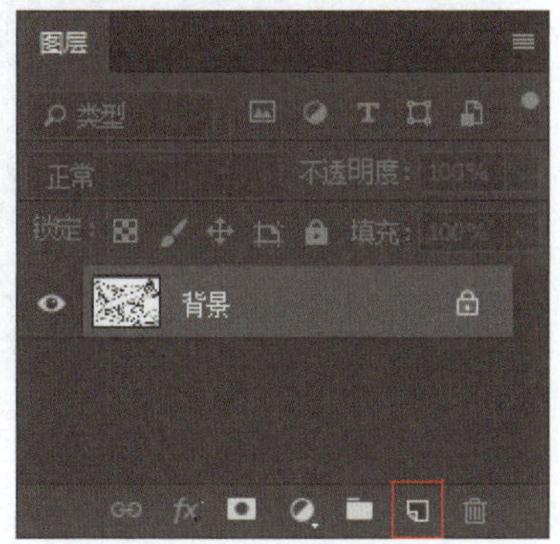

● 图 1—25　“新建图层”按钮

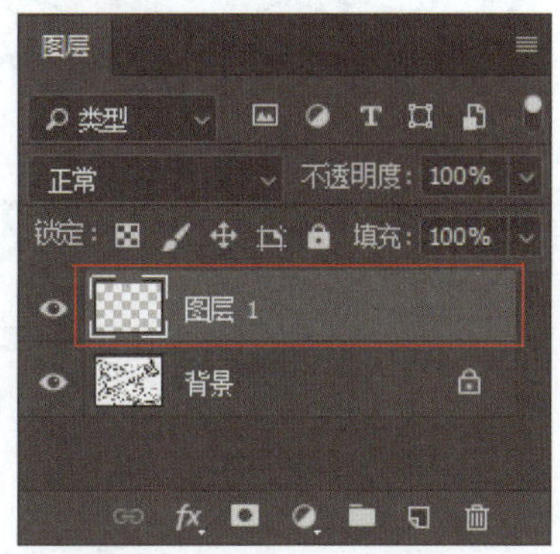

● 图 1—26　新建“图层 1”

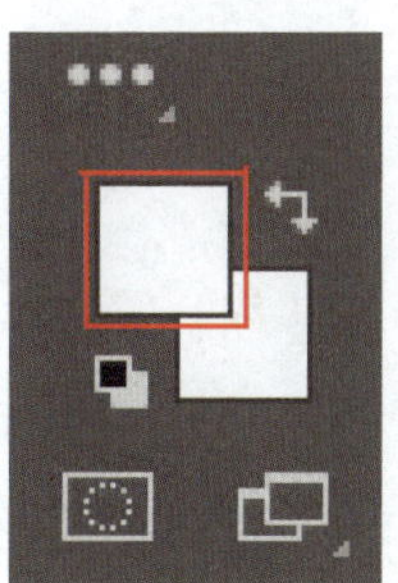

● 图 1—27　“设置前景色”按钮

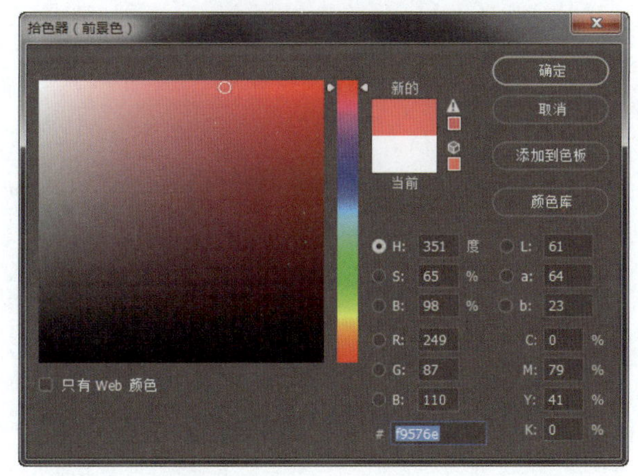

● 图 1—28　设置前景色

8. 按 Alt+Delete 键填充前景色，效果如图 1—29 所示。

9. 填充颜色后的“图层 1”效果如图 1—30 所示。

10. 按 Ctrl+D 键取消选择。

11. 重复步骤 4~10，为其他选区填充颜色，所用颜色包括 #fbfd0b、#10dd36、#398ff8 和 #dbddda，最终效果如图 1—2 所示。

12. 执行“文件”→“存储为”命令，将文件以“飞机填色最终效果”为名保存为 PSD 格式。

● 图 1—29　填充后飞机效果

● 图 1—30　“图层 1”填充颜色

任务 2　证件照

学习目标

1. 能使用“裁剪工具”将图像裁剪为所需尺寸。
2. 能调整图像大小和画布大小。
3. 能使用自定义图案填充画面。

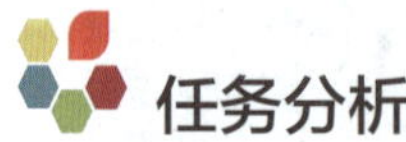

任务分析

日常生活中我们经常要用到各种不同规格的证件照，利用 Photoshop 软件能够非常方便地将生活照处理成所需的各种证件照。本任务将使用生活照制作标准一寸彩色照，要用到的主要工具和命令有“裁剪工具”“定义图案”命令和“画布大小”命令，素材和最终效果如图 1—31 和图 1—32 所示。

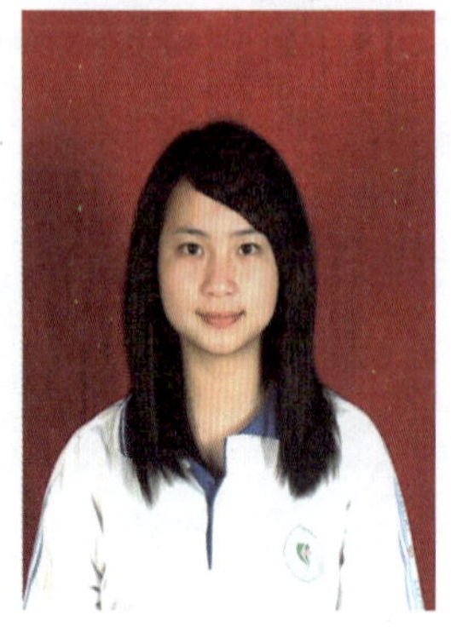

● 图 1—31　素材

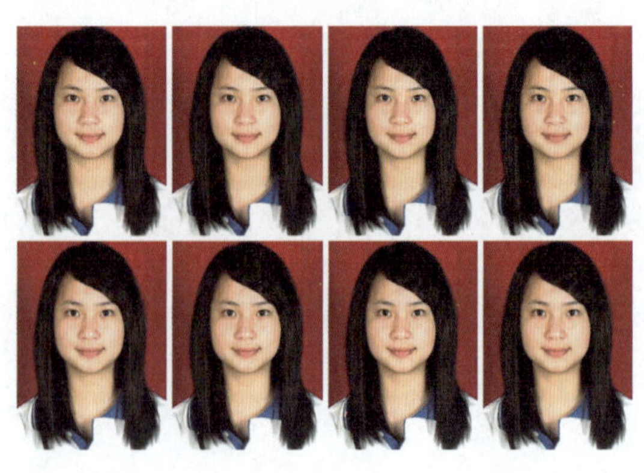

● 图 1—32　最终效果

相关知识

一、画布与图像

1. 画布的概念

画布是用于编辑图像的区域。简单地说，如果将图像比喻成一幅画，那么画布就是画纸。

2. 调整画布大小

如果图像由于尺寸或绘制位置的原因超出了画布范围，就无法完整地显示图像的内容，这时要通过调整画布的大小来解决问题。

打开本任务素材“花.jpg”，执行“图像”→“画布大小”命令，弹出“画布大小”对话框，如图 1—33 所示。

对话框的最下端可以设置画布的扩展颜色。默认情况下为背景色，也可以根据需要更改为其他颜色。单击右端的颜色块，弹出“拾色器（画布扩展颜色）”对话框，如图 1—34 所示，设置所需要的颜色，单击“确定”按钮。

定位处 9 个方格表示画布扩展的方向，单击方格中的箭头或圆点可设置画布扩展的方向。勾选“相对”后，画布将在原位置上进行扩展。如图 1—35 所示，画布将在上、下、左、右四个方向上各扩展 1 厘米，效果如图 1—36 所示。

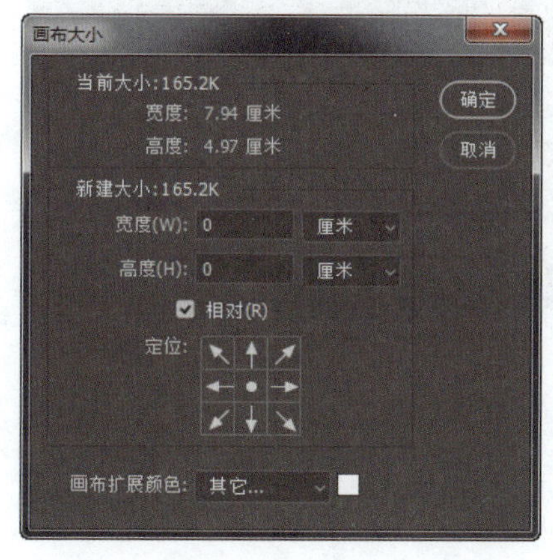

图 1—33 “画布大小”对话框

图 1—34 “拾色器（画布扩展颜色）”对话框

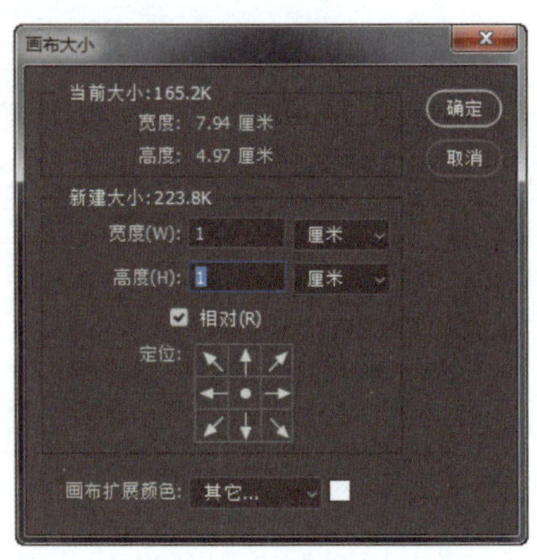

● 图 1—35　更改画布大小

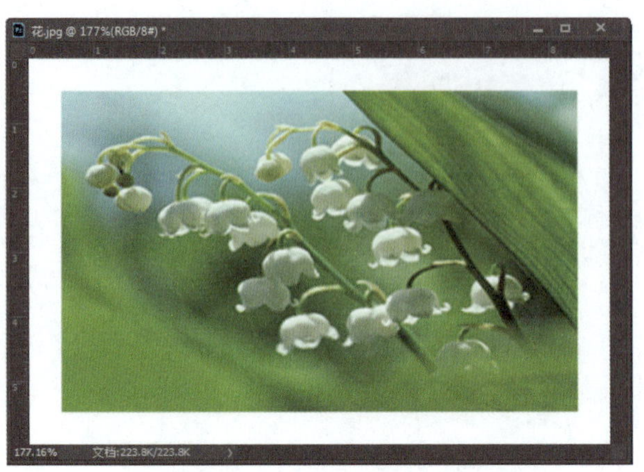

● 图 1—36　扩展画布后效果

通过以上案例可以看出，修改画布大小并不会改变原有图像的大小，只是扩大画布区域。

3. 调整图像大小

画布可以调整大小，同样图像本身的大小也可以进行调整，和调整画布大小不同的是，调整图像大小时，画布会随着图像的大小一起改变。

打开本任务素材“花.jpg”，如图 1—37 所示，其尺寸为宽 300 像素、高 188 像素，执行“图像”→“图像大小”命令，弹出“图像大小”对话框，按图 1—38 所示设置参数，单击“确定”按钮后可看到图像大小按设定值发生了变化。

● 图 1—37　打开素材文件

● 图 1—38　“图像大小”对话框参数设置

二、图像的裁剪

在使用 Photoshop 进行图像处理时，往往需要对图像多余的地方进行裁剪，这时需要使用“裁剪工具”。在工具面板中单击“裁剪工具”（快捷键为 C 键），按住鼠标左键，在需要保留的图像上拖出一个矩形选框，调整选框四周的控制点对图像进行微调，没被选中的区域将变暗。最终按 Enter 键或在选择区域内双击，变暗的区域将会被裁剪掉，如图 1—39 所示。如需取消“裁剪”，按 Esc 键退出。

图 1—39　裁剪图像

三、图像的旋转

由于摄影时相机握持姿势的问题、观察视角的问题，或保存格式的问题，导入计算机的照片可能出现一定角度的倾斜，这时可以应用菜单“图像”→“图像旋转”命令来调整图像的角度。“图像旋转”命令的子菜单如图 1—40 所示。

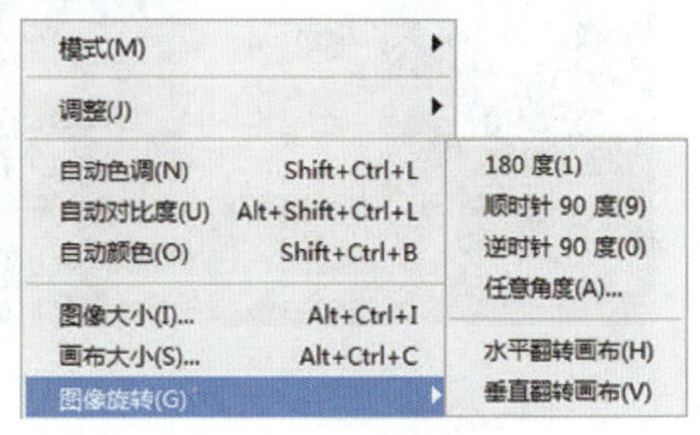

图 1—40　“图像旋转”命令

执行“图像”→“图像旋转”→“逆时针 90 度”命令后，图 1—41 将逆时针旋转 90 度，最终效果如图 1—42 所示。

图 1—41　未旋转原图

图 1—42　旋转后的图像

任务实施

1. 打开本任务“素材.jpg”文件。

2. 调整图像大小。执行“图像”→“图像大小”命令。参数设置如图 1—43 所示，单击“确定”按钮。

3. 利用“缩放工具”，将图片显示进行适当放大，接近 100% 比例显示，如图 1—44 所示。

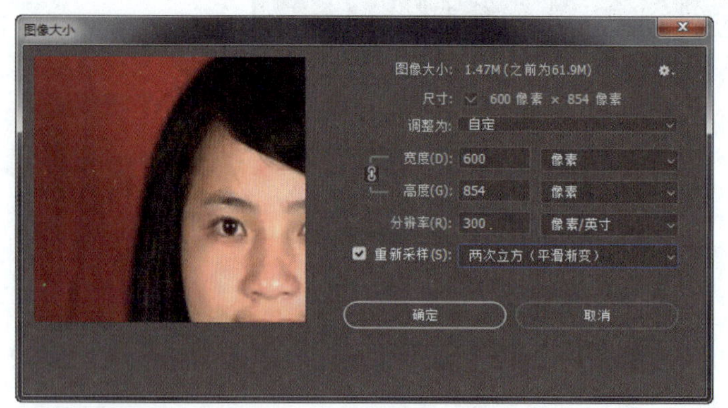

图 1—43 “图像大小”对话框参数设置

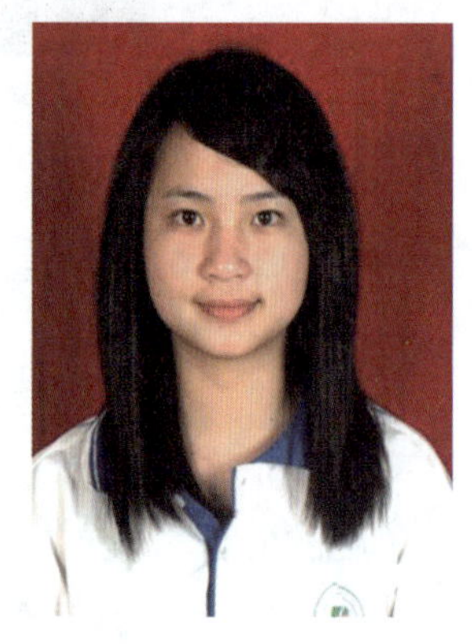

图 1—44 缩放后画面显示效果

4. 对图像进行裁剪。由于 1 寸彩色证件照的标准尺寸是 2.7 厘米 ×3.8 厘米，所以要把素材图片进行适当裁剪。选择窗口工具面板的“裁剪工具”，并在工具选项栏中设置相应的裁剪参数，如图 1—45 所示。

图 1—45 “裁剪工具”选项栏参数设置

用鼠标拖动裁剪框边框调整其大小，在裁剪框中拖动图像调整裁切位置，如图 1—46 所示。按 Enter 键确认，裁剪框中内容将自动缩放成 2.7 厘米 ×3.8 厘米大小。

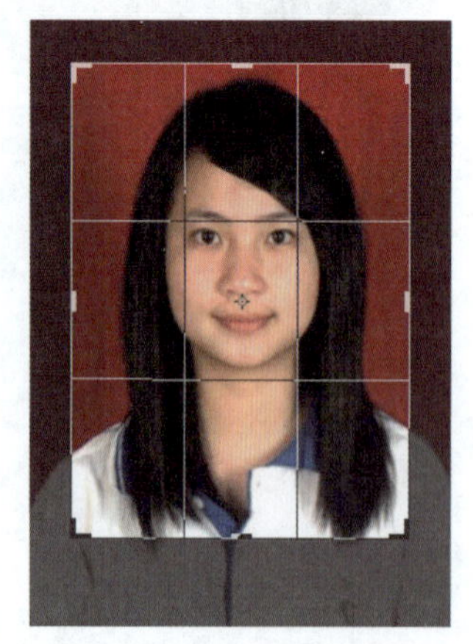

图 1—46 调整后的裁剪框

5. 通常照片的边缘要留些白边，以方便客户剪成小张，所以要把画布放大一些，在调整画布之前需要把背景色设置成白色（默认情况下背景色自动为白色）。执行“图像”→“画布大小”命令，在弹出的“画布大小”对话框中设置宽度为 2.8 厘米，高度为 3.9 厘米，如图 1—47 所示。设置完后单击“确定”按钮，图像旁边即出现一圈白边，如

图 1—48 所示。

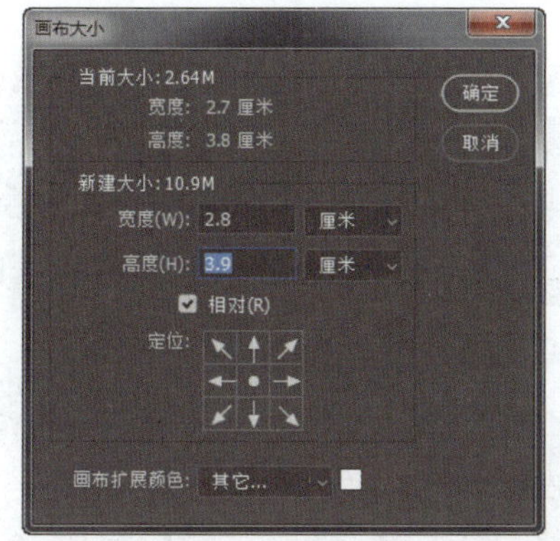

● 图 1—47 “画布大小”对话框参数设置

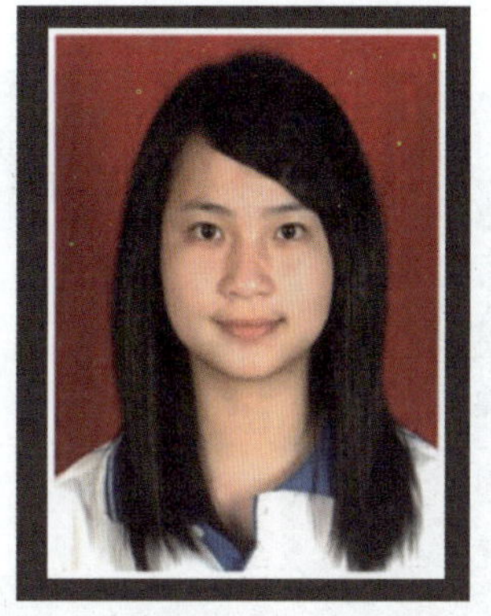

● 图 1—48 扩展画布后效果

6. 自定义图案。执行“编辑”→“定义图案”命令。在弹出的对话框中输入“证件照小一寸.jpg”，如图 1—49 所示，单击“确定”按钮。

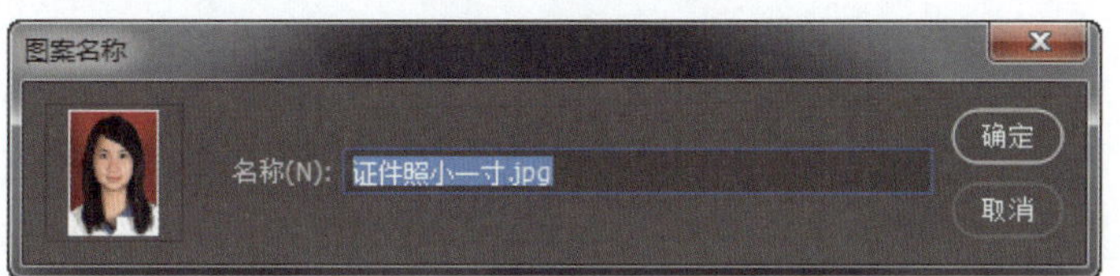

● 图 1—49 “图案名称”对话框

7. 新建一空白文档，相关参数设置如图 1—50 所示。

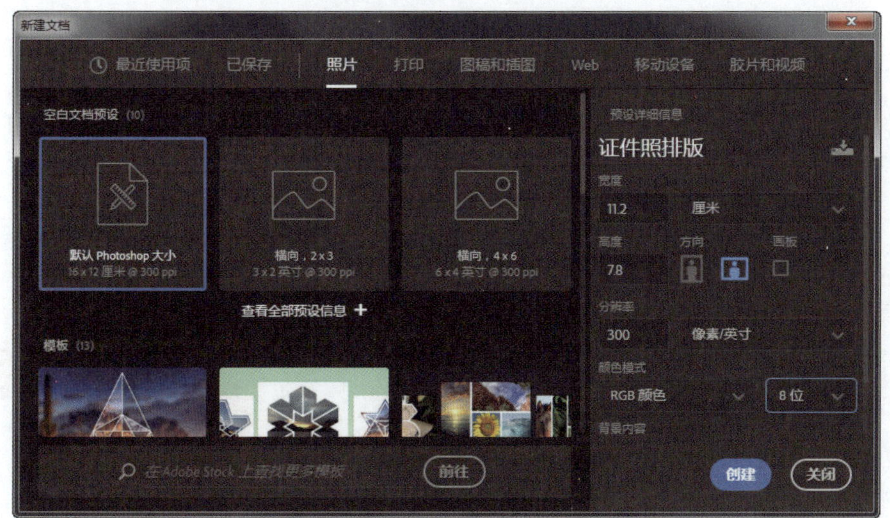

● 图 1—50 “新建文档”参数设置

8. 执行“编辑”→“填充”命令，在“填充”对话框中选择使用“图案”，如图

1—51 所示。选择刚刚定义的图案，如图 1—52 所示，单击“确定”按钮，最终效果如图 1—32 所示。

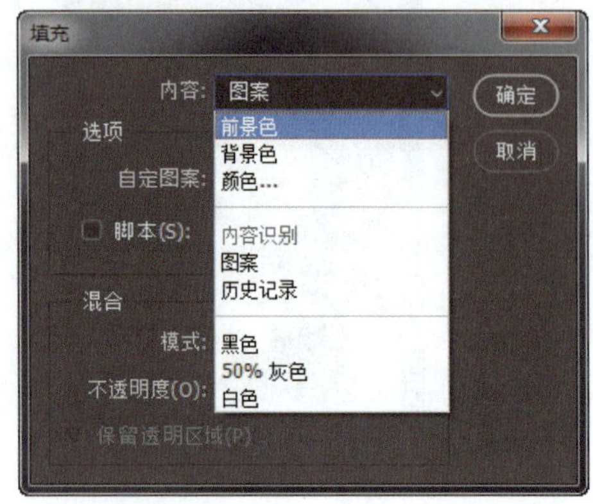

图 1—51 选择使用“图案”填充

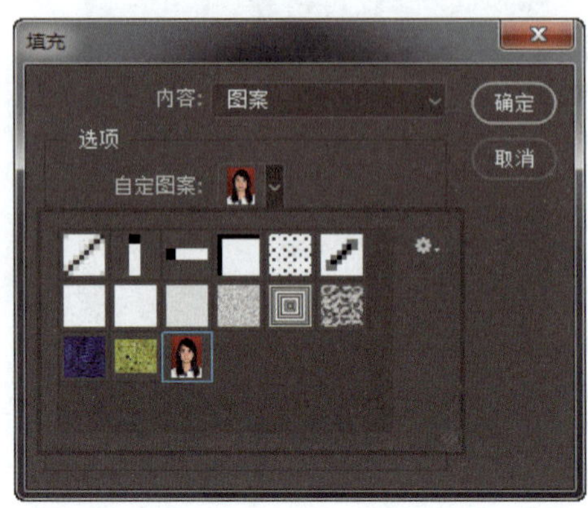

图 1—52 选择自定图案

9. 执行“文件”→“存储为”命令，在弹出的“另存为”对话框中，设置文件格式为 JPEG，在弹出的 JPEG 窗口中设置品质为“最佳”，单击“确定”按钮。

任务 3 圆形标志

学习目标

1. 能使用“选区工具”绘制及编辑图像。
2. 能使用“自由变换工具”对图像进行调整。

任务分析

在日常生活中，经常可以见到由圆形、矩形、椭圆形等简单几何图形构成的抽象的标志图案，对于这类图案，使用 Photoshop 的“选区工具”，配合颜色的填充即可制作。本任务主要利用“选区工具”和“自由变化工具”完成最终效果如图 1—53 所示圆形标志的绘制。

图 1—53 最终效果

相关知识

一、选区概念

选区，顾名思义，就是选择区域。在 Photoshop 中，选区就是用各种选择工具选取图像的范围。选区可以是连续的，也可以是不连续的，在选区以外的内容不会被编辑。由于选区的边线像众多连续爬动的蚂蚁，常被形象地称为“蚁线”。

二、选区工具

在 Photoshop 中可以使用不同的选区工具选取不同形状的对象。选区工具组包含的工具有“矩形选框工具”“椭圆选框工具”“单行选框工具”和“单列选框工具”，如图 1—54 所示。“矩形选框工具”选项栏如图 1—55 所示。

图 1—54　选区工具

图 1—55　“矩形选框工具”选项栏

用“新选区”新建的选区会替代原有选区，用“添加到选区”可将所圈选区和原选区合并，用“从选区减去”可从原选区中减去所圈选区，用“与选区交叉”可选取原选区与所圈选区的交叉部分，具体使用效果通过按钮图标形象地展示了出来。

三、自由变换

执行“编辑”→“自由变换”命令（图 1—56），或按 Ctrl+T 键，可打开自由变换工具，利用该工具，可通过自由旋转、比例、倾斜、扭曲、透视和变形工具来对图形进行编辑。

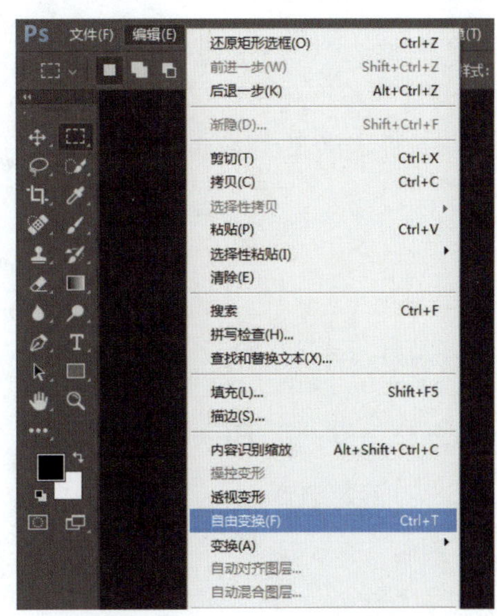

图 1—56　打开自由变换工具

打开本任务素材“圆点.jpg”文件，按 Ctrl+T 键打开自由变换工具，拖动图像边框的四边和四角即可对图片进行缩放，在图片外按住鼠标左键拖动可旋转图片，如图 1—57 所示。

在图像上右击，可在弹出菜单中选择各项编辑工具，如选择“扭曲”（图 1—58），可对图像进行“扭曲”变形操作，效果如图 1—59 所示。

● 图 1—57 “旋转”效果

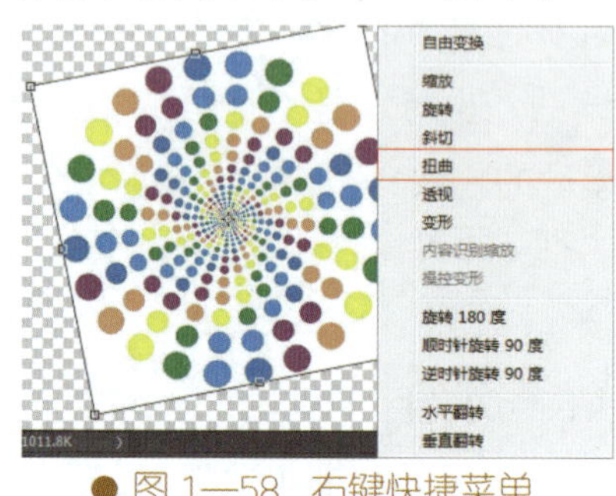

● 图 1—58 右键快捷菜单

● 图 1—59 “扭曲”效果

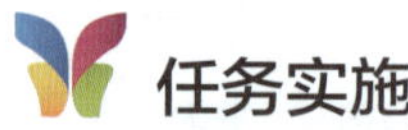

任务实施

1. 打开本任务素材“文字素材.jpg”文件，如图 1—60 所示。

2. 新建“图层 1”，右击工具栏上的“矩形选框工具”，在弹出的菜单中选择“椭圆选框工具”，按住 Shift 键，拖动鼠标绘制圆形，如图 1—61 所示。

3. 在“图层 1”图层上，选择工具栏中的前景色，颜色设置为红色“f0121d”，按 Alt+ Delete 键使用前景色填充，填充后效果如图 1—62 所示。

BOOPIOE

● 图 1—60 文字素材

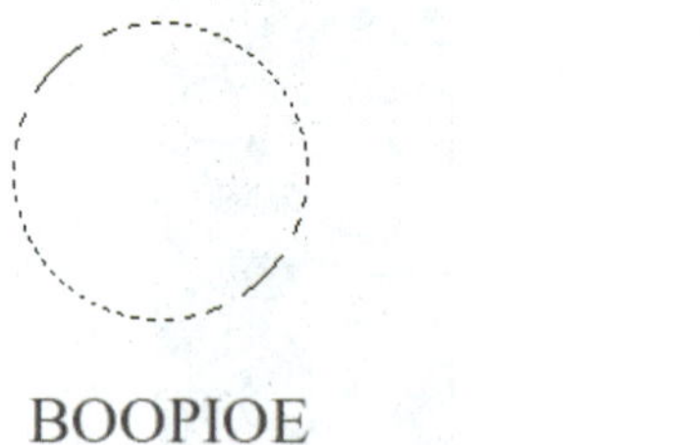

● 图 1—61 绘制 1 ：1 圆形选区

BOOPIOE

● 图 1—62 “图层 1”绘制填充效果

提示

绘制图形的同时按住 Shift 键，可绘制正圆、正方形、正多边形等。

4. 在“图层 1”使用“椭圆选框工具”，绘制比红色圆形小的圆形，然后按删除键删除选区，效果如图 1—63 所示。

5. 保持选区的选定状态，创建“图层 2”，设置前景色为“bbbcc0”，执行“编辑”→“填充”命令，使用前景色填充选区，填充后效果如图 1—64 所示。

图 1—63 删除圆形选区效果

图 1—64 “图层 2”绘制填充效果

6. 在“图层 2”使用“椭圆选框工具”，绘制比灰色圆形小的圆形，然后按删除键删除选区，效果如图 1—65 所示。

7. 使用相同方法继续创建新图层，绘制图形选区并填充，然后按 Ctrl+T 键，将图像的大小缩放准确，排列到合适的位置，如图 1—66 所示。

图 1—65 删除“图层 2”选区效果

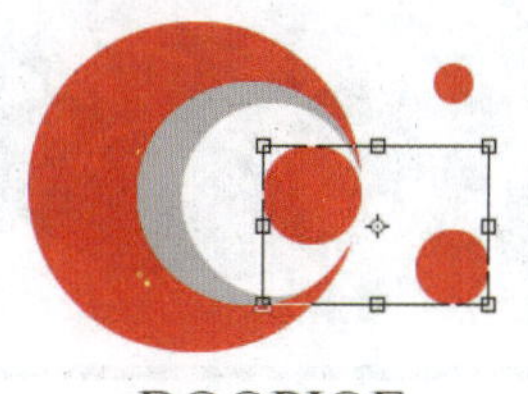

图 1—66 “图层”排列效果

8. 最终效果如图 1—53 所示。

任务 4 照片批处理

学习目标

1. 能使用“动作”面板记录编辑动作。

2. 能使用批处理功能对文件进行批量修改。

任务分析

在处理数量较多图像的时候，对图像进行批量处理，可大幅提高工作效率。本任务的主要内容是利用 Adobe Bridge 对图像进行批量重命名，然后利用 Photoshop 的“动作”功能为图片添加文字，并将处理后的照片放置在指定的文件夹中。添加文字后的效果如图 1—67 所示。

图 1—67　最终效果

相关知识

一、Adobe Bridge 界面

Adobe Bridge 是 Adobe 公司开发的一个组织工具程序，并作为 Adobe Creative Suite 2 (CS2) 的一部分于 2005 年 5 月发布。2018 年已更新至 Adobe Bridge CC 2018 版本。Bridge 操作面板如图 1—68 所示。

● 图 1—68 Bridge 操作面板

从 Bridge 中可以查看、搜索、排序、管理和处理图像文件，还可以使用 Bridge 来创建新文件夹、对文件进行重命名、进行移动和删除操作、编辑元数据、旋转图像、运行批处理命令，以及查看从数码相机导入的文件和数据的有关信息。

二、Photoshop 动作面板

1. 应用预设动作

Photoshop 附带了一些预设动作，并显示在“动作”面板中，通过应用这些预设动作，可快速制作出不同的图像效果，简化照片处理的操作程序。

打开本任务素材“天池 .jpg”文件（图 1—69），然后执行“窗口”→“动作”命令，打开“动作”面板。选择默认动作库中的“四分颜色”，如图 1—70 所示。设置完成的效果如图 1—71 所示。

● 图 1—69 素材“天池”

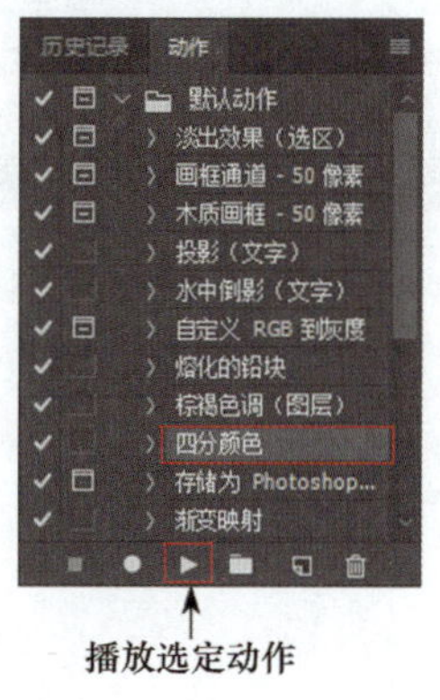

● 图 1—70 “动作”面板

● 图 1—71　预设动作“四分颜色”效果

2. 记录编辑动作

在“动作”面板中，可通过记录编辑动作的方法将所有操作记录下来，方便对大量照片进行相同的处理，从而节约更多的时间和资源。

任务实施

1.“文件”→“在 Bridge 中浏览”命令，在弹出的 Bridge 窗口中打开素材所在文件夹以查看照片，然后用鼠标同时框选素材 1、素材 2 和素材 3，效果如图 1—72 所示。

● 图 1—72　在 Bridge 窗口中选定文件素材 1、素材 2、素材 3

2. 执行“工具”→“批重命名”命令，如图 1—73 所示。

3. 在弹出窗口选择参数，减去文件命名中不需要显示的字符，面板参数调整如图 1—74 所示。

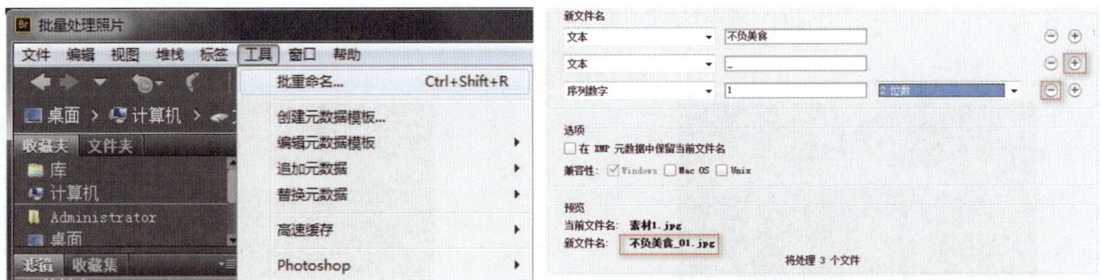

● 图 1—73 “批重命名”命令　　● 图 1—74 “批重命名”面板参数

4. 单击“确定”按钮，文件自动重新命名后如图 1—75 所示，关闭 bridge 窗口。

● 图 1—75 “批重命名”处理后显示窗口

5. 在 Photoshop 窗口中打开文件“不负美食 _01.jpg”如图 1—76 所示。

● 图 1—76 选择素材“不负美食 _01”

6. 按 Alt+F9 键打开动作面板，如图 1—77 所示，然后单击“记录编辑动作”按钮，开始记录编辑动作，动作面板如图 1 78 所示。

● 图 1—77 动作面板

● 图 1—78 “记录编辑动作”按钮

7. 在弹出的“新建动作”窗口中，输入名称“记录编辑动作”，如图 1—79 所示。

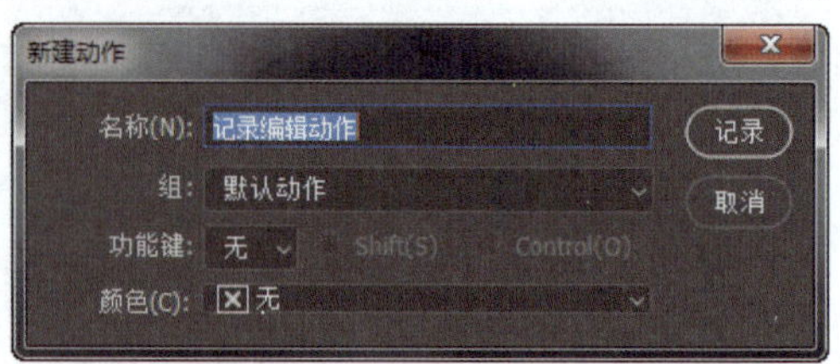

● 图 1—79 “新建动作”窗口

8. 执行“图像”→“画布大小”命令，设置参数如图 1—80 所示。

9. 打开本任务素材“文字素材 .png”文件，用“移动工具”将文字移动到“不负美食 _01”图像中并调整位置，效果如图 1—81 所示。

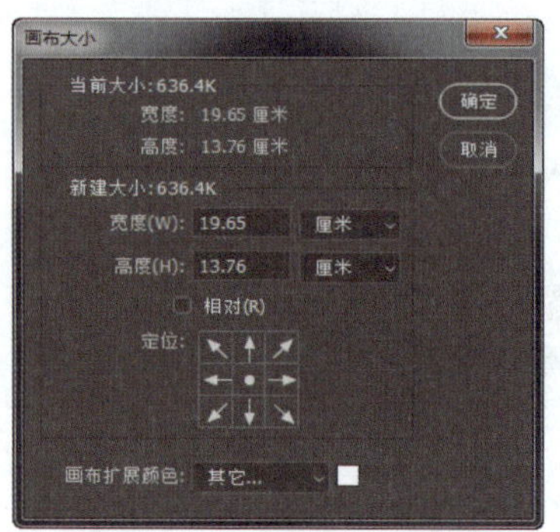

● 图 1—80 “画布大小”参数设置

● 图 1—81 移动文字素材效果

10. 确认图片记录完编辑的动作后，执行“文件”→“存储为”命令，在打开的文件夹当中，将文件另存为 PSD 格式。在动作面板上单击停止播放 / 记录按钮■。

11. 打开“不负美食 _02.jpg”，然后单击动作运行按钮▶，文件自动编辑后，将自动保存到打开的文件夹，文件处理的效果如图 1—82 所示。

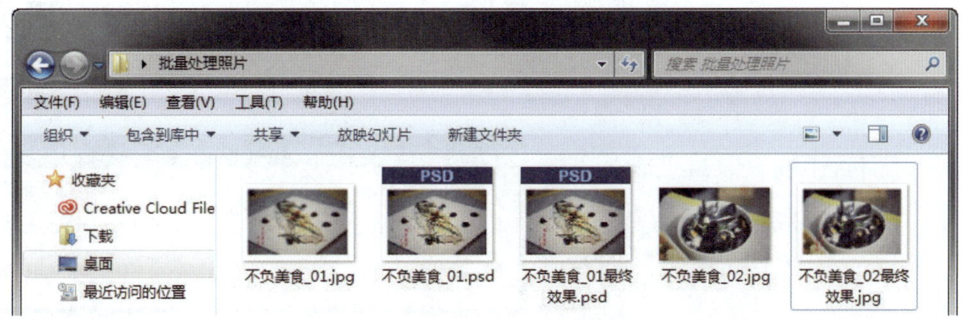

● 图 1—82　批处理自动保存到文件夹效果

12. 使用相同方法将“不负美食 _03.jpg”打开并制作完成。

13. 批处理的最终效果如图 1—67 所示。

巩固训练 1　沙滩景色制作

一、案例分析

本案例利用图 1—83、图 1—84 和图 1—85 所示素材，通过裁剪、复制、自由变换等操作，拼合成一幅沙滩景色的图画。首先采用“魔棒工具”和“套索工具”将素材 1、素材 2 中的有效部分选取出来，移动到素材 3 中，再结合复制和自由变换操作完成图画的制作，最终效果如图 1—86 所示。

● 图 1—83　素材 1　● 图 1—84　素材 2　● 图 1—85　素材 3

● 图 1—86　最终效果

二、操作步骤

1. 执行“文件”→“打开”命令，打开巩固训练 1 的“素材 1.jpg”“素材 2.jpg”和“素材 3.jpg”三个文件。

2. 双击“素材 1”“背景”图层，如图 1—87 所示，“背景”图层将转换为“图层 0”。

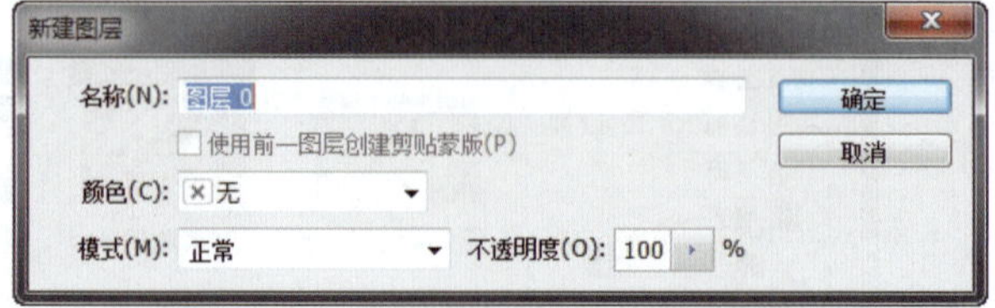

图 1—87 “背景”新建“图层 0”

3. 选择“魔棒工具”，单击“素材 1”上方白色区域将其选中，按 Delete 键删除，结果如图 1—88 所示。

4. 用相同方法将“素材 2”的“背景”新建为“图层”，然后选择“魔棒工具”，抠选“素材 2”灰色部分背景，按 Delete 键删除，结果如图 1—89 所示。

5. 选择“移动工具”，将“素材 1”剩余部分移动到“素材 3”中，自动生成“图层 1”。拼合后效果如图 1—90 所示。

图 1-88 背景抠像 1

图 1—89 背景抠像 2

图 1—90 拼合效果

6. 选择“移动工具”将“素材 2”剩余部分继续移动到“素材 3”中，效果如图 1—91 所示。

图 1—91 最终拼合效果

7. 使用鼠标选择“图层 2”，将“图层 2”拖动到“新建图层”按钮上，如图 1—92 所示。

8. 选择复制好的“图层 2”副本，按 Ctrl+T 键后，单击右键选择“旋转 90 度（顺时针）”，如图 1—93 所示。然后调整好位置，如图 1—94 所示。

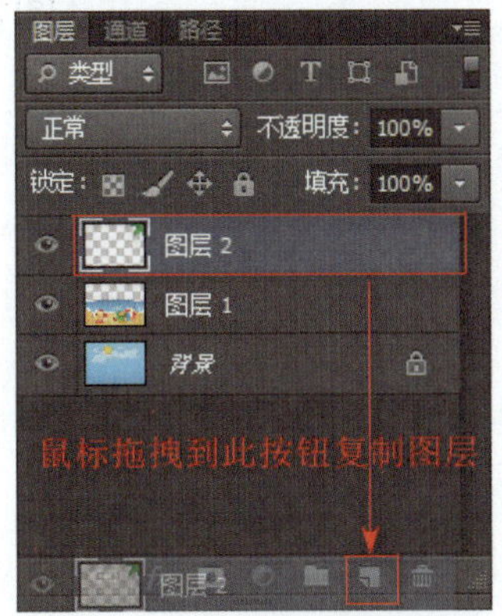

图 1—92　复制“图层 2”副本

图 1—93　“图层 2”副本旋转

图 1—94　“自由变换”调整后效果

9. 使用相同方法复制“图层 2”副本，依次通过 Ctrl+T 键自由变换，调整叶子的位置，最后执行“文件”→“存储为”命令，命名为“最终效果”。

10. 最终效果如图 1—86 所示。

巩固训练 2　标志绘制

一、案例分析

本案例制作一个由若干矩形所构成的标志图案。主要操作内容是，在不同图层中，

分别使用“矩形选框工具”绘制矩形选区，使用填充功能填充颜色，然后使用“移动工具”调整各图层矩形的位置，完成标志的制作，最终效果如图 1—95 所示。

二、操作步骤

1. 打开巩固训练 2 的“文字素材 .jpg”文件，如图 1—96 所示。

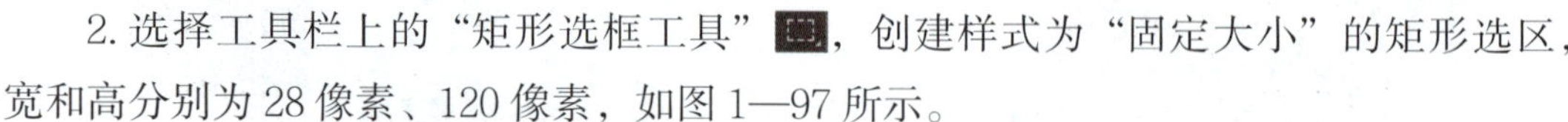

2. 选择工具栏上的“矩形选框工具” ，创建样式为“固定大小”的矩形选区，宽和高分别为 28 像素、120 像素，如图 1—97 所示。

图 1—95 最终效果

LOREM IPSUM

dolor sit a met

图 1—96 打开文字素材

图 1—97 “矩形选框工具”面板参数

3. 新建“图层 1”，选择工具栏中的前景色，颜色设置为 #e42076，按 Alt+Delete 键使用前景色填充，填充后效果如图 1—98 所示。

4. 新建“图层 2”，继续使用“矩形选框工具”。将“固定大小”的宽和高分别设置为 120 像素、28 像素，颜色填充为 #01a7fd，填充后效果如图 1—99 所示。

LOREM IPSUM

dolor sit a met

图 1—98 “图层 1”使用前景色填充

LOREM IPSUM

dolor sit a met

图 1—99 “图层 2”使用前景色填充

5. 用相同方法创建新图层，并填充颜色，所用到的颜色还有 #fdcd00 和 #a2d401。填充后效果如图 1—100 所示。

● 图 1—100 填充效果

6. 使用“移动工具” ，使用鼠标排列整齐，最终效果如图 1—95 所示。

项目二
图像的绘制与处理

在 Photoshop 中，对图像的绘制和编辑处理，主要是通过各种绘图工具和编辑工具完成的，如用于绘图的“画笔工具”、用于快速选取颜色的“魔棒工具”、用于复制局部图像的“仿制图章工具”、用于填充渐变色的“渐变工具”、用于对图像进行修饰的“模糊工具”“锐化工具”等。本项目通过“个性上衣”“污渍去除”“几何球体”“石膏像”等案例，学习 Photoshop 绘图工具和编辑工具的使用方法、使用技巧，掌握使用 Photoshop 进行图像绘制与处理的基本方法。

任务 1　个性上衣

学习目标

1. 能使用“画笔工具”“铅笔工具”“历史记录画笔工具”等常用绘图工具绘制图形。
2. 能使用“魔棒工具”选取相同颜色的区域。
3. 能使用“橡皮擦工具”擦出颜色。

任务分析

本任务需要运用“画笔工具”“魔棒工具”“橡皮擦工具”等在图 2—1 所示的衣服上绘制出属于自己的个性色彩，最终效果如图 2—2 所示。

● 图 2—1　素材

● 图 2—2　最终效果

相关知识

绘图工具组中包括“画笔工具”、“铅笔工具”、“历史记录画笔工具”和“历史记录艺术画笔工具”。本任务主要使用“画笔工具”绘制衣服上的图案。

一、画笔工具

“画笔工具”是处理图片和徒手绘画最常用到的工具，其快捷键是 B。“画笔工具”的选项栏如图 2—3 所示。

● 图 2—3　“画笔工具”的选项栏

1. 画笔

（1）选择“画笔工具”，单击选项栏“画笔”右边的黑色小三角形，弹出画笔预设对话框，在对话框中设置参数，如图 2—4 所示。

（2）单击选项栏的“切换画笔面板”按钮或执行“窗口”→“画笔”命令可打开画笔面板对话框，勾选“形状动态”“散布”“颜色动态”“传递”选项，使用默认参数，如图 2—5 所示，绘制后的效果如图 2—6 所示。

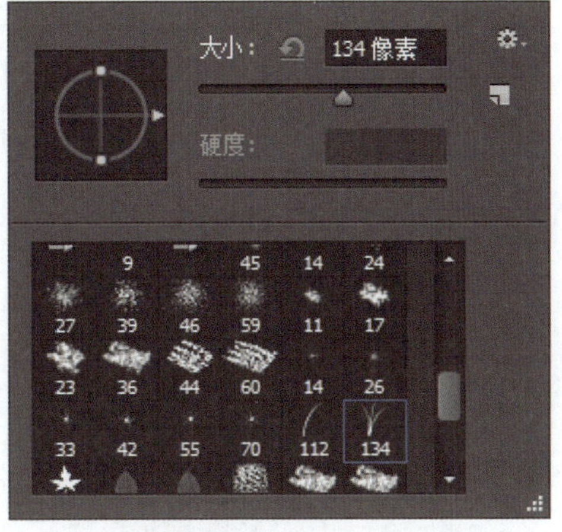

● 图 2—4　画笔预设对话框

2. 模式

在选项栏“模式”下拉菜单中可以设置画笔与背景层的混合模式，关于混合模式的具体内容会在项目三中详细介绍。如图 2—3 所示选择的是默认选项“正常”。

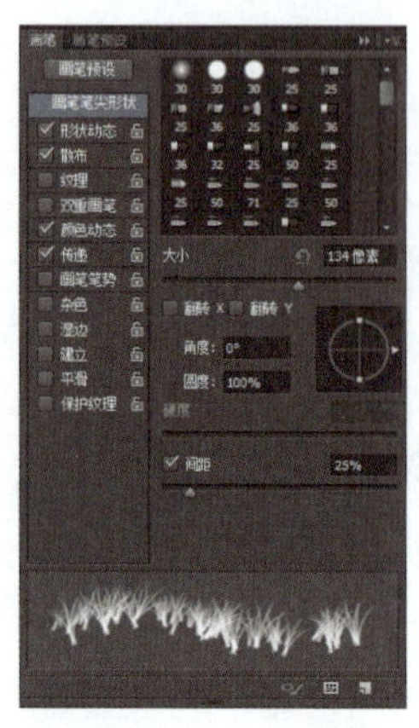

● 图 2—5　参数设置

● 图 2—6　绘制草地

3. 不透明度

设置画笔在绘画时的透明属性，数值越小，绘制的图像就越透明，需要注意的是不透明度的最小值是 1%。

4. 流量

控制画笔输出的墨色浓淡，影响绘画图像的清晰度。数值越小越模糊，同样也会有透明效果。

二、铅笔工具

“铅笔工具”的快捷键也是 B，可以按 Shift+B 键对工具进行切换。工作原理和“画笔工具”类似，不同的是“铅笔工具”绘画的线条边缘锐利。“铅笔工具”的选项栏中“自动涂抹”选项是“铅笔工具”特有的功能，勾选此选项后，在与前景色相同颜色的区域内绘画时，铅笔会自动擦除图像中与前景色相同的颜色而显示背景色。

三、历史记录画笔工具

“历史记录画笔工具”是图像编辑恢复工具，使用该工具可以把画面中应用了其他效果的图片还原到最初的状态。下面举例说明它的用法。

1. 打开本任务素材“蜡像 .jpg”，执行“图像”→“调整”→“去色”命令，去色后，整个图片变为灰度效果，如图 2—7a 所示。

2. 选择“历史记录画笔工具”，在中间人物上涂抹即可恢复原有颜色，实现中间人物为彩色，其他部分为灰度的显示效果，如图 2—7b 所示。

a）

b）

● 图 2—7 蜡像

a）灰度效果 b）中间人物复原效果

任务实施

1. 执行“文件”→“打开”命令，打开本任务素材“衣服 .jpg”。

2. 单击“图层”面板上的“新建图层”按钮，新建“图层 1”，如图 2—8 所示。

3. 选择“画笔工具”，设置前景色为 #39ec4a，设置画笔直径为 26 像素，其他参数不变，如图 2—9 和图 2—10 所示。

● 图 2—8 新建“图层 1”

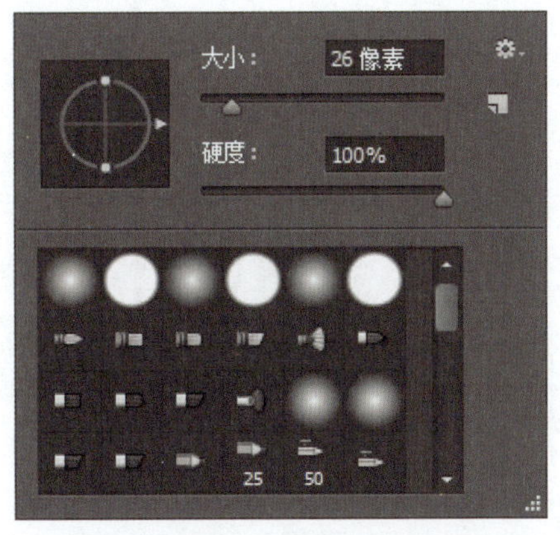

● 图 2—9 画笔参数设置

● 图 2—10 “画笔工具”选项栏

4. 选择图层的混合模式为“正片叠底”，如图 2—11 所示。

5. 使用“画笔工具”在衣服上涂抹，绘制出自己喜爱的颜色，如图 2—12 所示。

● 图 2—11 选择图层混合模式

● 图 2—12 绘制出的颜色

6. 选择“背景”图层，选择“魔棒工具”，设置容差为 2，在画面的空白区域单击得到选区，如图 2—13 所示。

7. 选择“图层 1”，按 Delete 键删除选区中的颜色，如图 2—14 所示。衣领的位置还残留一些多余的颜色，可以放大后用“橡皮擦工具”擦除，同时把纽扣上的颜色也擦除。

● 图 2—13 得到选区

● 图 2—14 删除多余的颜色

8. 重复操作步骤 5~7，填充其他颜色，在给衣服绘制彩色图案时可以根据自己的想法来实施创作。

9. 完成后按 Ctrl+D 键取消选择，按 Ctrl+E 键合并图层，最终效果如图 2—2 所示。

任务 2 污渍去除

学习目标

1. 能使用“仿制图章工具”复制局部图像。

2. 能使用“污点修复画笔工具”“修补工具”对图片进行局部修饰。

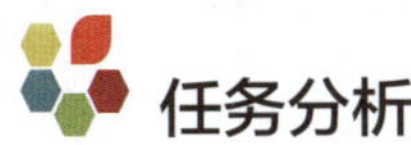

任务分析

本任务的内容是利用“修补工具”去除衣服上面的污渍（图 2—15），让衣服恢复洁白靓丽，要求修复后的效果如图 2—16 所示。

● 图 2—15 脏衣服图

● 图 2—16 修复后的效果

相关知识

修饰工具组打开后如图 2—17 所示，在处理图像时可以根据处理需要选择不同的修饰工具。

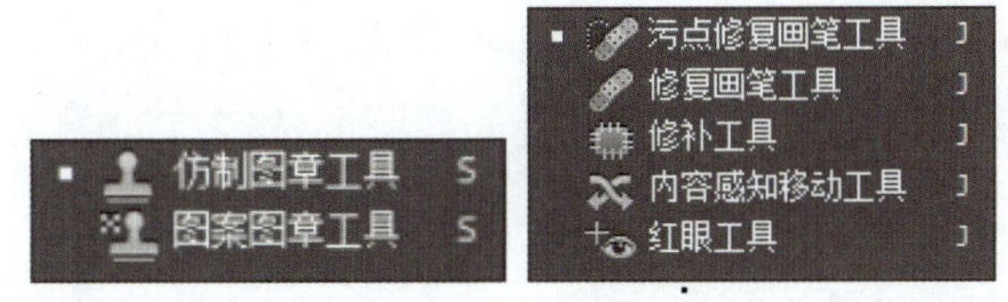

● 图 2—17 修饰工具组

一、仿制图章工具

“仿制图章工具” 可以复制图像的局部，将其替换到图像中的其他部分。

在图 2—18 中，蓝色画布上有个动物图案，要求在右边绘制出一模一样的图案，这时候就可以用“仿制图章工具”轻松实现。

1. 选择“仿制图章工具”，设置画笔直径为 400 像素，硬度为 100%。

2. 按住 Alt 键，在目标图案上单击对图像进行采样，采样的范围与画笔大小相同。

3. 松开 Alt 键，在画布的右侧按住左键并拖动鼠标，直至复制出想要的图案，如图 2—19 所示。

● 图 2—18 动物图案原稿

● 图 2—19 最终效果

二、污点修复画笔工具

“污点修复画笔工具” 可以快速地将照片中的污点处理干净，与“修复画笔工具”不同，“污点修复画笔工具”不需要取样。它使用图像或图案中固有像素的纹理、光照、阴影和透明度与所修复的像素相匹配，一般用于修复比较小的污点。

三、修补工具

“修补工具”能够对像素进行融合，让被修补区域与其周围区域和谐过渡。

任务实施

1. 执行“文件”→“打开”命令，打开本任务“素材.jpg”文件，选择“修补工具”，按住鼠标左键并拖动，框选出衣服中脏的部分的选区，如图 2—20 所示。

2. 将光标放在选区内，按住鼠标左键并向左下角拖动，如图 2—21 所示，最终效果如图 2—16 所示。

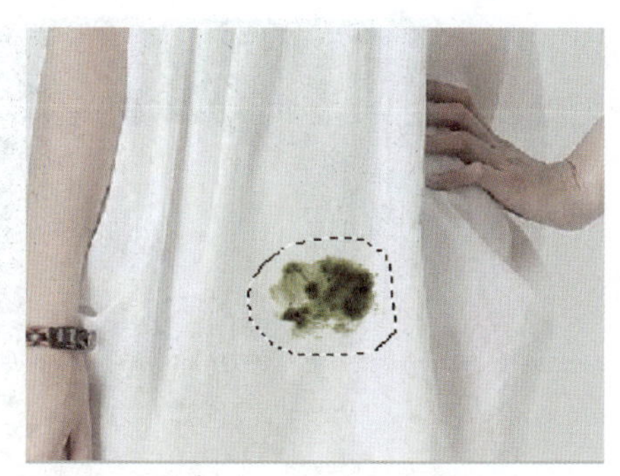

● 图 2—20　选择污渍

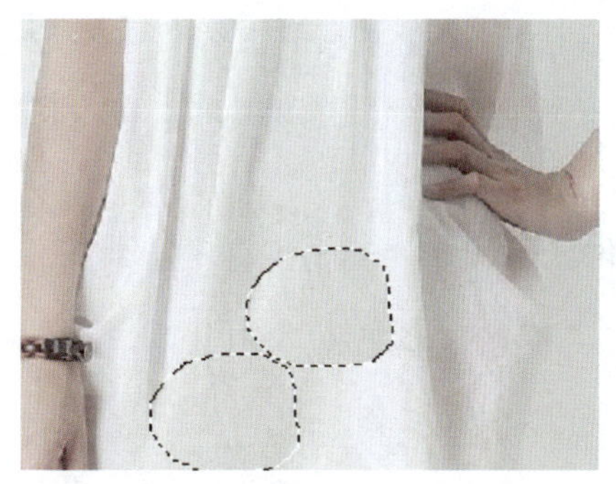

● 图 2—21　向左下角拖动选区

提示

在处理照片时，除了处理污渍，还有一项常遇到的工作——去除红眼。通常在夜间拍照的时候需要打开相机的闪光灯，当闪光灯照射到人眼的时候，瞳孔会放大，使更多的光线通过，视网膜的血管就会在照片上产生泛红现象，这就是常说的红眼。使用“红眼工具”可以轻松地解决红眼问题。“红眼工具”选项栏如图 2—22 所示。

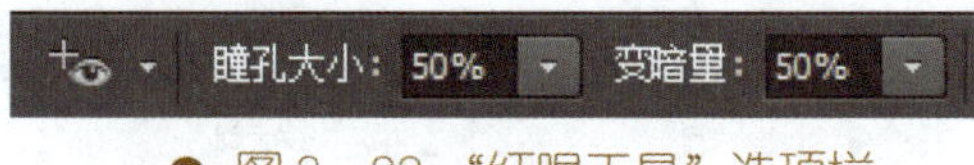

● 图 2—22　“红眼工具”选项栏

瞳孔大小：设置增大或减小“红眼工具”的作用范围。

变暗量：设置校正的暗度。

任务 3　几何球体

学习目标

1. 了解物体受光照时的呈现效果等素描知识。
2. 了解“渐变工具”的主要功能和类型，能使用“渐变工具”绘制图像。
3. 能使用“变换工具”对图像进行变形调整。
4. 能使用“模糊工具”对图像进行模糊处理。

任务分析

利用“渐变工具”可以轻松地让不同颜色通过平滑过渡连接在一起。本任务的

内容是利用“渐变工具”制作一个图 2—23 所示的几何球体，绘制时结合素描的知识，使球体具有立体感。

图 2—23 几何球体

相关知识

一、渐变工具

1. 使用“渐变工具”给图像填充渐变色

（1）选择需要填充渐变色的图层或者选区。

（2）选择“渐变工具”，设置选项栏参数，可编辑渐变色和渐变的类型。

（3）将光标移动到图像中，按住鼠标左键并拖动完成填充。

2. “渐变工具”选项栏（图 2—24）

其上有线性渐变、径向渐变、角度渐变、对称渐变、菱形渐变五种渐变类型。图 2—25 中给出了其中四种渐变类型，通过选择不同的渐变类型可以得到不同的渐变效果。

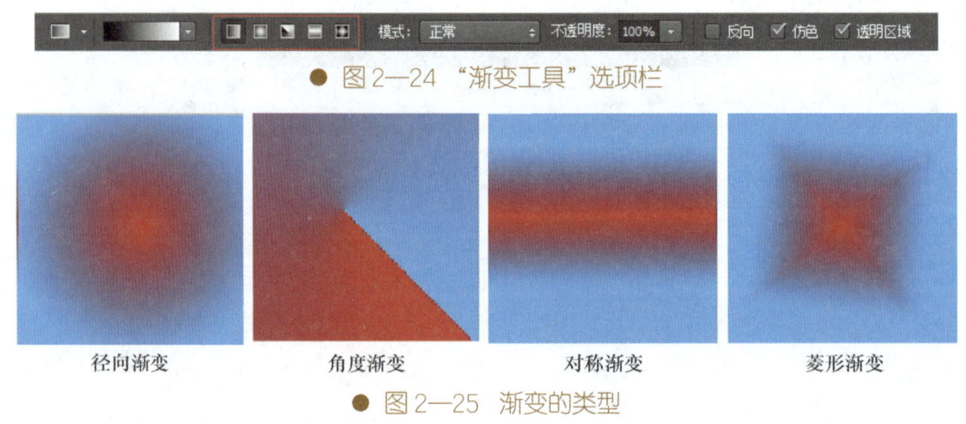

图 2—24 “渐变工具”选项栏

图 2—25 渐变的类型

二、修改选区

修改选区的方法有很多，这里介绍“变换选区”命令，“变换选区”命令可以修改选区的大小、比例等。

1. 用“矩形选框工具”绘制选区，如图 2—26 所示。执行“选择”→“变换选区”命令，调整选区如图 2—27 所示。

● 图 2—26　绘制选区

● 图 2—27　调整选区

2. 把光标放在选区的四个角可以调整选区的大小，放在选区角落的外侧时，光标会变成双弯曲的箭头，此时可以调整选区的方向角度。

3. 调整完成后单击选项栏中的“进行变换”按钮 ✓。用“油漆桶工具”填充颜色，如图 2—28 所示。

● 图 2—28　调整后效果

三、受光物体的呈现效果

为了成功完成本任务，需要掌握一定的素描基础知识。任何物体在光的照射下都会出现亮面、灰面、暗面以及反光、投影。光的强弱、物体的材质、形状等也会影响到亮面、灰面、暗面以及反光、投影的对比变化。

简单地说，受光线影响，物体会呈现出三大面（亮面、灰面、暗面）和五大调（亮调子、灰调子、明暗交界线、反光、投影），如图 2—29 所示。

绘制一个物体时，一定要注意对象受光后呈现出来的明暗效果。

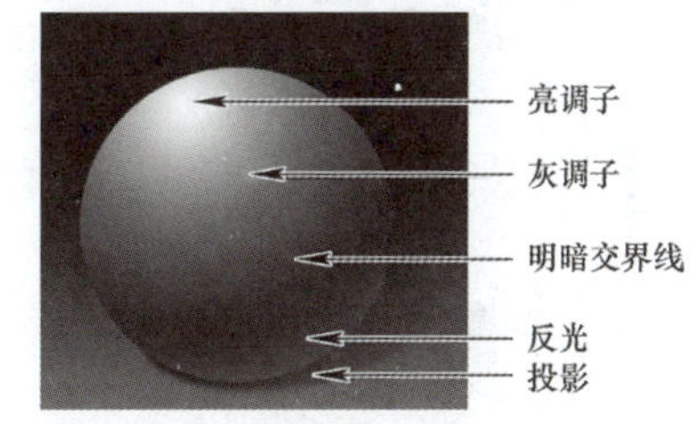

● 图 2—29　受光物体呈现出来的变化

任务实施

1. 执行“文件”→“新建”命令，新建一个名为“几何球体”的图像，将参数设置为：宽度 1181 像素，高度 1181 像素，分辨率 150 像素 / 英寸，颜色模式 RGB 颜色、8 位，背景内容白色。

2. 设置前景色为 #ffba00，背景色为黑色。

3. 选择“渐变工具”，单击选项栏中的按钮，弹出对话框，如图 2—30 所示，选择“前景色到背景色渐变”（图中第一个渐变类型），单击“确定”按钮。

4. 设置渐变类型为“线性渐变”，在画面上由下至上拖动鼠标填充渐变色，如

图 2—31 所示。

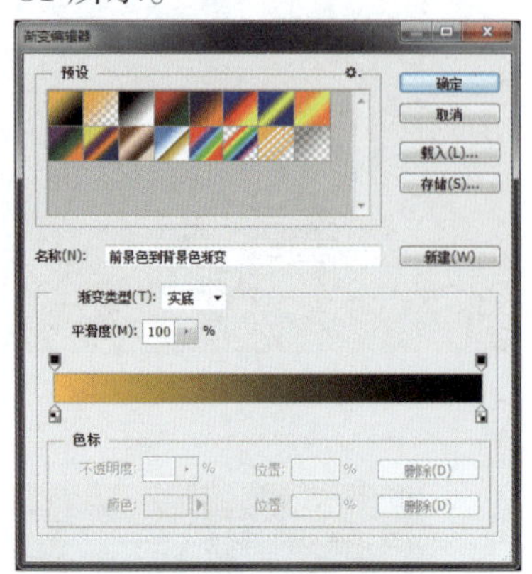

● 图 2—30　设置渐变

● 图 2—31　填充渐变色

5. 按 D 键恢复前景色为黑色，背景色为白色。选择“渐变工具”，单击选项栏中的按钮，弹出“渐变编辑器”对话框，选择“前景色到背景色渐变”。

6. 编辑渐变色。单击渐变条下方添加色标，如图 2—32 所示，拖动色标可以改变它的位置（图 2—33），添加色标后可以为色标设置颜色。

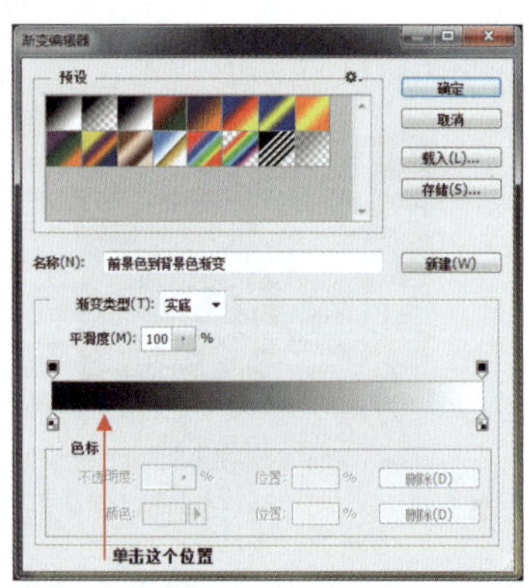

● 图 2—32　添加色标

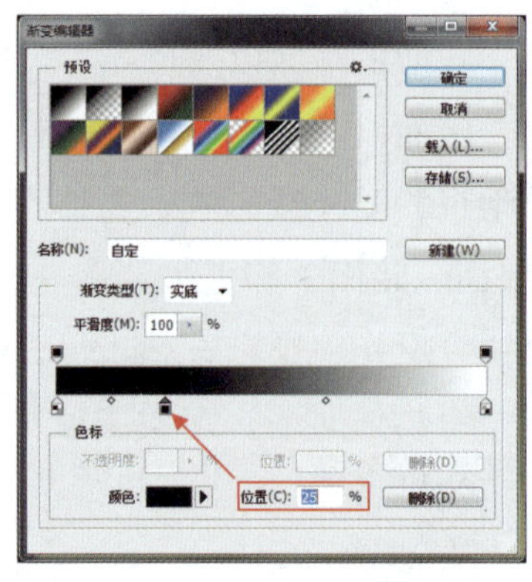

● 图 2—33　改变位置为 25%

7. 在渐变条上的 25%、50% 和 80% 位置各添加一个色标，从左到右分别设置颜色为 #ffffff、#e6e63c、#a0a000、#3c3c00 和 #737300，如图 2—34 所示。

8. 单击“确定”按钮，完成渐变色的设置。

提示

单击“新建”按钮可以把编辑好的渐变色添加到“预设”中去。

9. 选择“椭圆选框工具”，选项栏参数设置如图 2—35 所示。

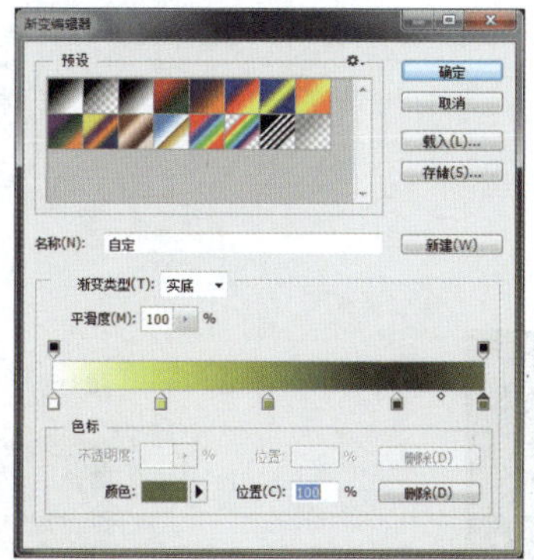

● 图 2—34 设置渐变色标

● 图 2—35 “椭圆选框工具”选项栏参数设置

10. 将光标置于圆心位置，按住 Alt+Shift 键，拖动光标绘制正圆选区，先放开鼠标再放开快捷键，光标在选区中间拖动可调整圆的位置，如图 2—36 所示。

11. 按 F7 键打开“图层”面板。单击右下角的“新建图层”按钮得到“图层 1”，如图 2—37 所示。

● 图 2—36 绘制正圆选区

● 图 2—37 新建“图层 1”

12. 选择“渐变工具”，设置渐变类型为“径向渐变”。

13. 将鼠标光标移到选区的左上方，按住鼠标左键并向右下方拖动，如图 2—38 所示。释放鼠标后得到渐变效果，如图 2—39 所示。按 Ctrl+D 键取消选择。

● 图 2—38 渐变的方向

● 图 2—39 填充后效果

14. 新建“图层 2”，用“椭圆选区工具”绘制出椭圆选区，如图 2—40 所示。

15. 按 D 键，恢复默认的前景色和背景色。选择“渐变工具”，在选项栏中按钮的右侧小三角形上单击，弹出“渐变样式”面板，选择“前景色到透明渐变”，如图 2—41 所示。

图 2—40 绘制椭圆选区

图 2—41 选择渐变类型

16. 在选区中按住鼠标左键不放，由左到右拖动光标填充渐变色，效果如图 2—42 所示。按 Ctrl+D 键取消选择。

17. 执行“图层”→“排列”→“后移一层”命令，把“图层 2”调整到球体后面。

18. 执行“编辑”→“变换”→“扭曲”命令，将光标放到右控制点中间位置向上拖动，如图 2—43 所示。

19. 调整变形后单击选项栏的“进行变换”按钮，确认图像的变形调整。

20. 执行“滤镜”→“模糊”→“高斯模糊”命令，设置高斯模糊的半径为 8 像素，单击“确定”按钮，最终效果如图 2—23 所示。

图 2—42 绘制出投影

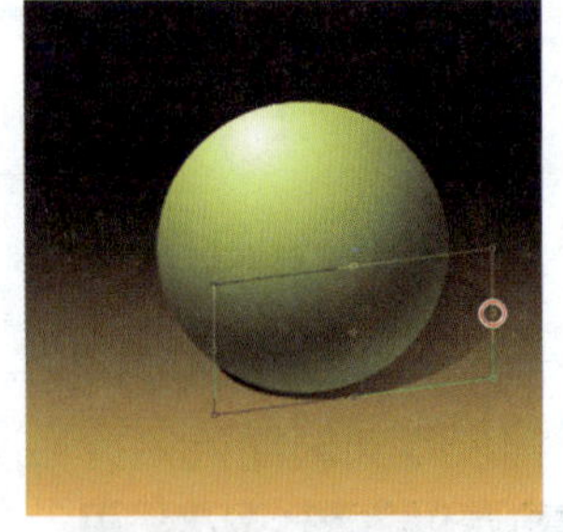

图 2—43 调整变形

任务 4　石膏像

学习目标

1. 能使用“加深工具”和“减淡工具”对图像的明暗进行调整。
2. 能使用“锐化工具”对图像进行锐化处理。
3. 能使用“海绵工具”“模糊工具”和“涂抹工具”等对图片进行修饰。

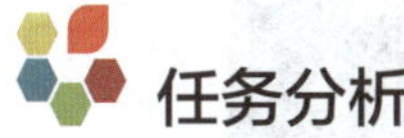

任务分析

本任务的内容是利用一张真实的人体照片制作一尊石膏像的照片，要求使用“加深工具”“减淡工具”“锐化工具”等编辑工具进行处理，实现石膏像的显示效果，并利用“画笔工具”“变形工具”“橡皮擦工具”等在躯干下面准确地绘制出长方体的透视图，让石膏像平稳地放在上面，素材和最终效果如图 2—44 和图 2—45 所示。

图 2—44　素材

图 2—45　最终效果

相关知识

本次任务需要用到“加深工具”、“减淡工具”、“模糊工具”、“锐化工具”等对石膏进行暗部加深、亮部提亮、后面模糊、前面锐化。这些工具的使用方法基本相似，它们的选项栏参数设置也相似，如设置笔头大小、形状、混合模式和强度等数值，在图像需要处理的位置上单击或拖动鼠标，即可对图像进行模糊、加深、减

淡、锐化、加色、去色等效果处理。

一、加深工具

使用“加深工具”可以对图像的阴影、中间色和高光部分进行遮光、变暗处理。使用“加深工具”对图 2—46 进行涂抹，调整后的效果如图 2—47 所示。

图 2—46　调整前 1

图 2—47　调整后 1

二、减淡工具

使用“减淡工具”可以对图像的阴影、中间色与高光部分进行提亮与加光处理，从而使图像色彩出现变化。使用“减淡工具”对图 2—48 进行涂抹，调整后的效果如图 2—49 所示。

图 2—48　调整前 2

图 2—49　调整后 2

三、海绵工具

使用“海绵工具”可以对图像进行变灰去色和提纯处理，从而改变图像的饱和度，使用“海绵工具”处理图 2—50 后的效果如图 2—51 所示。

图 2—50　调整前 3

图 2—51　调整后 3

四、模糊工具

使用“模糊工具”可以通过降低图像色彩反差来对图像进行模糊处理，从而使图像变得模糊，如图 2—52 和图 2—54 所示。

图 2—52　调整前 4

图 2—53　调整后 4

五、锐化工具

使用“锐化工具”可以通过增大图像色彩反差来锐化图像，从而使图像的色彩变得更加强烈。

六、涂抹工具

“涂抹工具”主要用于涂抹图像，使图像产生类似于在未干的图画上用手指涂抹的效果，如图 2—54 和图 2—55 所示。

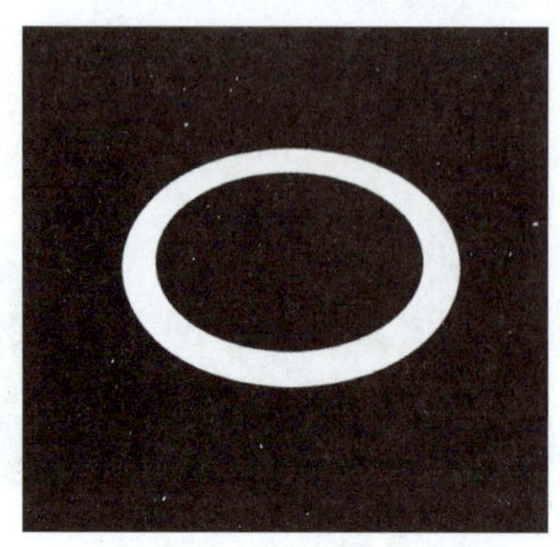

● 图 2—54 调整前 5

● 图 2—55 调整后 5

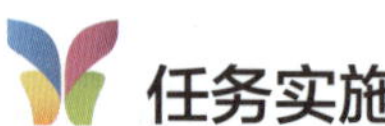

任务实施

1. 执行“文件”→“新建”命令新建一个名为“石膏”的图像，将图像设置为：宽度 1240 像素，高度 1754 像素，分辨率 150 像素 / 英寸，颜色模式 RGB 颜色、8 位，背景内容白色。

2. 打开本任务“石膏像素材 1.psd”文件，单击“图层 1”，选择“选择工具”，把图片拖动到新建的“石膏”文件中，如图 2—56 所示。

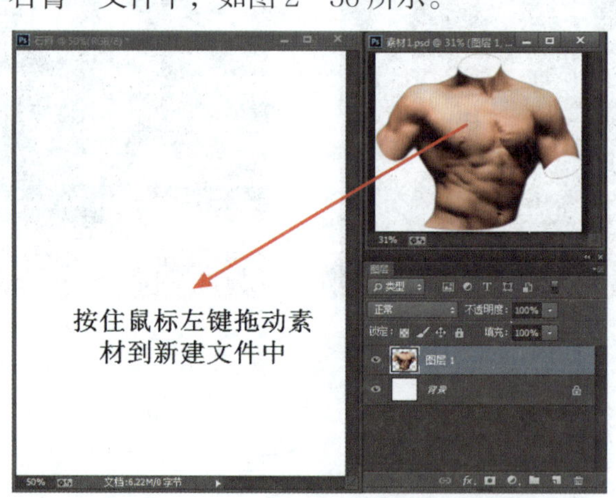

● 图 2—56 移动素材到新建文件中

3. 执行“图像”→“调整”→“去色”命令，去色后效果如图 2—57 所示。

4. 按 Ctrl+L 键打开“色阶”对话框，移动滑块（或输入数值）调整色阶的参数，如图 2—58 所示。

● 图 2—57 去色后效果

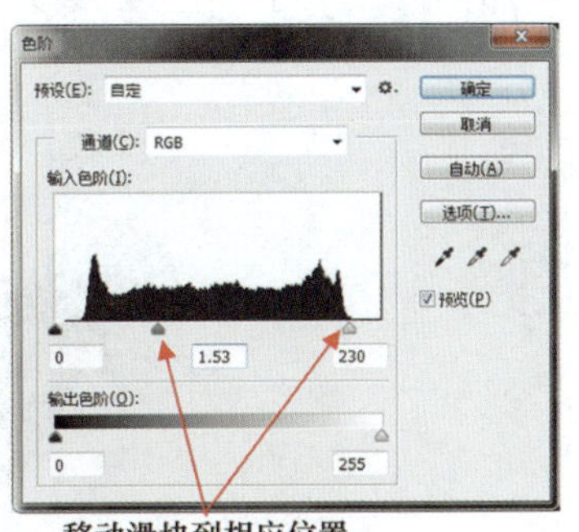

● 图 2—58 “色阶”参数设置

5. 选择“减淡工具”，参数设置如图 2—59 所示。

● 图 2—59 “减淡工具”选项栏参数设置

6. 使用“减淡工具”涂抹石膏的亮面（图中红色部分），让亮部再亮些，如图 2—60 所示。

7. 新建“图层 2”，选择“画笔工具”，设置前景色为 #c7c7c7、画笔直径为 40 像素、硬度为 0，如图 2—61 所示。

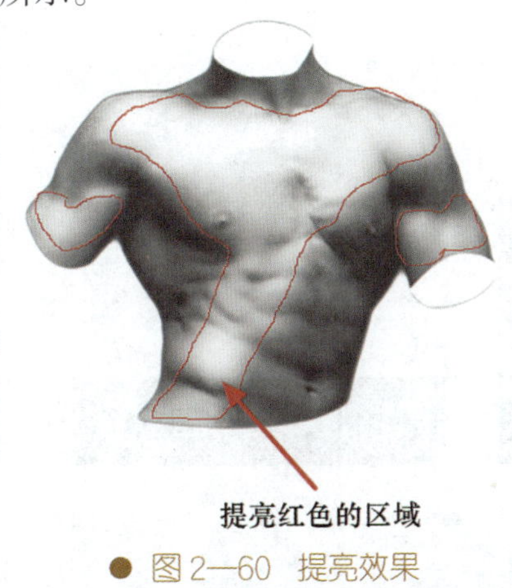

● 图 2—60 提亮效果

● 图 2—61 “画笔工具”选项栏参数设置

8. 使用“画笔工具”在图片中躯干的颈部和左手的切面上涂抹，用“橡皮擦工具”把超出的部分擦掉。

9. 对颈部和手臂的切面做细节调整。分别用“加深工具”和“锐化工具”处理颈部

和手臂切面的边缘，效果如图 2—62 所示。

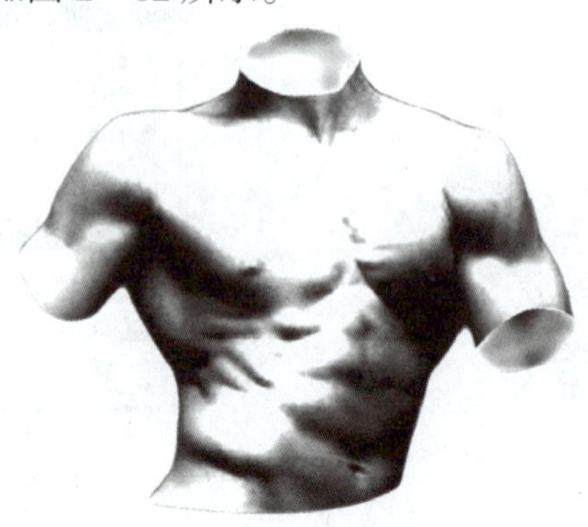

图 2—62　切面细节处理

10. 选择“背景”图层，设置前景色为 #8b9273、背景色为 #0d0d0b。选择“渐变工具”，单击选项栏中按钮右侧的小三角形，在弹出的对话框中选择“前景色到背景色渐变”，如图 2—63 所示。

11. 设置渐变类型为“径向渐变”，如图 2—64 所示，在“背景”图层中由右上角往左下角填充渐变，如图 2—65 所示。

图 2—63　选择类型

图 2—64　选择“径向渐变”

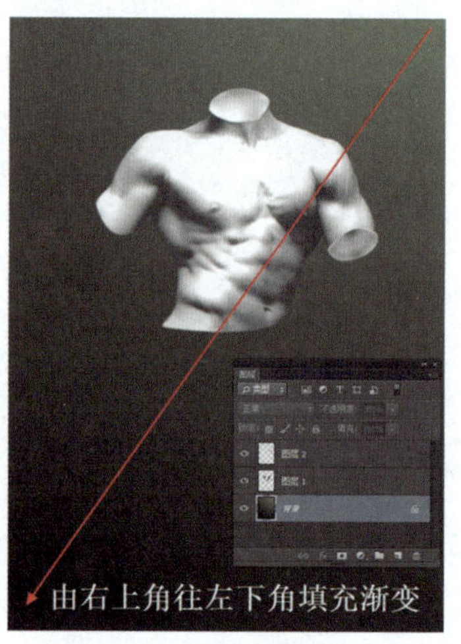

图 2—65　填充渐变

12. 制作“矩形台面”。选择“图层”面板，在“背景”图层上新建“图层 3”。选择“矩形选框工具”，在“图层 3”上绘制出四边形选区，填充颜色为 #5b5b5b，效果如图 2—66a 所示。

13. 按 Ctrl+D 键取消选择，执行“编辑”→“变换”→“扭曲”命令。用鼠标拖动四边形的四个角进行调整，调整后的效果如图 2—66b 所示。

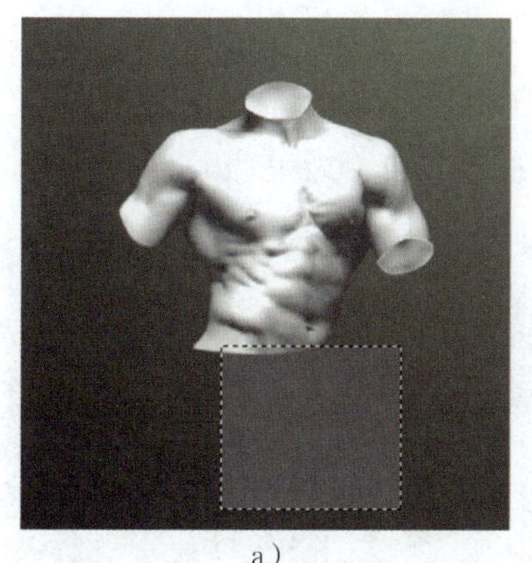

a）

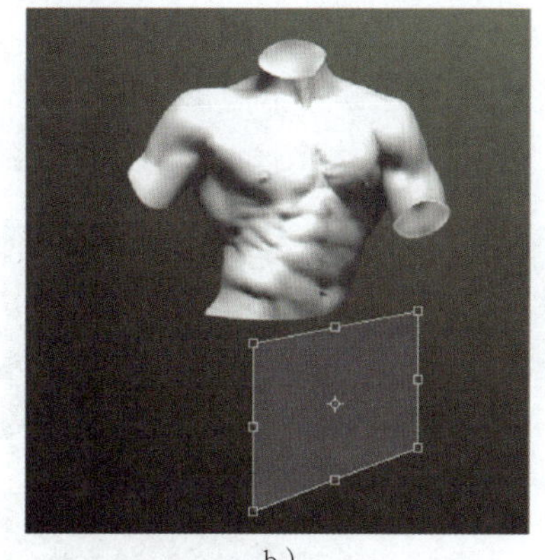

b）

● 图 2—66　绘制并扭曲矩形

a）绘制选区　b）调整后的效果

14. 选择“加深工具”对四边形前面部分加深，参数设置如图 2—67 所示。选择“减淡工具”对四边形后面部分减淡，参数设置如图 2—68 所示，调整后效果如图 2—69 所示。

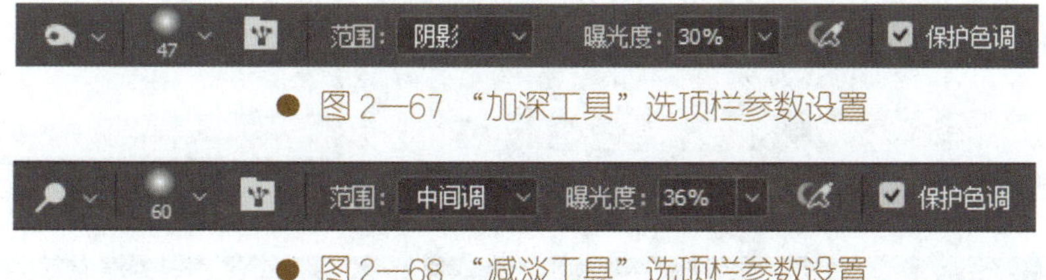

● 图 2—67 “加深工具”选项栏参数设置

● 图 2—68 “减淡工具”选项栏参数设置

15. 重复步骤 12~14，新建“图层 4”和“图层 5”，分别绘制左侧面和上面，其中左侧面的颜色为 #d7d7d7，上面的颜色为白色。绘制出两个面后使用“加深工具”对两个面的局部进行加深处理，使用“减淡工具”对两个面的局部进行减淡处理，处理后的效果如图 2—70 所示。

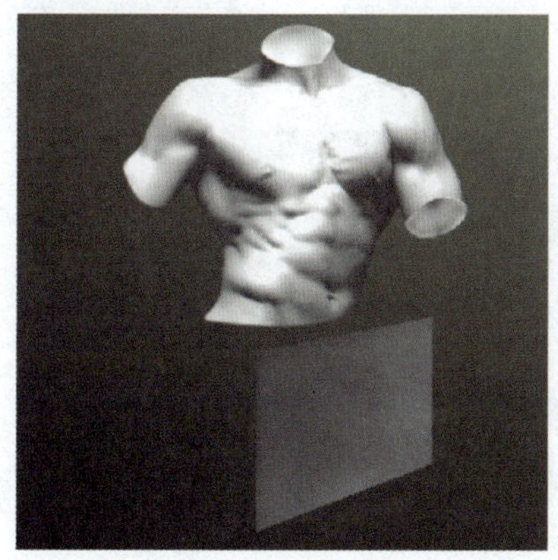

● 图 2—69　对四边形调整后效果

● 图 2—70　绘制出石膏基座

16. 为了让物体之间的关系更加真实，给石膏和底座加入投影。在“图层 1”下面新建“图层 6”，选择“多边形套索工具”，绘制出图 2—71 所示的选区。

17. 设置背景色为黑色，按 Ctrl+Delete 键填充背景色，效果如图 2—72 所示。

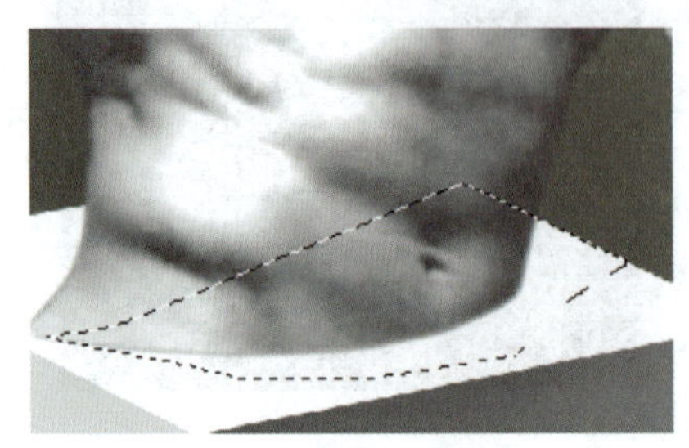

● 图 2—71　绘制选区

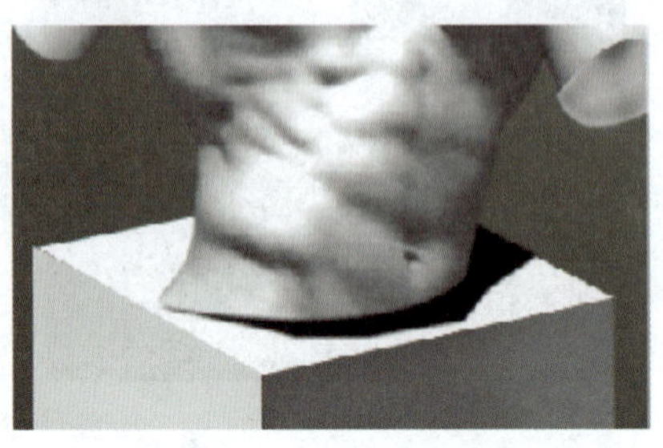

● 图 2—72　填充投影效果

18. 执行“滤镜”→“模糊”→“高斯模糊”命令，设置模糊的半径为 3 像素，如图 2—73 所示。

19. 选择“橡皮擦工具”，调整选项栏中画笔直径为 121 像素，不透明度为 27%，如图 2—74 所示。

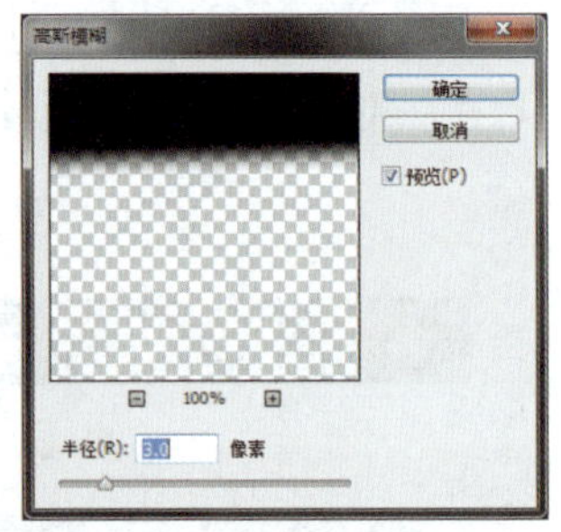

● 图 2—73　“高斯模糊”参数设置

121　模式：画笔　不透明度：27%　流量：100%　抹到历史记录

● 图 2—74　“橡皮擦工具”选项栏参数设置

20. 用“橡皮擦工具”在阴影处涂抹，让阴影有虚实变化，效果如图 2—75 所示。

21. 新建“图层 7”，按 Ctrl+Shift+［键把“图层 7”移动到底层。用“多边形套索工具”在长方体的下面绘制出投影选区，并填充黑色，用“橡皮擦工具”把后面的投影擦淡。参考步骤 16~20 调整画面，最终效果如图 2—45 所示。

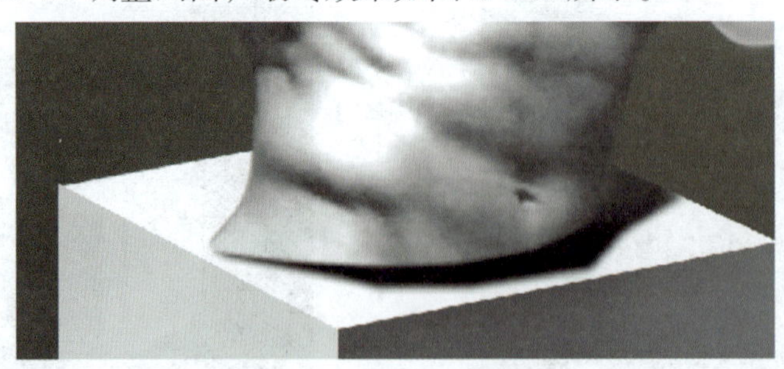

● 图 2—75　虚实变化效果

巩固训练 1 狮子王

一、案例分析

本案例利用多幅素材图片的组合制作一张狮子王主题海报。图片的调整和拼合主要利用“橡皮擦工具”和“变换工具”。最终效果如图 2—76 所示。

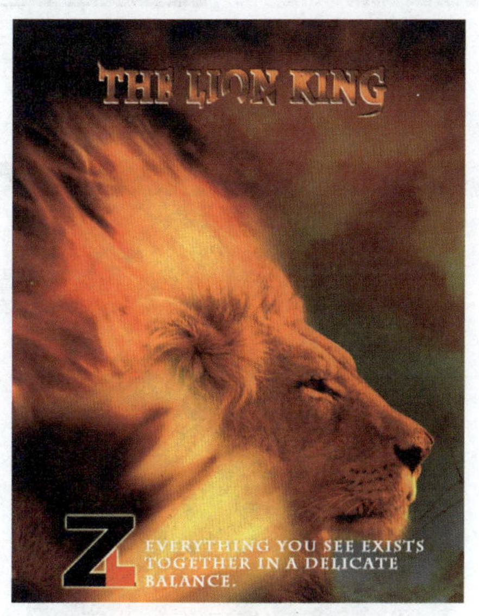

● 图 2—76 最终效果

二、操作步骤

1. 执行“文件”→“新建”命令，新建一个名为“狮子王”的图像，将参数设置为：宽度 601 像素，高度 782 像素，分辨率 72 像素 / 英寸，颜色模式 RGB 颜色、8 位，背景内容白色。

2. 设置前景色为黑色，将黑色填充到“背景”图层，如图 2—77 所示。

3. 执行“文件”→“打开”命令，在弹出的对话框中选择巩固训练 1“素材 1.jpg”文件。

4. 选择“选择工具”，按住鼠标左键拖动素材文件中的狮子图像到新建的“狮子王”文件中，效果如图 2—78 所示。

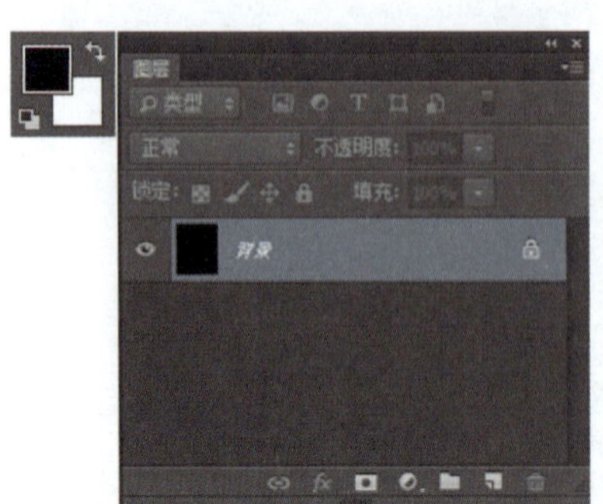

图 2—77 填充“背景”图层

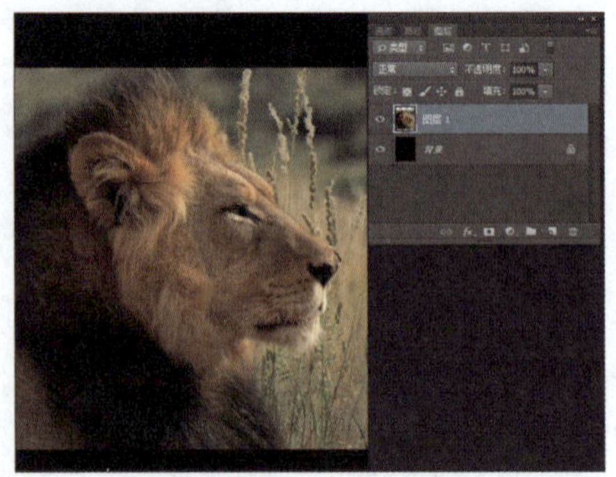

图 2—78 添加图片

5. 执行“编辑”→“自由变换”命令，参数设置如图 2—79 所示。

图 2—79 “自由变换”参数设置

6. 选择“选择工具”，对狮子的位置进行调整，如图 2—80 所示。

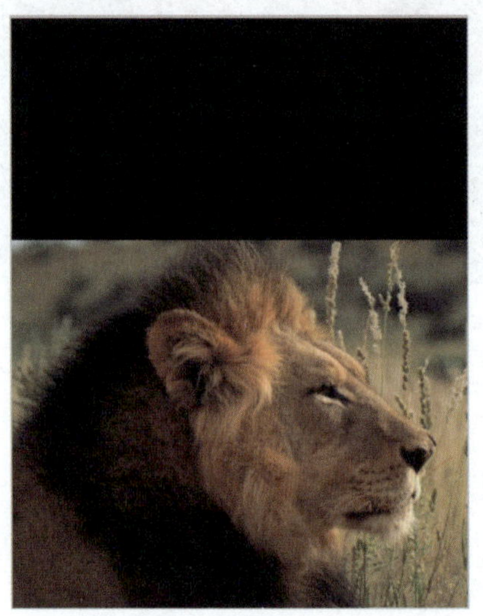

图 2—80 调整位置

7. 选择“橡皮擦工具”，设置画笔直径为 250 像素、硬度为 0%、透明度为 80%，如图 2—81 所示。

图 2—81 “橡皮擦工具”选项栏参数设置

8. 用“橡皮擦工具”细心地擦除狮子的背景，效果如图 2—82 所示。

9. 将“橡皮擦工具”的画笔直径调整为 20 像素，按 Ctrl+“+”键放大图像。细心地擦除狮子头部的边缘轮廓，如图 2—83 和图 2—84 所示。

10. 单击“图层”面板下面的“创建新的填充或调整图层”按钮，选择“色相 / 饱和度”，参数设置如图 2—85 所示，效果如图 2—86 所示。

● 图 2—82 擦除效果

● 图 2—83 细节处理

● 图 2—84 效果图

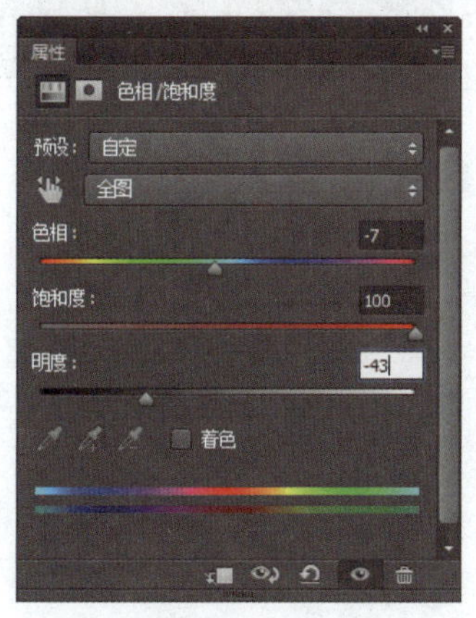

● 图 2—85 “色相 / 饱和度”参数设置

● 图 2—86 添加“色相 / 饱和度”效果

11. 右击“色相 / 饱和度 1”图层，在弹出的快捷菜单中选择“建立剪贴蒙版”，效果如图 2—87 所示。

12. 打开文件“火 1.jpg”，选择“选择工具”，按住左键拖动光标把它移动到“狮子王”文件中。

13. 执行“编辑”→“自由变换”命令，调整火的角度和大小，效果如图 2—88 所示，调整后按 Enter 键。

14. 选择“橡皮擦工具”，设置画笔直径为 100 像素，硬度为 0%、透明度为 80%。对“火 1.jpg”的边界进行擦除，效果如图 2—89 所示。

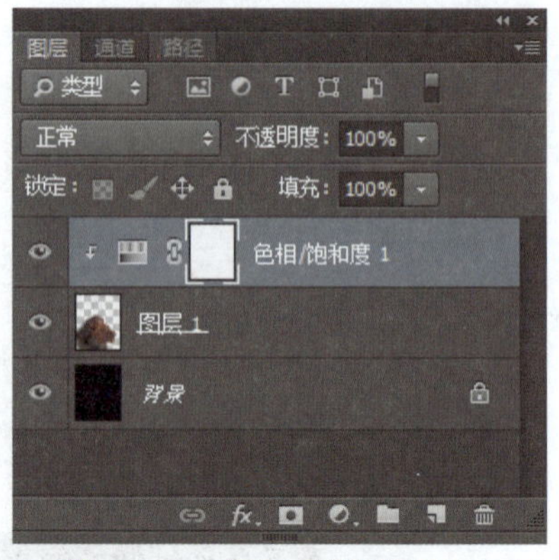

图 2—87 “建立剪贴蒙版”效果

图 2—88 调整火的角度和大小

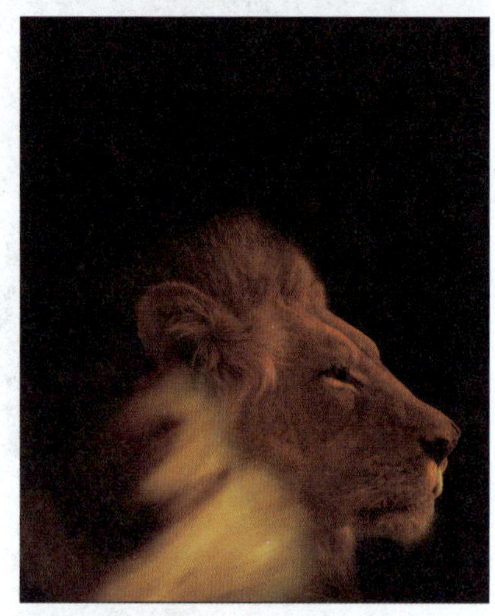

图 2—89 擦除后的效果

15. 重复步骤 13、14，打开素材“火 2.jpg”，移到“狮子王”文件中，调整好大小和位置。选择图层的混合模式为“线性减淡”，效果如图 2—90 所示。

16. 打开“文字素材 .psd”，分别选择文字素材的“图层 1”和“图层 2”，用“选择工具”把它们移到“狮子王”文件中，调整到合适位置，效果如图 2—91 所示。

17. 单击“图层”面板下面的“创建新的填充或调整图层”按钮，选择“色阶”，参数设置如图 2—92 所示。

18. 打开素材“火 3.jpg”，选择“选择工具”把它移动到“狮子王”文件中，调整图层位置到最下方，不透明度设置为 43%，如图 2—93 所示。最终效果如图 2—76 所示。

● 图2—90　选择图层混合模式

● 图2—91　添加文字

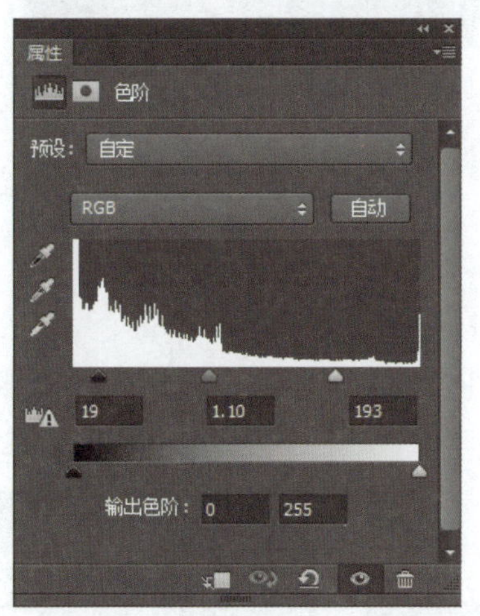

● 图2—92　“色阶”参数设置

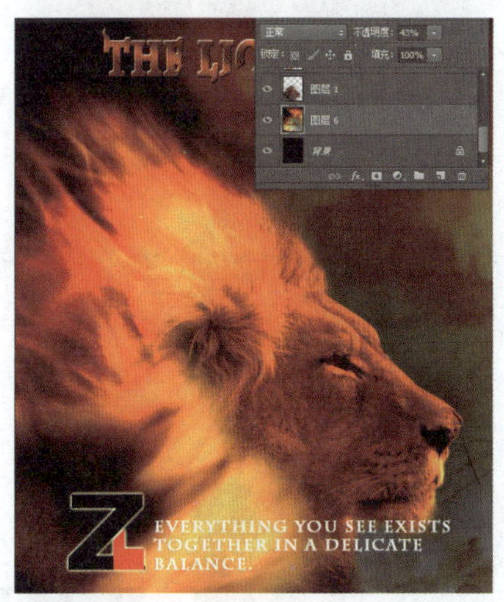

● 图2—93　调整素材

巩固训练 2　黑白相片上色

一、案例分析

本案例的内容是给一张黑白相片添加颜色，主要利用“画笔工具”完成颜色的添加，并对色相和饱和度进行调整，最终效果如图 2—94 所示。

二、操作步骤

1. 打开巩固训练 2 的“素材 .psd”文件。

2. 单击“图层”面板的“新建图层”按钮，新建“图层 1”，如图 2—95 所示。

● 图 2—94 最终效果

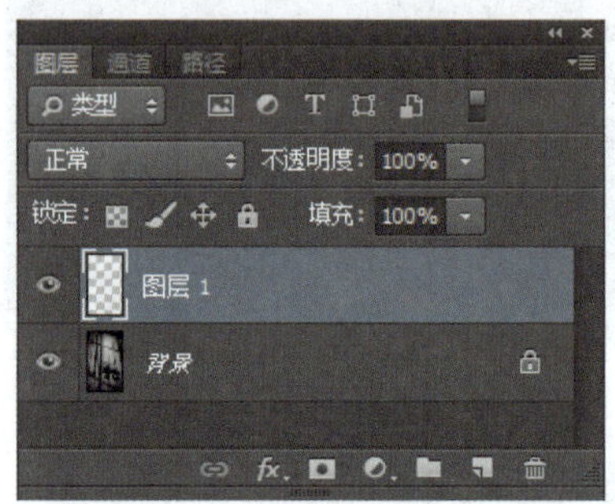

● 图 2—95 新建“图层 1”

3. 选择“画笔工具”，设置前景色为 #c91414，画笔直径为 60 像素、硬度为 82%、模式为正常、不透明度为 100%、流量为 100%。

4. 使用“画笔工具”绘制出鞋的形状，用其将鞋覆盖，如图 2—96 所示。

5. 选择图层的混合模式为“正片叠底”，如图 2—97 所示。修改后效果如图 2—98 所示。

● 图 2—96 绘制出鞋子形状

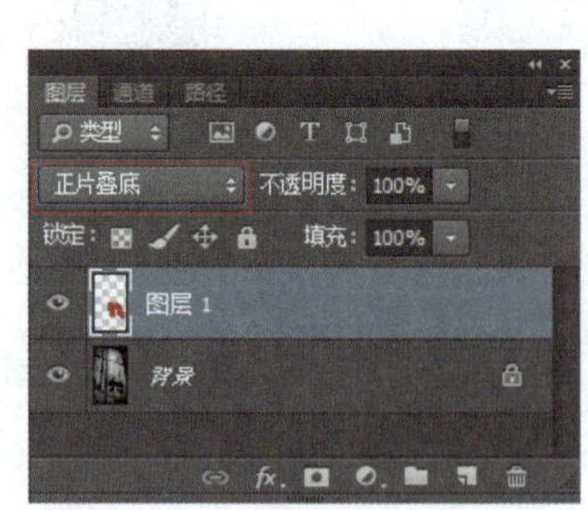

● 图 2—97 选择图层混合模式

● 图 2—98 “正片叠底”效果

6. 按 Ctrl+“+”键放大图片，选择“画笔工具”，设置前景色为 #14a5c9，画笔直径为 9 像素，绘制出鞋面上蓝色的花，效果如图 2—99 所示。

7. 选择“画笔工具”，设置前景色为 #21c914，画笔直径为 9 像素，绘制出鞋面上的叶子，效果如图 2—100 所示。

● 图 2—99　绘制出蓝色的花

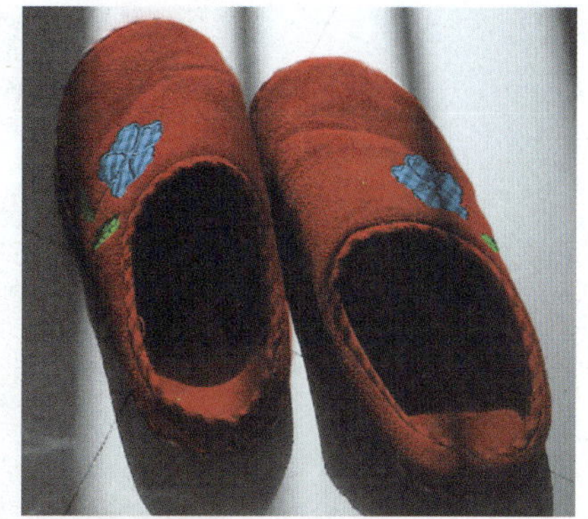
● 图 2—100　绘制出叶子

8. 选择“画笔工具”，设置前景色为 #ffffff，画笔直径为 6 像素，绘制出鞋面上的细节，效果如图 2—101 所示。

9. 选择“背景”图层，按 Ctrl+U 键弹出“色相 / 饱和度”对话框，参数设置如图 2—102 所示。

10. 单击“确定”按钮，得到最终效果。

● 图 2—101　绘制出细节

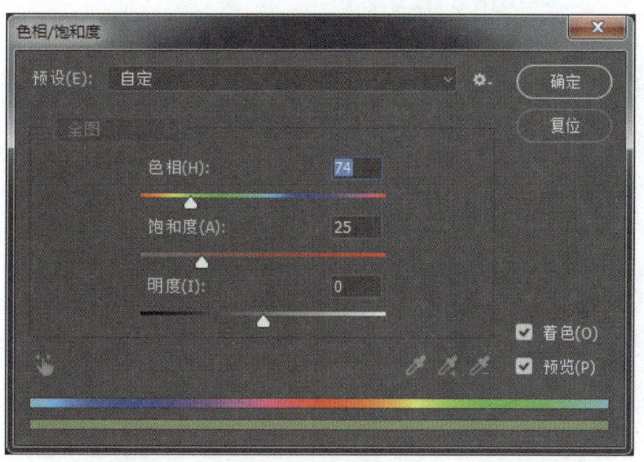

● 图 2—102　“色相 / 饱和度”参数设置

巩固训练 3　工卡

一、案例分析

本案例的内容是制作出一张工卡的效果图，制作过程中主要用到选区和“渐变工具”，最终效果如图 2—103 所示。

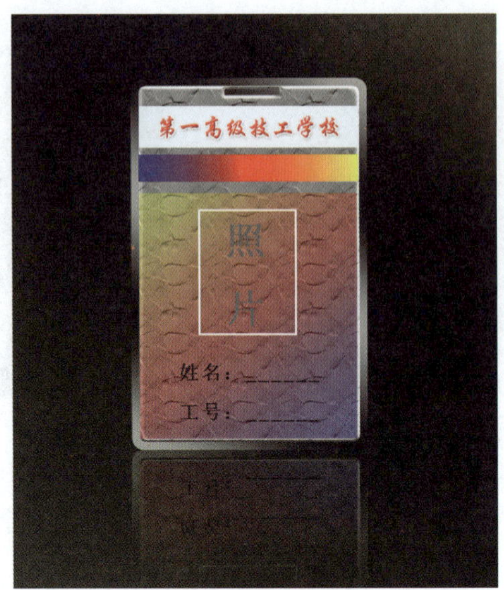

图 2—103 最终效果

二、操作步骤

1. 执行“文件”→“新建”命令，参数设置如图 2—104 所示，单击“确定”按钮。

2. 选择“渐变工具”，单击选项栏按钮，在弹出的“渐变编辑器”对话框中添加色标，设置色标颜色分别为 #143b00、#000000、#3c4100，如图 2—105 所示。

3. 设置渐变类型为“线性渐变”，如图 2—106 所示，其他参数不变。按住鼠标左键由左下角往右上角拖拽，给“背景”图层填充渐变色，如图 2—107 所示。

4. 选择“圆角矩形工具”，如图 2—108 所示。

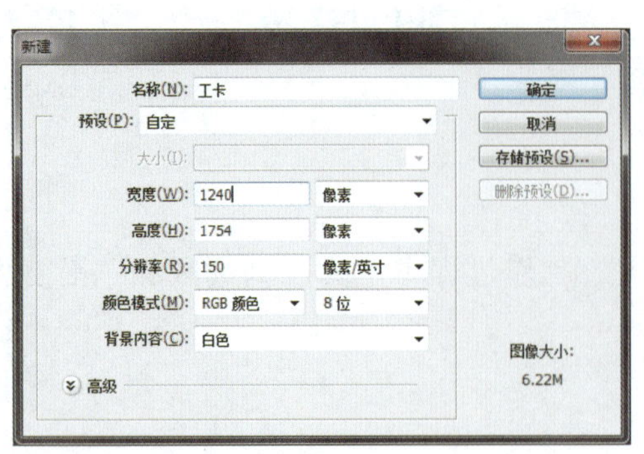

图 2—104 新建文件参数设置

图 2—105 设置渐变颜色

● 图 2—106 设置渐变类型

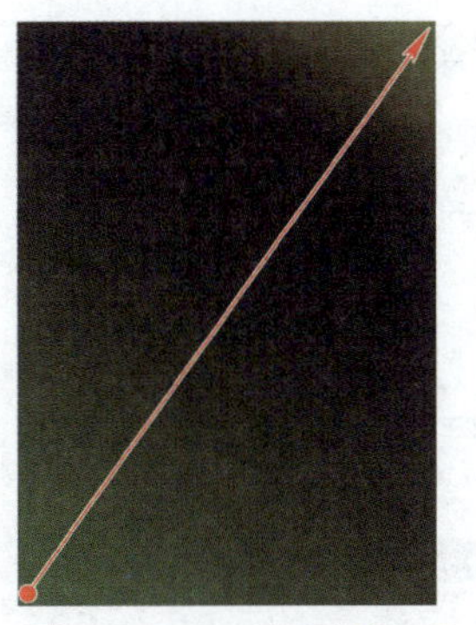

● 图 2—107 填充渐变色

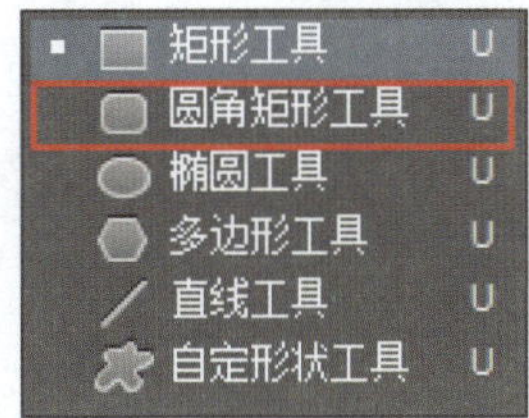

● 图 2—108 选择“圆角矩形工具”

5. 选项栏参数设置如图 2—109 所示。

● 图 2—109 选项栏参数设置

6. 在工作区中绘制出圆角矩形的路径，如图 2—110 所示。

7. 单击“路径”面板上的“将路径作为选区载入”按钮，把路径变成选区，如图 2—111 所示。

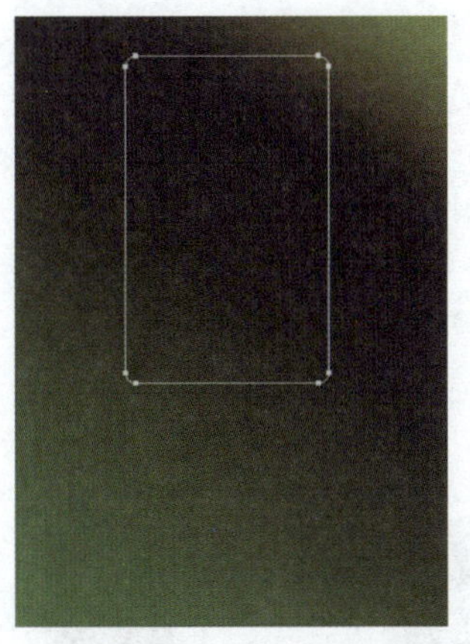

● 图 2—110 绘制出圆角矩形的路径

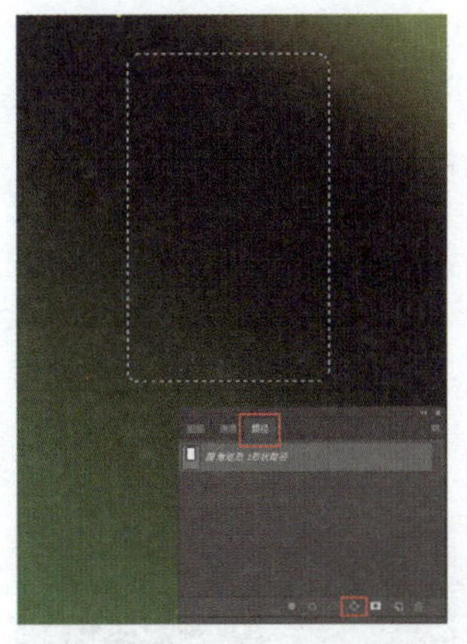

● 图 2—111 把路径变成选区

8. 按 Ctrl+Shift+Alt+N 键创建“图层 1”，选择“渐变工具”，单击选项栏按钮，在弹出的“渐变编辑器”中设置色标颜色，由左至右分别为 #ffffff、#000000、#ffffff、#000000、#ffffff，如图 2—112 所示。

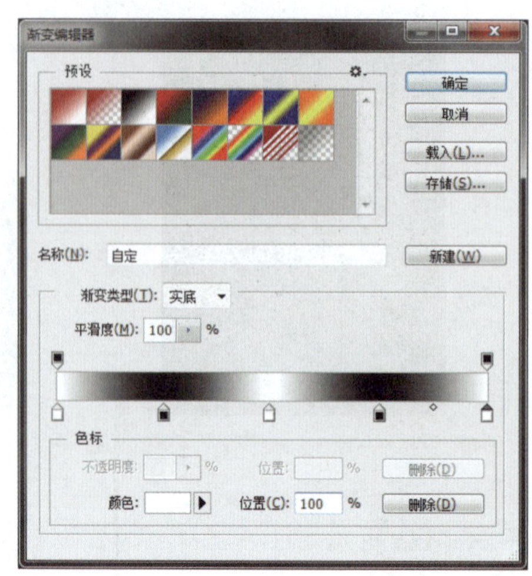

● 图 2—112 设置渐变颜色

9. 在选区中由左下角向右上角填充黑白多次过渡的线性渐变，调整透明度为 65%，得到工卡边缘的透明效果如图 2—113 所示。

10. 执行“选择”→“修改”→“收缩”命令，收缩量为 8 像素，缩小选区。按 Ctrl+Shift+Alt+N 键创建“图层 2”，设置前景色为白色，按 Alt+Delete 键填充前景色，按 Ctrl+D 键取消选择，如图 2—114 所示。

11. 双击“图层”面板上的“图层 2”，在“图层样式”面板上勾选“斜面和浮雕”中的“纹理”和“光泽”。具体参数设置如图 2—115 ~ 图 2—118 所示。

12. 打开巩固训练 3“素材 1.jpg”。选择“选择工具”，拖动“第一高级技工学校”标志到“工卡”文件的工作区，调整大小和位置，如图 2—119 所示。

13. 按 Ctrl+Shift+Alt+N 键创建“图层 4”，选择“矩形选框工具”，在标志下方绘制选区，如图 2—120 所示。

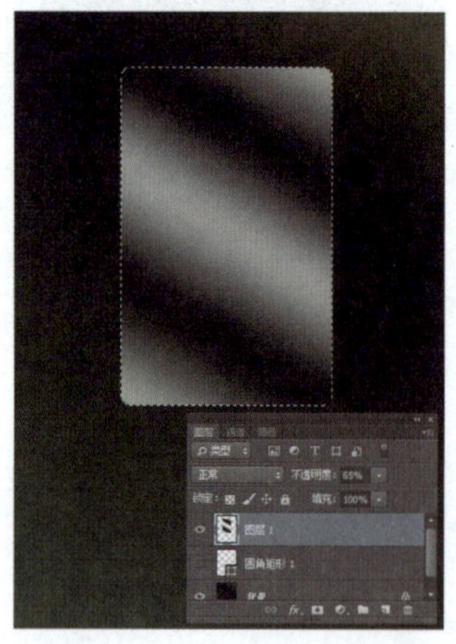

● 图 2—113 绘制出渐变

● 图 2—114 缩小选区后填充白色

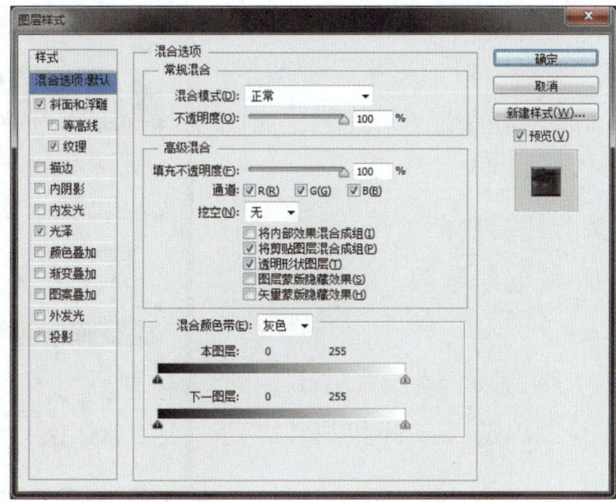

图 2—115 选择样式

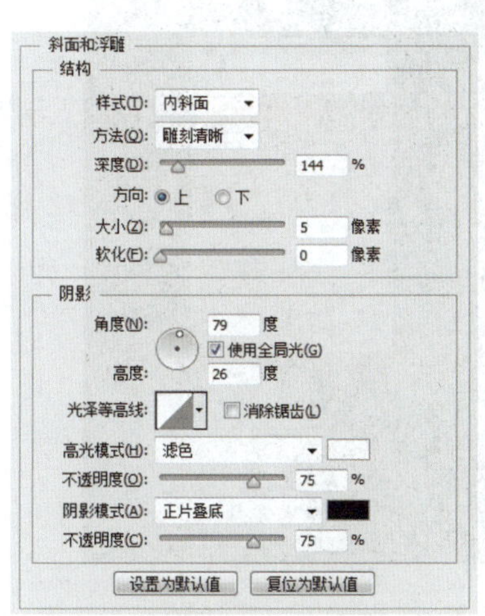

图 2—116 “斜面和浮雕”参数设置

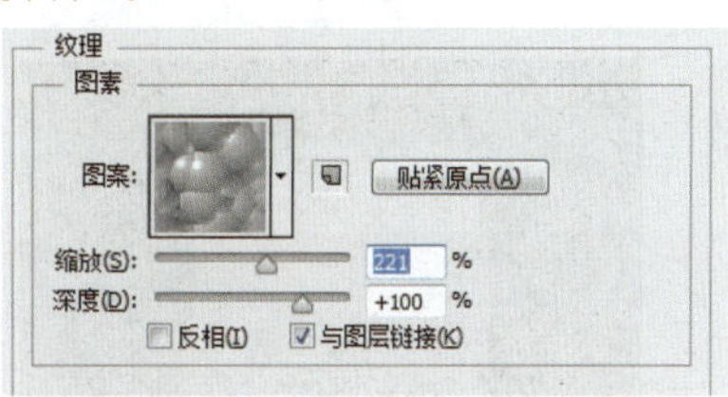

图 2—117 “纹理”参数设置

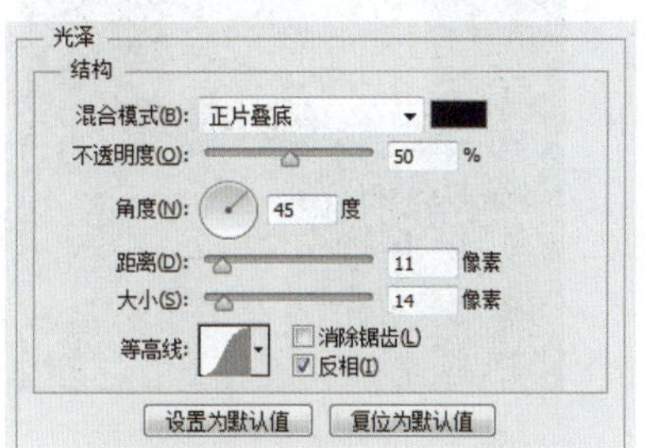

图 2—118 “光泽”参数设置

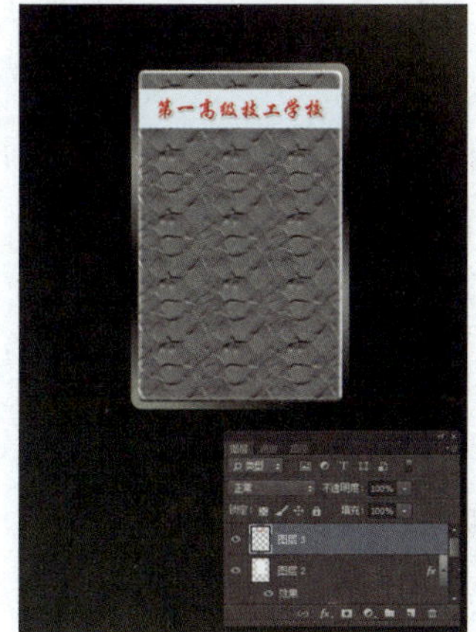

图 2—119 加入素材

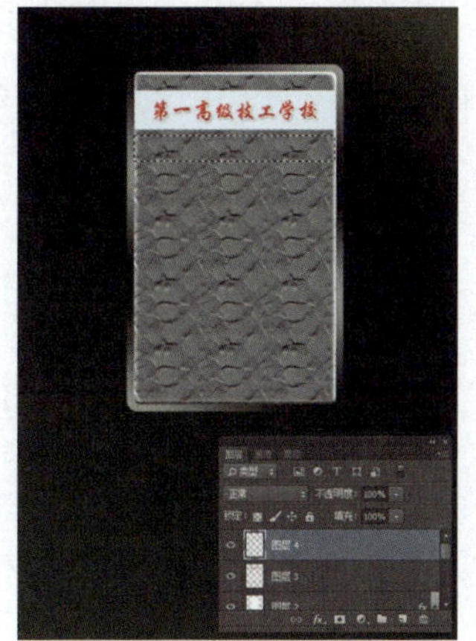

图 2—120 绘制选区 1

14. 选择“渐变工具”，单击选项栏 [渐变按钮] 按钮，在弹出的“渐变编辑器”对话框中设置颜色，由左至右分别为 #0a00b2、#ff0000、#fffc00，如图 2—121 所示。

15. 设置渐变类型为“线性渐变”，由左向右填充渐变色，按 Ctrl+D 键取消选择，如图 2—122 所示。

16. 按 Ctrl+Shift+Alt+N 键创建“图层 5”，选择“矩形选框工具”，绘制出选区，如图 2—123 所示。

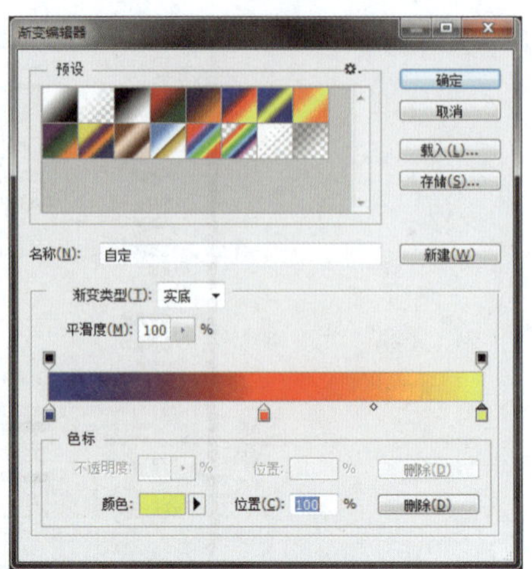

● 图 2—121 渐变效果颜色

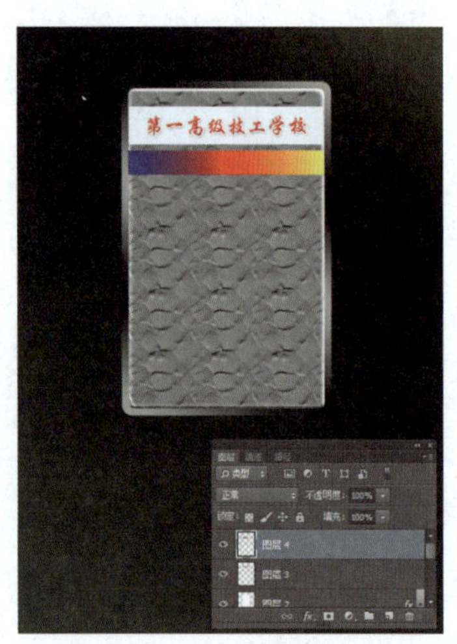

● 图 2—122 渐变效果

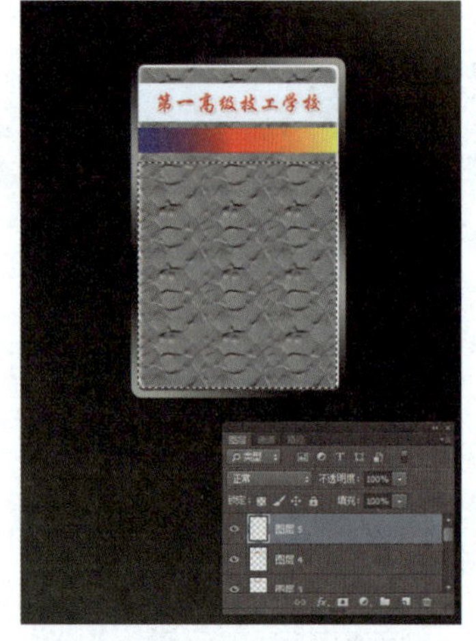

● 图 2—123 绘制选区 2

17. 选择“渐变工具”，设置渐变类型为“线性渐变”，由右下角往左上角为“图层 5”填充渐变色，设置不透明度为 40%，按 Ctrl+D 键取消选择，效果如图 2—124 所示。

18. 选择“矩形选框工具”，在工卡中间位置绘制出矩形选区，如图 2—125 所示。

19. 按 Ctrl+Shift+Alt+N 键创建“图层 6”，执行“编辑”→“描边”命令，描边宽度设置为 5 像素，如图 2—126 所示。

20. 单击“确定”按钮，按 Ctrl+D 键取消选择，如图 2—127 所示。

21. 执行“文件”→“打开”命令，打开巩固训练 3“素材 2.psd”。选择“选择工具”，将“素材 2”移动到工卡文件工作区，如图 2—128 所示。

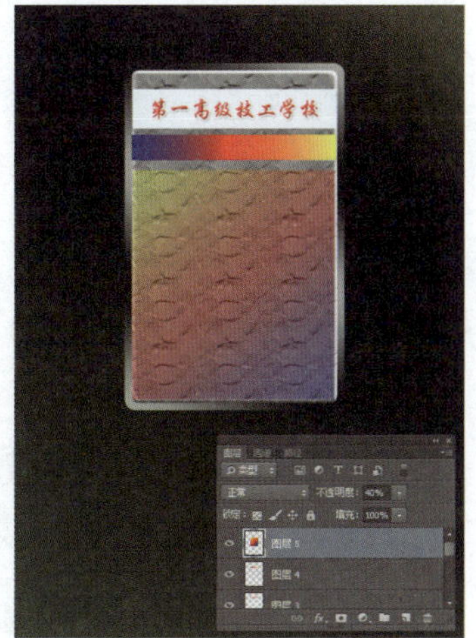

● 图 2—124　渐变效果

● 图 2—125　绘制选区 3

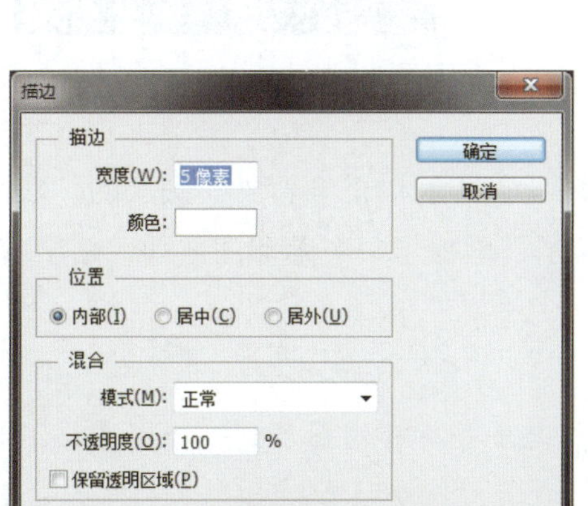

● 图 2—126　“描边”参数设置

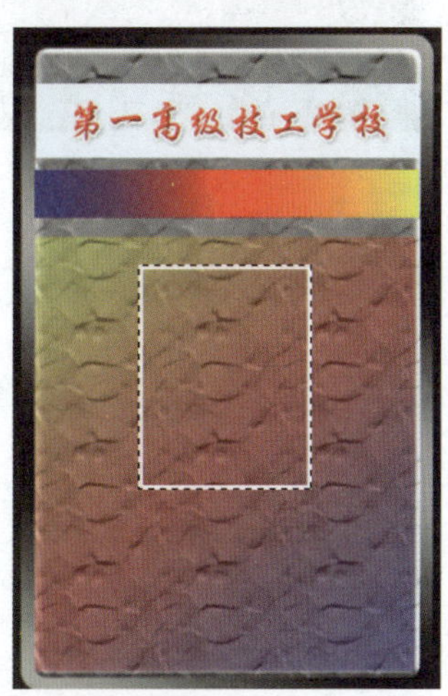

● 图 2—127　“描边”效果

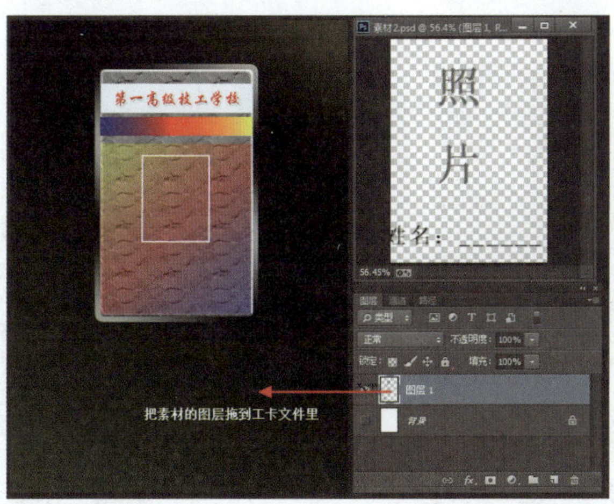

● 图 2—128　移动素材

22. 调整文字的位置，如图 2—129 所示。

23. 制作“倒影”，单击“背景”图层的“显示”按钮将“背景”图层隐藏，如图 2—130 所示。

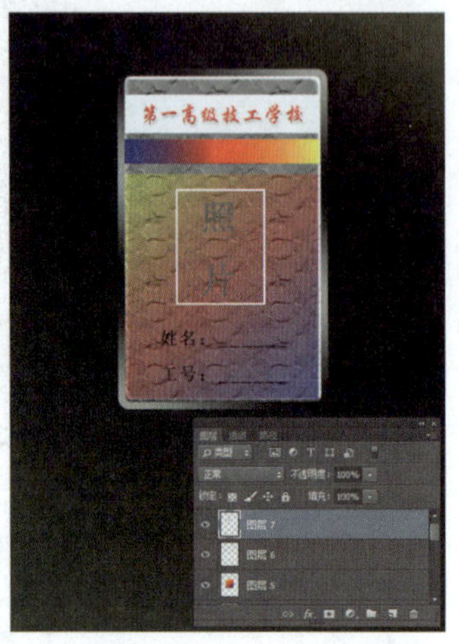

● 图 2—129 加入文字效果

● 图 2—130 隐藏“背景”图层

24. 按 Ctrl+Shift+Alt+E 键盖印一个图层。盖印后单击“背景”图层的“显示”按钮将“背景”图层显示，效果如图 2—131 所示，增加了一个盖印图层即“图层 8”。

提示

使用 Ctrl+Alt+Shift+E 键盖印图层，就是合并所有的图层到一个新图层，相当于给文件整体地拍了一张照片。

25. 执行“图层”→“排列”→“置于底层”命令，将“图层 8”置于底层，如图 2—132 所示。

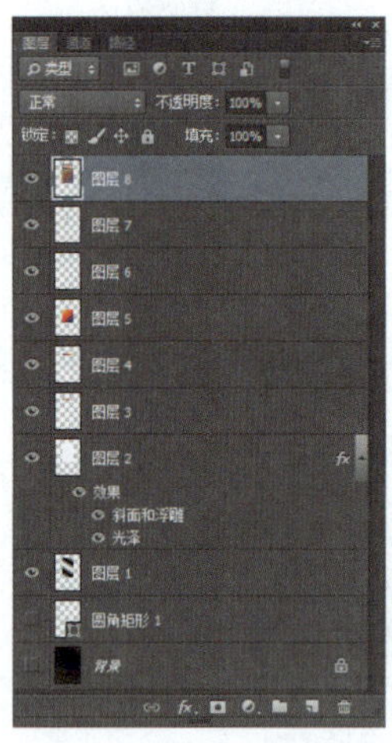

● 图 2—131 盖印后得到“图层 8”

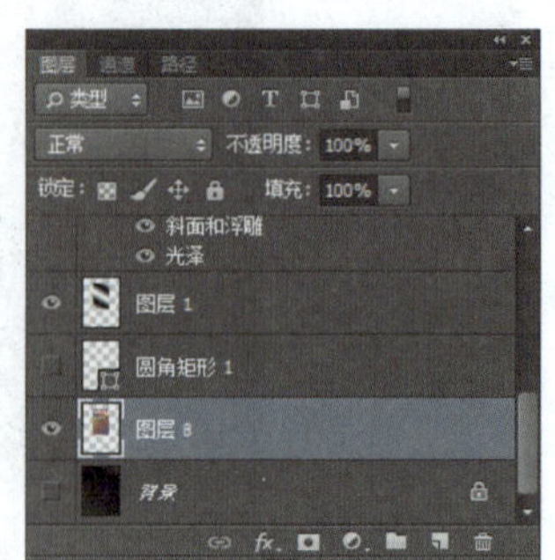

● 图 2—132 “图层 8”置于底层

26. 执行“编辑”→“变换”→“垂直翻转”命令。选择“选择工具”，移动“图层 8”上的工卡制作倒影，效果如图 2—133 所示。

27. 选择“橡皮擦工具”，单击选项栏中的设置按钮设置橡皮擦样式，参数设置如图 2—134 所示。

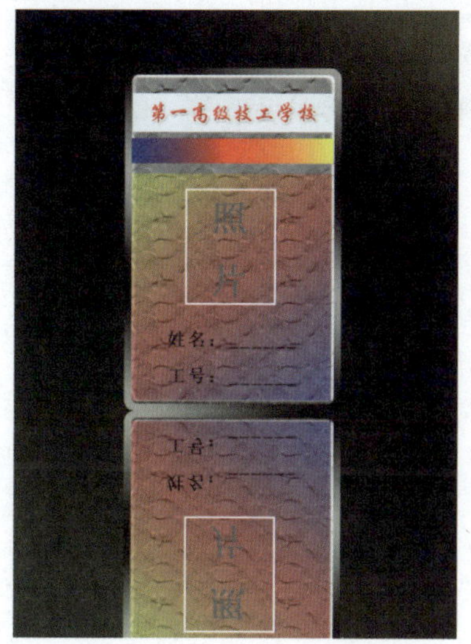

● 图 2—133　制作倒影

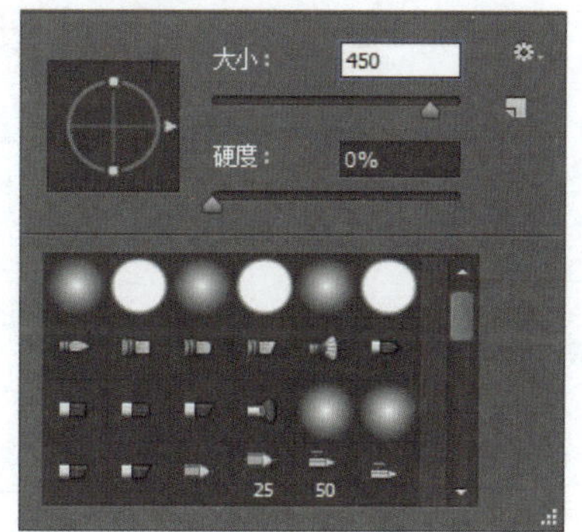

● 图 2—134　“橡皮擦工具”笔触参数

28. 用“橡皮擦工具”把倒影底部擦掉，调整图层的不透明度为 35%，效果如图 2—135 所示。

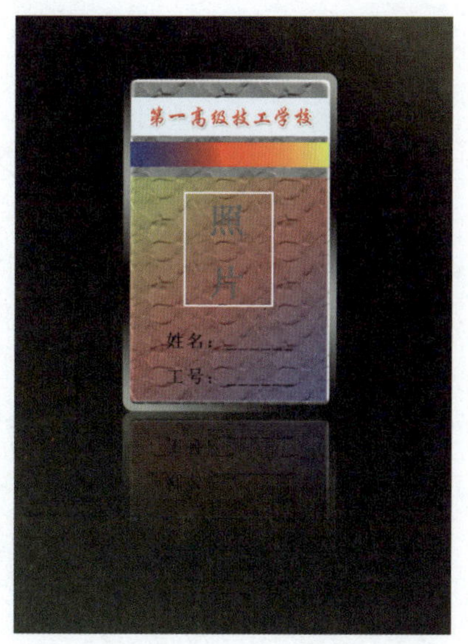

● 图 2—135　擦除倒影

29. 选择“图层 2”，选择“矩形选框工具”，修改选项栏的羽化为 1 像素，如图 2—

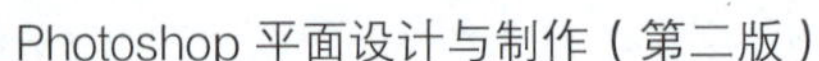

136 所示，在工卡上面绘制出矩形选区，如图 2—137 所示。

● 图 2—136 修改羽化值

● 图 2—137 绘制出选区

30. 按 Delete 键或按 Ctrl+D 键取消选择，最终效果如图 2—103 所示。

项目三 图层的应用

图层是 Photoshop 的灵魂，是进行平面设计不可缺少的元素。图层可以用于组织和管理设计元素，也可以通过为图层选择混合模式或为图层添加样式来制作出特殊的图像效果。前面各项目的学习已初步涉及了图层的使用，本项目通过“景色替换”“文字雕刻”“荷叶上的水珠”等任务，进一步深入学习图层的使用技巧。

任务 1　景色替换

学习目标

1. 理解图层的概念和类型。
2. 了解图层面板的主要功能。
3. 能根据需要调整图层的顺序。

任务分析

本任务将利用图层的功能特点，通过图层顺序的调整，实现窗户外面景色的替换，最终效果如图 3—1 所示。

图 3—1　最终效果

相关知识

在 Photoshop 中，图层是一项非常重要的功能，在处理图像时，我们所进行的各种操作都与图层有关，通过对图层进行各种编辑操作，然后将它们一层层叠加起来就能构成一幅幅精美的图像。

一、图层的概念及类型

1. 图层的概念

图层可以比作含有文字或图形等元素的胶片，一张张胶片按顺序叠放在一起，组合起来形成图像的最终效果。利用图层处理图像就好像在一张透明的玻璃纸上作画，透过上面的玻璃纸可以看见下面的内容，但是无论在上面一层玻璃纸上怎么涂画都不会影响下面的玻璃纸。上面一层玻璃纸上的图像会遮挡下面玻璃纸的图像，通过移动各层玻璃纸的相对位置可以改变图像的最终效果。

2. 图层的类型

图层通常分为背景图层、普通图层、文字图层、形状图层和填充 / 调整图层。下面重点介绍背景图层及普通图层。

（1）背景图层的创建与特点

1）背景图层的创建。背景图层的创建方法有两种：一是在使用白色或背景色创建新文件时，自动创建一个背景图层，该图层的名称默认为“背景”；二是可以将普通图层转换为背景图层，即选择要转换的普通图层，再执行“图层”→“新建”→“背景图层”命令。

在使用透明背景新建文件时，不会产生背景图层。每个文件中只有一个背景图层。

2）背景图层的特点。背景图层永远都在最下层；在背景图层上可用画笔、铅笔、图章、渐变、油漆桶等工具进行编辑；无法对背景图层添加图层样式和蒙版；背景图层不能包含透明区域；当用户清除背景图层中选定的区域时，该区域将以设置的背景色填充，而对于其他图层，被清除的区域将变为透明区域。

（2）普通图层的创建

所有新建的图层都是普通图层；在“图层”面板中双击背景图层可以将其转换为普通图层；对文字图层、形状图层和填充 / 调整图层进行“栅格化图层”操作也可以得到普通图层。

二、“图层”面板

利用“图层”面板可以新建图层、调整图层的顺序、设置图层的混合模式和不透明度、添加图层样式与图层蒙版等。

1. 打开“图层”面板

执行“窗口”→“图层”（F7）命令，打开“图层”面板，如图3—2所示。

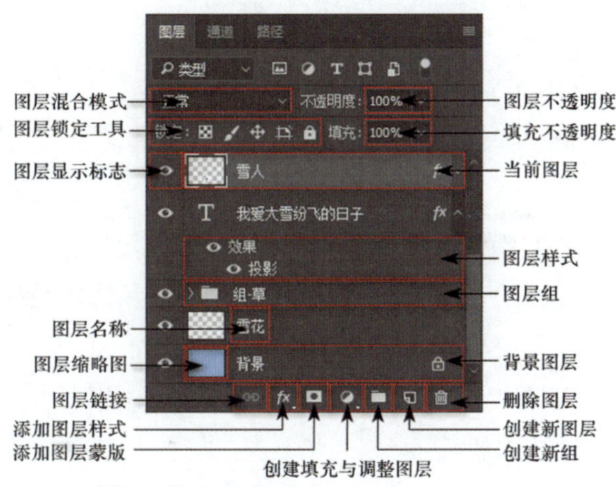

图3—2 “图层”面板

2. “图层”面板中相关参数

（1）图层混合模式：为当前图层设置不同的混合模式可得到不同的图像效果。

（2）图层不透明度：设置当前图层的不透明度，数值越小则当前图层越透明。

（3）填充不透明度：设置当前图层中非图层样式部分的透明度。

（4）图层锁定工具：控制图层“透明区域可编辑性”“编辑”“移动”等属性。

（5）图层缩览图：显示当前图层中所具有的图像的缩览图，方便选择图层。

（6）图层显示标志：控制图层的显示与隐藏。

（7）图层链接：可以将两个或以上的图层选择后进行链接。

（8）添加图层样式：为当前图层添加图层样式。

（9）添加图层蒙版：为当前图层添加图层蒙版。

（10）创建填充与调整图层：为当前图层创建新的填充或调整图层。

（11）删除图层：删除被选择的图层或图层组。

三、图层的对齐与分布

在处理图像时，经常要将图像进行对齐和分布的设置。

选择两个或两个以上图层，按需要单击对齐与分布按钮，如图 3—3 所示。

● 图 3—3 对齐与分布

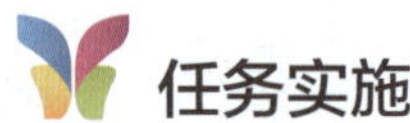

任务实施

1. 打开本任务“素材 1.JPG”文件。

2. 双击“图层”面板“背景”图层上的锁图标，将其转换为“图层 0”，如图 3—4 所示。

3. 选择多边形套索工具，在工具选项栏中单击按钮，在左侧窗口内的一个边角上单击，然后沿着它边缘在转折处继续单击鼠标，定义选区范围，将光标移至起点处，单击即可封闭选区。按住 Shift 键，采用同样的方法，将中间窗口和右侧窗口内的图像都选中，如图 3—5 所示。

4. 按 Delete 键删除所选内容。

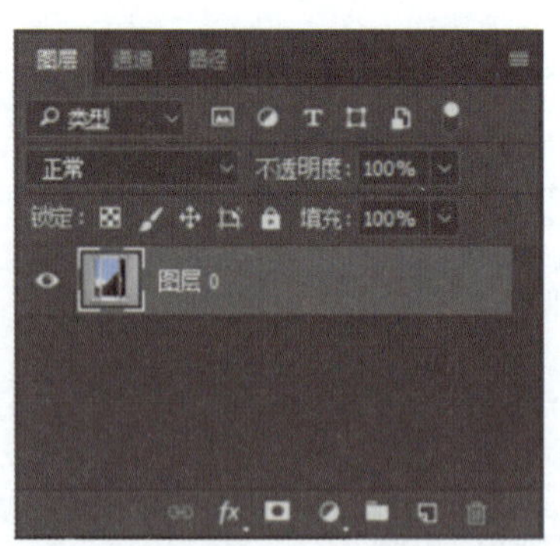

● 图 3—4 将“背景”图层转换为“图层 0”

● 图 3—5 选中区域

5. 将“素材 2.JPG”从系统资源管理器拖入文档窗口中，调整位置后按 Enter 键确认，如图 3—6 所示。

6. 在“图层”面板中将“素材 2”移到“图层 0”的下方，调整前后的“图层”面板，如图 3—7 和图 3—8 所示。完成后就可以在窗口内看到另外一种景色，最终效果如图 3-1 所示。

● 图 3—6 置入图层图片

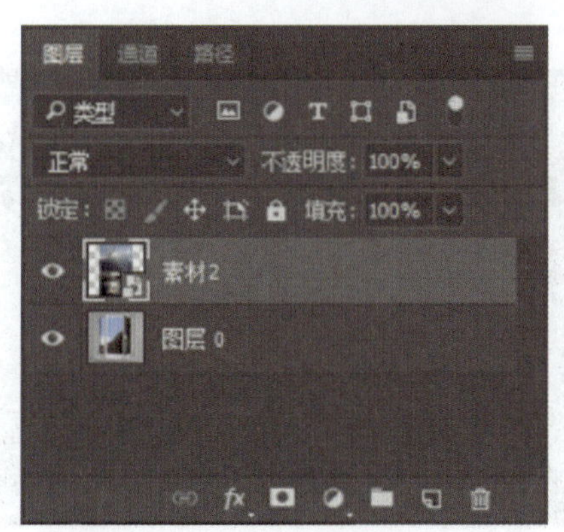

● 图 3—7 图片置入图层后

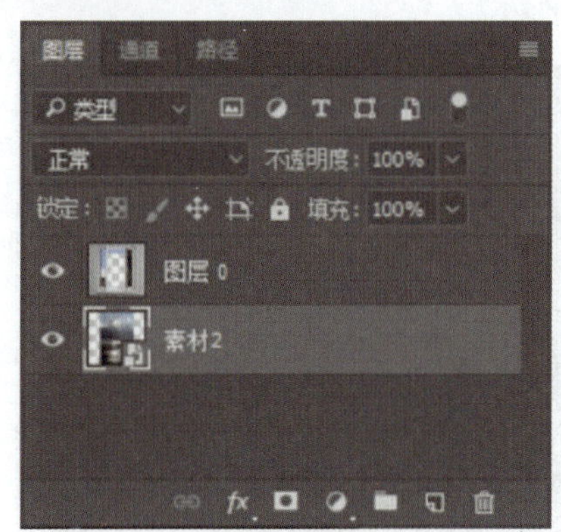

● 图 3—8 调整图层顺序后

提示

在用 Photoshop 制作图像的过程中，为了便于识别不同的图层，可以为图层命名，所采用的名字要直观。

为了更好地管理图层，可适当地对图层进行分组、锁定。

任务 2　文字雕刻

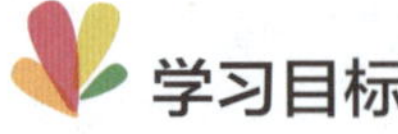

学习目标

1. 理解图层混合模式的含义和功能。

2. 能应用图层混合模式对图像进行编辑加工。

任务分析

在 Photoshop 中，通过设置图层的混合模式，可以将某个图层与其下面图层的颜色进行色彩混合，从而获得各种特殊的图像效果。本任务的内容是在石头的照片上制作雕刻文字效果，主要应用图层混合模式体现质感效果。素材和最终效果如图 3—9 和图 3—10 所示。

图 3—9　素材

图 3—10　最终效果

相关知识

一、图层混合模式的含义

下文所提到的上面图层与下面图层是两个紧挨在一起的图层，通过对上面图层混合模式的设置得到不同的图像效果。

1. 正常：默认的色彩混合模式，此时下面图层的图像会被上面图层的图像完全覆盖。

2. 溶解：下面图层的颜色会被上面图层的颜色随机取代，达到溶解的效果。

3. 变暗：比较上下两个图层的颜色，将其中较暗的颜色显示出来。也就是说，下面图层比上面图层亮的像素被取代，而比上面图层暗的像素不变。

4. 正片叠底：上面图层的颜色与下面图层的颜色进行混合，所得到的颜色会比原来的颜色深。所有颜色与黑色混合都得到黑色，任何颜色与白色混合都保持颜色不变。除黑色与白色外的颜色相叠加产生变暗的颜色。

5. 颜色加深：查看每个通道的颜色信息，通过增加对比度使下面图层颜色变暗。与白色混合时，下面图层的颜色不变。

6. 线性加深：通过降低亮度使下面图层的颜色变暗。与白色混合时，下面图层的颜色不变。

7. 深色：比较上下两个图层中所有通道值的总和，显示值较小的颜色。不会生成第三种颜色。

8. 变亮：比较上下两个图层的颜色，将其中较亮的颜色显示出来。也就是说，下面图层比上面图层暗的像素被取代，而比上面图层亮的像素不变。

9. 滤色：与正片叠底相反的一种混合方式，将上下两图层的颜色进行混合，得到比原来浅的颜色，实现色彩提纯、提亮的效果。任何颜色与黑色混合都保持颜色不变，所有颜色与白色混合都得到白色。除黑色与白色外的颜色相叠加产生变亮的颜色。

10. 颜色减淡：通过降低对比度使下面图层的颜色变亮。与黑色混合时，下面图层的颜色不变。

11. 线性减淡：通过增加亮度使下面图层的颜色变亮。与黑色混合时，下面图层的颜色不变。

12. 浅色：比较上下两个图层中所有通道值的总和，显示值较大的颜色。不会生成第三种颜色。

13. 叠加：将上下两个图层的颜色进行叠加，保持下面图层的亮度。下面图层的颜色不会被取代，但会与上面图层的颜色混合，反映出下面图层的明暗度。

14. 柔光：根据上面图层颜色的不同，使像素变暗或变亮。如果上面图层颜色的灰度大于50%，图像变亮；如果上面图层颜色的灰度小于50%，图像变暗。当下面图层的颜色是黑色或白色时会产生明显较暗或较亮的区域，但不会产生黑色或白色。

15. 强光：如果上面图层颜色的灰度大于50%，图像变亮；如果上面图层颜色的灰度小于50%，图像变暗。这种模式适合为图像增加暗调。当上面图层的颜色是黑色或白色时，显示出来的颜色就是黑色或白色。

16. 亮光：如果上面图层颜色的灰度大于50%，则通过减小对比度使图像变亮；如果上面图层颜色的灰度小于50%，则通过增大对比度使图像变暗。

17. 线性光：如果上面图层颜色的灰度大于50%，则通过增大亮度使图像变亮；如

果上面图层颜色的灰度小于 50%，则通过减小亮度使图像变暗。

18. 点光：如果上面图层颜色的灰度大于 50%，则替换比上面图层颜色暗的像素，而不改变比其亮的像素；如果上面图层颜色的灰度小于 50%，则替换比上面图层颜色亮的像素，而不改变比其暗的像素。

19. 实色混合：图像混合后，图像的颜色被分离成红、黄、绿、蓝等 8 种极端颜色，其效果类似于“色调分离”命令。

20. 差值：以上面图层和下面图层中较亮颜色的亮度减去较暗颜色的亮度。因此，当上面图层颜色为白色时使下面图层颜色反相；而当上面图层颜色为黑色时，原图的颜色不变。

21. 排除：与差值类似，但更加柔和。

22. 色相：用下面图层的亮度、饱和度以及上面图层的色相创建颜色。

23. 饱和度：用下面图层的亮度、色相以及上面图层的饱和度创建颜色。在无饱和度（灰色）的区域上用此模式绘画不会产生变化。

24. 颜色：用下面图层的亮度以及上面图层的色相、饱和度创建颜色。

25. 明度：用下面图层的色相、饱和度以及上面图层的亮度创建颜色。

二、图层混合模式的使用方法

选择要设置混合模式的图层，单击“图层”面板中“图层混合模式”右侧的下拉列表按钮，如图 3—11 所示，打开下拉列表，选择适当的混合模式即可。

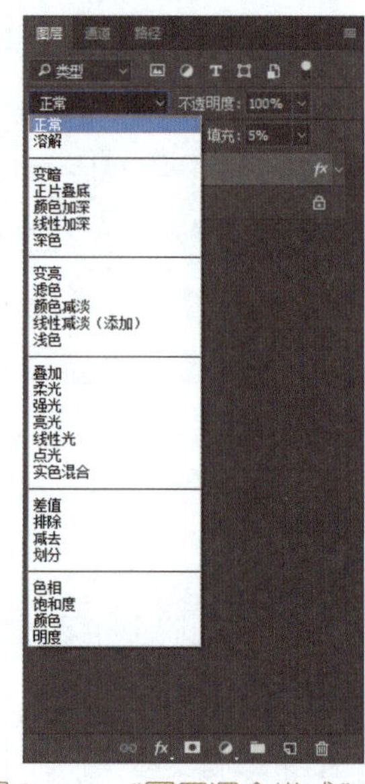

图 3—11 “图层混合模式”下拉列表

任务实施

1. 打开本项目任务 2“素材 .jpg”文件。

2. 在“图层”面板中将文字的填充不透明度设置为 5%，如图 3—12 所示。

3. 双击“文化石”文字图层，打开“图层样式”对话框。在左侧列表中勾选“内阴影”选项，设置参数如图 3—13 所示，使文字产生向下凹陷的效果。

4. 勾选“斜面和浮雕”选项，设置“样式”为“外斜面”，“方法”为“雕刻清晰”，其他参数如图 3—14 所示。

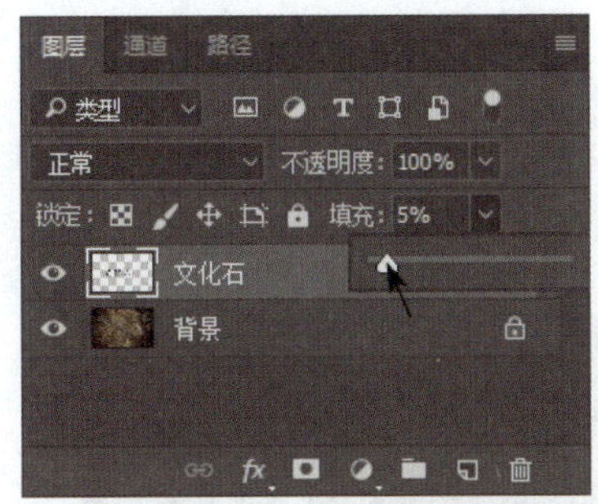

● 图 3—12　改变文字图层的填充不透明度

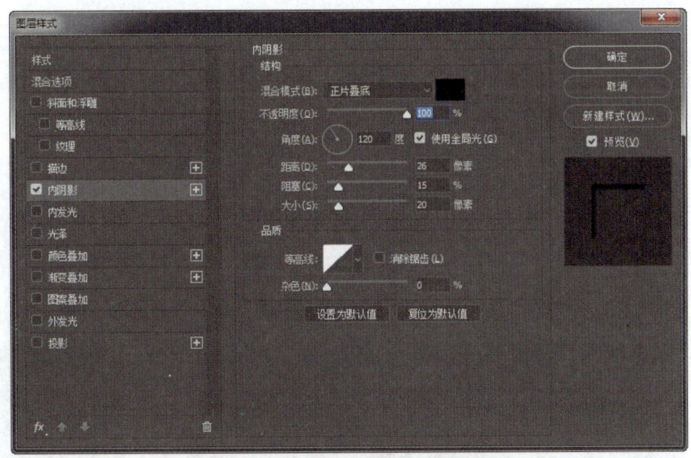

● 图 3—13　设置图层“内阴影”样式

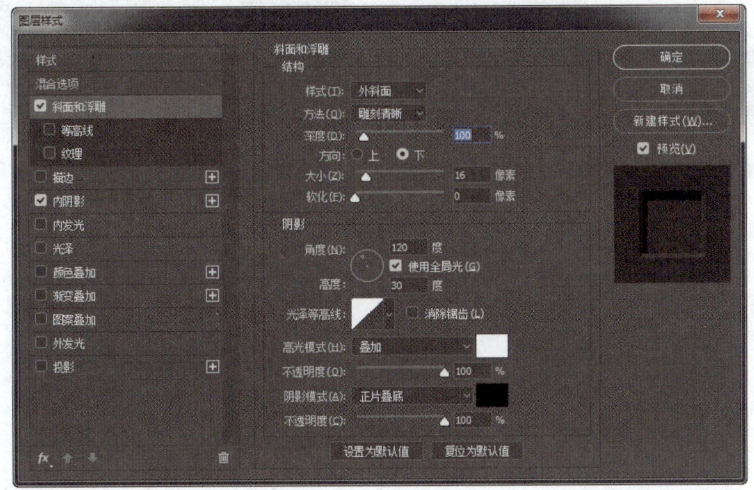

● 图 3—14　设置图层“斜面和浮雕”样式

5. 最终效果如图 3—10 所示。

6. 执行“文件”→“存储为”命令，保存为 PSD 格式。

任务 3　荷叶上的水珠

学习目标

1. 理解图层样式的含义和功能。

2. 能应用图层样式对图像进行编辑加工。

任务分析

Photoshop 提供了不同的图层样式，用于为创建的对象增强图像的外观效果。利用图层样式可以做出许多生动逼真的图像效果。本任务的内容是在荷叶上面加上自己制作的逼真的水珠效果，主要使用图层样式来合成水珠，素材和最终效果如图 3—15 和图 3—16 所示。

图 3—15　素材

图 3—16　最终效果

相关知识

一、图层样式的应用

选择需要添加样式的图层，单击“图层”面板底部的“添加图层样式”按钮，从列表中选择图层样式，然后根据需要修改样式各项参数。

二、图层样式的类型

1. 各种图层样式的含义

（1）投影：为图层上的对象添加阴影效果。通过对混合模式、不透明度、角度、距离、扩展和大小等参数的设置，可以得到需要的效果。

（2）内阴影：在对象的边缘添加阴影，让图层产生一种凹陷效果。

（3）外发光：为图层中的对象从边缘向外添加发光效果。设置不同的参数，可以得到更加精美的效果。

（4）内发光：为图层中的对象从边缘向内添加发光效果。

（5）斜面和浮雕：为图层添加高亮显示和阴影的各种组合效果。

（6）光泽：为图层对象内部应用阴影，与对象的形状相互作用，通常用来创建规则的波浪形状，或者用来制作光滑的磨光与金属效果。

（7）颜色叠加：为图层中的对象叠加一种颜色，就是用一层纯色填充对象。

（8）渐变叠加：为图层中的对象叠加一种渐变颜色，就是用一层渐变颜色填充对象。

（9）图案叠加：为图层中的对象叠加图案，就是用一层重复图案填充对象。

（10）描边：使用颜色、渐变颜色或图案描绘当前图层中对象的轮廓。

2. 图层样式参数介绍

（1）混合模式：不同混合模式选项。混合效果与图层混合模式的效果类似。

（2）色彩样本：修改阴影、发光和斜面等的颜色。

（3）不透明度：产生透明效果（其中 0 为透明，100 为不透明）。

（4）角度：控制光源的方向。

（5）使用全局光：可以修改对象的阴影、发光和斜角度。

（6）距离：确定对象和效果之间的距离。

（7）扩展 / 内缩：扩展主要用于“投影”和“外发光”样式，从对象的边缘向外扩展效果；内缩主要用于“内阴影”和“内发光”样式，从对象的边缘向内收缩效果。

（8）大小：确定效果影响的程度，以及从对象的边缘收缩的程度。

（9）消除锯齿：柔化图层对象的边缘。

（10）深度：调整浮雕或斜面的边缘深度。

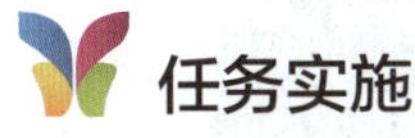

任务实施

1. 打开本项目任务 3“素材 .jpg”文件。

2. 单击“图层”面板底部的“创建新组”按钮，生成“组 1”，如图 3—17 所示。

3. 新建“图层 1”（Ctrl+Shift+N），如图 3—18 所示。

4. 选择“椭圆选框工具”，绘制椭圆选区，执行“选择”→“变换选区”命令，调整选区的形状及位置如图 3—19 所示。

5. 以任意颜色填充选区。将“图层 1”的填充不透明度设为 0%。按 Ctrl+D 键取消选择。

6. 双击“图层 1”的缩略图，勾选图层样式“投影”“斜面和浮雕”。参数设置如图 3-20 和图 3-21 所示。

● 图 3—17 创建新组

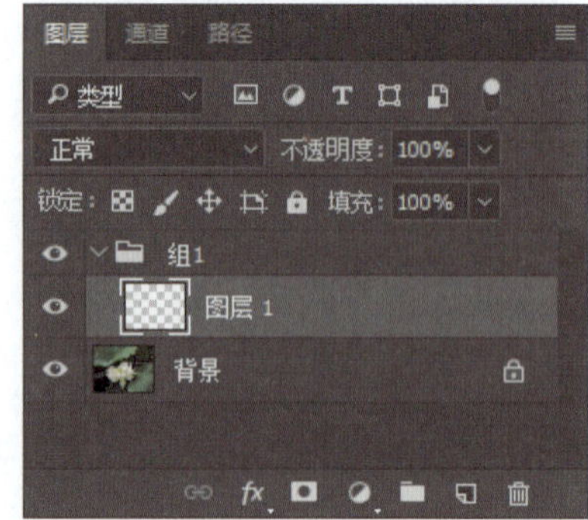

● 图 3—18 新建图层

● 图 3—19 创建并调整选区

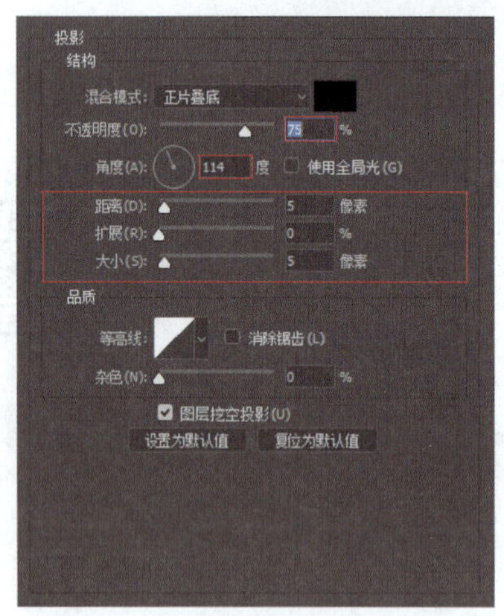

● 图 3—20 设置“投影”样式

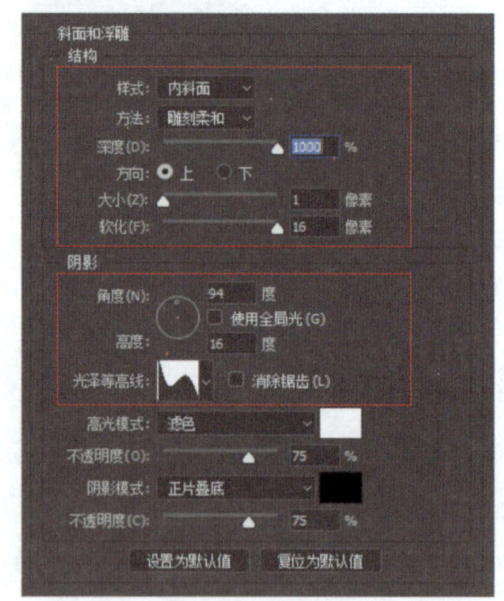

● 图 3—21 设置“斜面和浮雕”样式

7. 设置图层样式后，效果如图 3—22 所示。

8. 新建“图层 2”（Ctrl+Shift+N），重命名为“高光”。

9. 设置前景色为白色，绘制椭圆形选区，执行“选择”→“变换选区”命令，调整选区的形状及位置如图 3—23 所示。

● 图 3—22 样式设置效果

● 图 3—23 制作选区

10. 选择“渐变工具”，设置工具栏选项为“前景色到透明渐变”，类型为“线性渐变”，如图 3—24 所示。

● 图 3—24 “渐变工具”选项设置

11. 在椭圆选区中由上至下拖动鼠标。按 Ctrl+D 键取消选择，调置“高光”的图层不透明度为 50%，如图 3—25 所示。

12. 新建“图层 2”（Ctrl+Shift+N），重命名为“反光”，如图 3—26 所示。

● 图 3—25 设置不透明度后效果

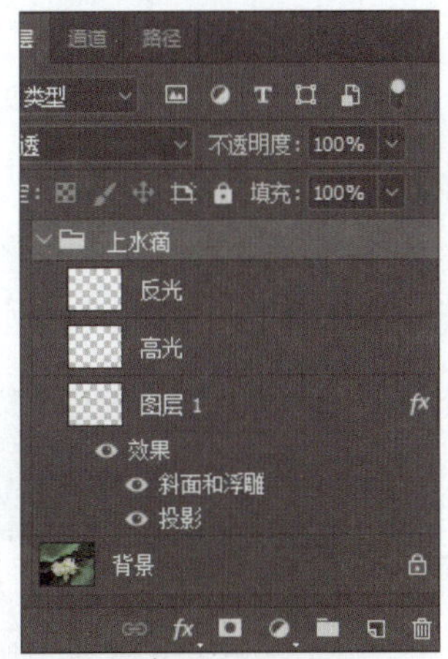

● 图 3—26 新建图层

13. 选择“椭圆选框工具”，设置“羽化”为 2 像素，绘制椭圆选区，如图 3—27 所示。

14. 选择“反光”，为椭圆选区填充白色，设置图层的不透明度为 50%，按 Ctrl+D 键取消选择。第一滴水珠效果如图 3—28 所示。

图 3—27 绘制选区

图 3—28 第一滴水珠效果

15. 参照步骤 2~14 的方法完成另外一滴水珠的制作。最终效果如图 3-16 所示。

 **提示**

在用 Photoshop 绘制对象的过程中，经常使用填充白色和调整图层不透明度来制作高光效果。

巩固训练 1　水果倒影

一、案例分析

本案例主要是使用复制图层、设置图层不透明度、调整图层顺序、将普通图层转换成背景图层等基本操作来为水果制作倒影，最终效果如图 3—29 所示。

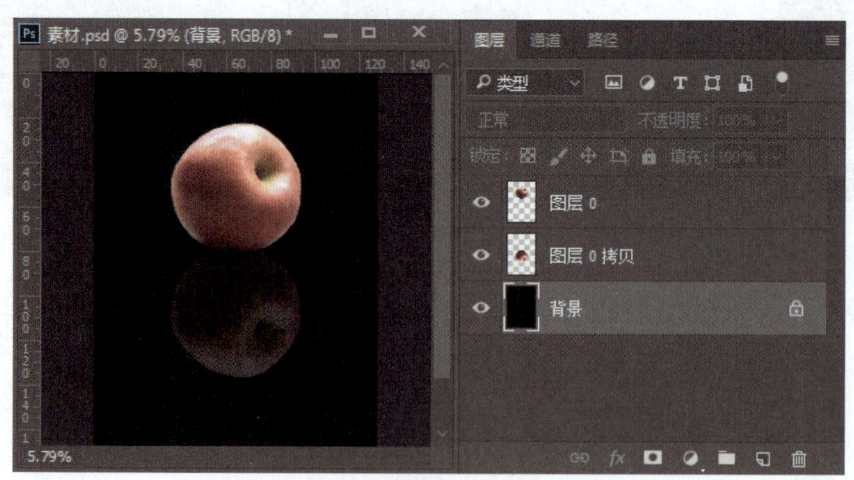

图 3—29 最终效果

二、操作步骤

1. 打开巩固训练 1 “素材 .psd” 文件。

2. 复制图层。选择 “图层 0”，将其拖动到 “图层” 面板底部 “创建新图层” 按钮 上，生成新图层 “图层 0 拷贝”，如图 3—30 所示。

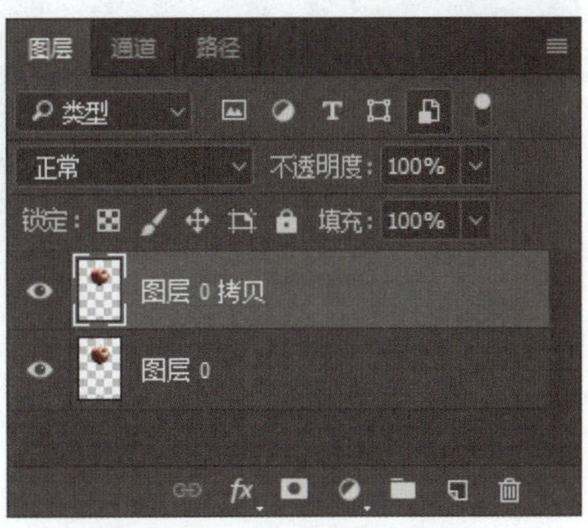

● 图 3—30　复制 “图层 0”

3. 执行 “编辑” → “变换” → “垂直翻转” 命令，按住 Shift 键拖动图像使其沿竖直方向移动到 “图层 0” 中苹果的正下方，如图 3—31 所示。

4. 选择 “图层 0 拷贝”，将其拖动到 “图层 0” 的下面，将图层不透明度调整为 25%，如图 3—32 所示。

5. 选择 “图层 0 拷贝”，新建 “图层 1”（Ctrl+Shift+N），如图 3—33 所示。

6. 设置前景色为 #000000，按 Alt+Delete 键填充前景色，如图 3—34 所示。

7. 将 “图层 1” 拖动至 “图层 0 拷贝” 下。执行 “图层” → “新建” → “图层背景” 命令，将图层 1 转换为背景图层。最终效果如图 3—29 所示。

● 图 3—31　垂直翻转

● 图 3—32　调整图层不透明度

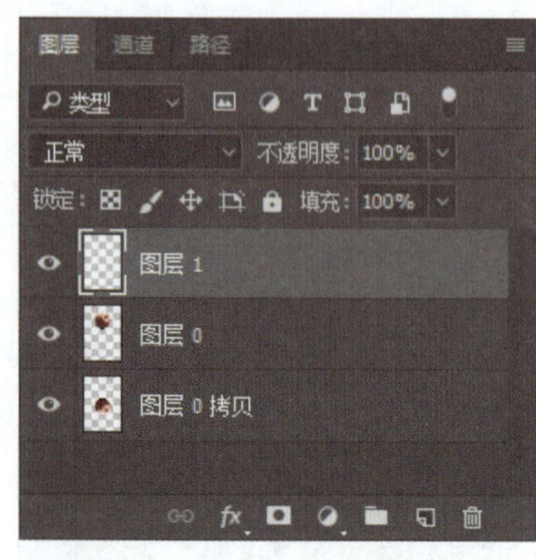

● 图 3—33　新建“图层 1”

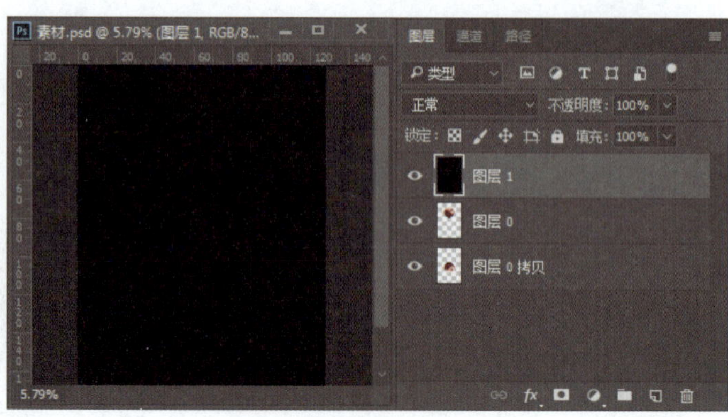

● 图 3—34　填充前景色

巩固训练 2　更换服装效果

一、案例分析

本案例的内容是更换图像中人物服装的图案，主要操作内容是使用“快速选择工具”选取服装图案区域，通过图层混合模式的设置实现服装图案的替换。原图如图 3—35 所示，待替换的图案如图 3—36 所示，最终效果如图 3—37 所示。

二、操作步骤

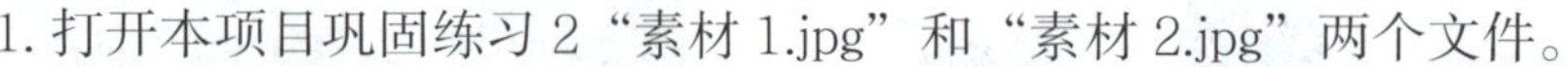

1. 打开本项目巩固练习 2 “素材 1.jpg” 和 “素材 2.jpg” 两个文件。

● 图 3—35　原图效果

● 图 3—36　替换素材

2. 将碎花素材设置为当前操作的文档。按 Ctrl+A 键进行全选，执行“编辑”→“定义图案”命令，打开“图案名称”对话框，如图 3—38 所示，单击“确定”按钮，将花朵定义为图案。

3. 按 Ctrl+Tab 键切换到人物文档中，使用快速选择工具选中衣服，如图 3—39 所示；按住 Alt 键，在选择到的非衣服区域进行涂抹处理，将其排除到选区以外，如图 3—40 所示。

4. 选择菜单“图层”→“新建填充图层”→“图案”命令，或者单击“图层”面板中的按钮，选择先前创建的碎花图案，如图 3—41 所示，单击“确定”按钮。创建图案填充图层，如图 3—42 所示。新创建的图案填充图层如图 3—43 所示。

● 图 3—37　最终效果图

● 图 3—38　定义图案

● 图 3—39　选择区域

● 图 3—40　选择多余区域

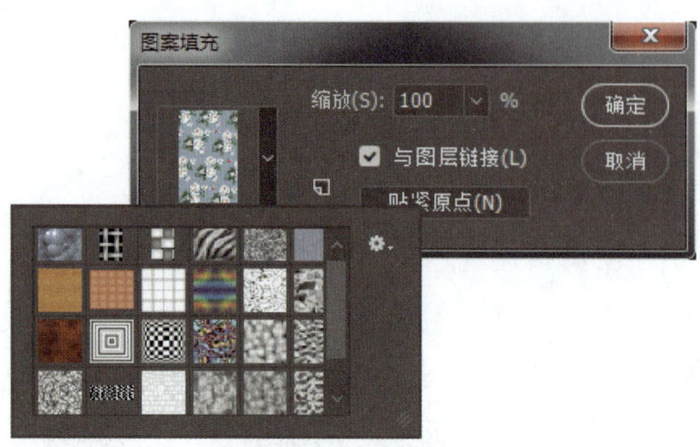

图 3—41　图案填充选择

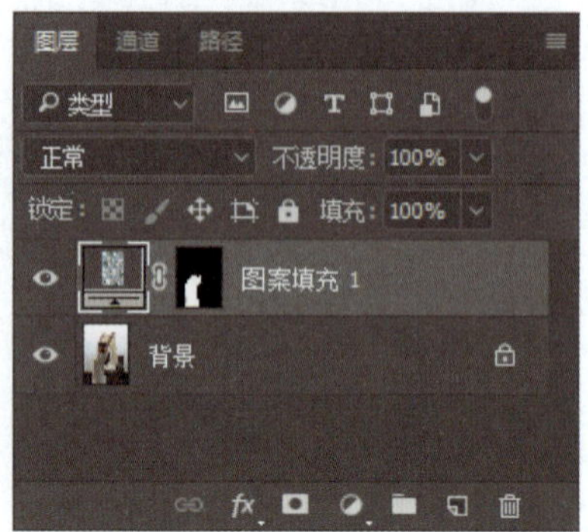

图 3—42　图案填充图层创建

5. 设置当前的填充图层的混合模式为“线性加深”，如图 3—44 所示。

6. 按下 Ctrl+J 键复制图层，修改设置图层的不透明度为 20%，进一步增加图案的层次感，如图 3—45 所示。图像最终效果如图 3—37 所示。

图 3—43　图案填充效果

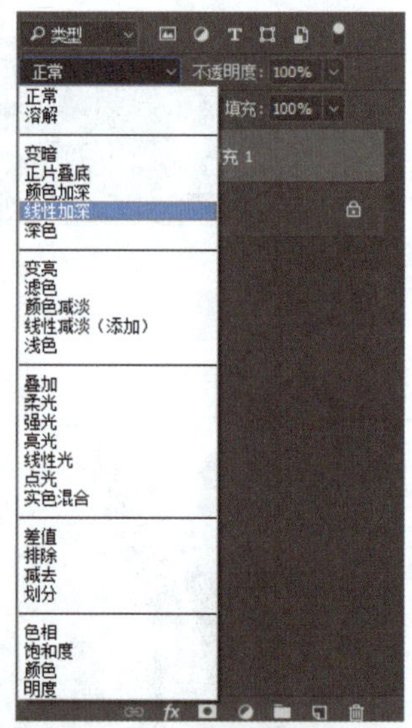

图 3—44　图层混合模式修改

图 3—45　复制图层修改不透明度

巩固训练 3　手镯

一、案例分析

本案例通过综合运用图层样式的设置，完成手镯图案的绘制，最终效果如图 3—46 所示。通过本案例的制作可以加深对图层样式的理解。

● 图 3—46　最终效果

二、操作步骤

1. 打开巩固训练“素材 1.jpg”及“素材 2.jpg”两个文件。

2. 选择“移动工具”，将“素材 2”拖动到“素材 1”中，生成“图层 1”，如图 3—47 所示。

● 图 3—47　生成“图层 1”

3. 选择“椭圆选框工具”，设置羽化为 1 像素，按住 Shift 键绘制圆形选区，如图 3—48 所示。

4. 执行“选择”→“反向”（Ctrl+Shift+I）命令，按 Delete 键删除，效果如图 3—49 所示。

5. 执行“选择”→“反向”命令。

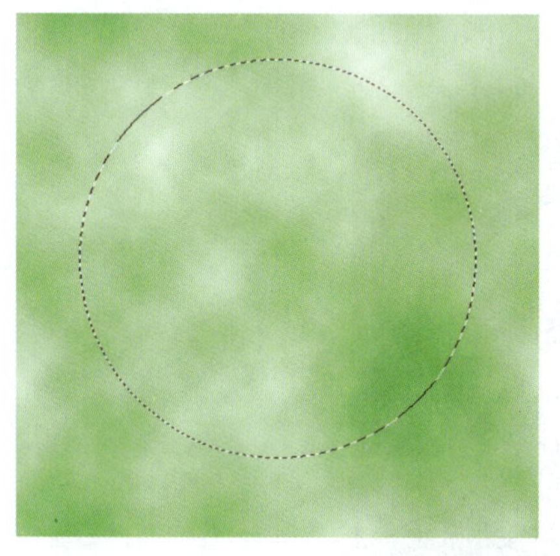

图 3—48 绘制圆形选区

图 3—49 删除选区中的对象

6. 执行“选择”→“变换选区”命令，按住 Alt+Shift 键缩小选区，如图 3—50 所示。

7. 按 Delete 键删除，效果如图 3—51 所示。

图 3—50 缩小选区

图 3—51 删除选区中的对象

8. 按 Ctrl+D 键取消选择。

9. 设置图层样式。双击“图层 1”，勾选图 3—52 所示的样式。图层样式的参数设置如图 3—53 ~ 图 3—58 所示。

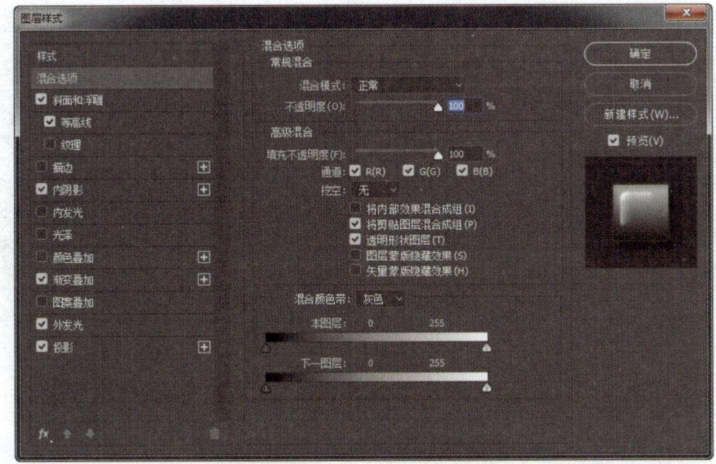

图 3—52 选择样式

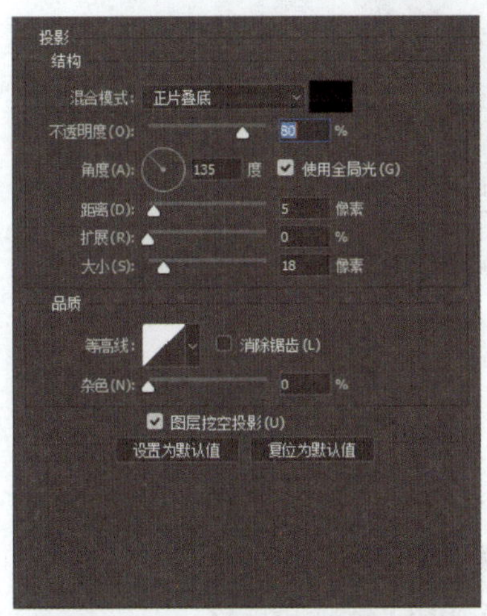

图 3—53 “投影”参数设置

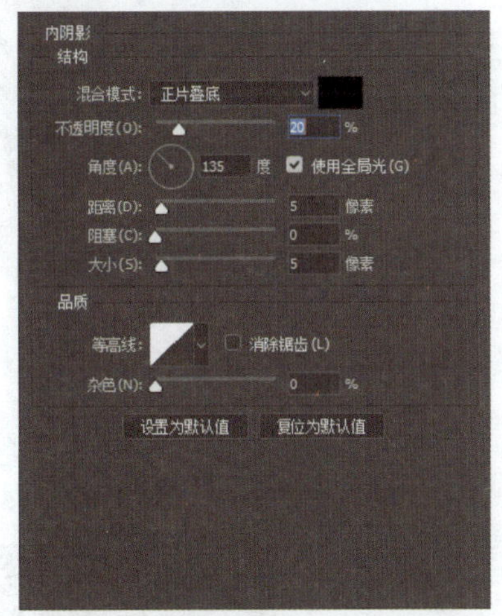

图 3—54 “内阴影”参数设置

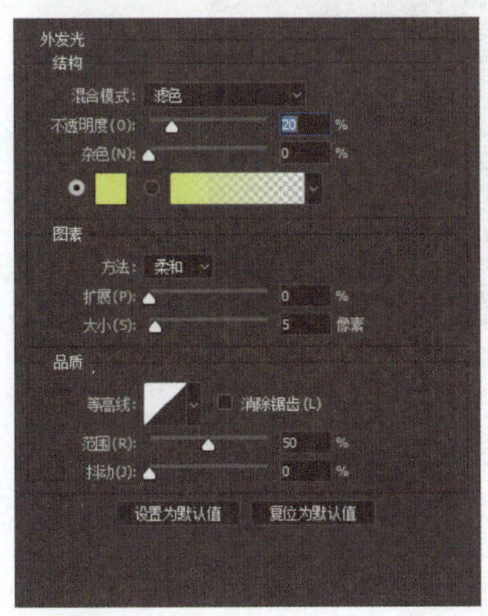

图 3—55 “外发光”参数设置

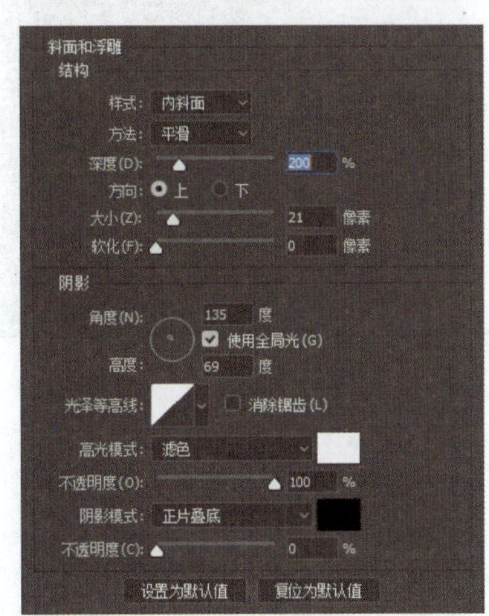

图 3—56 “斜面和浮雕”参数设置

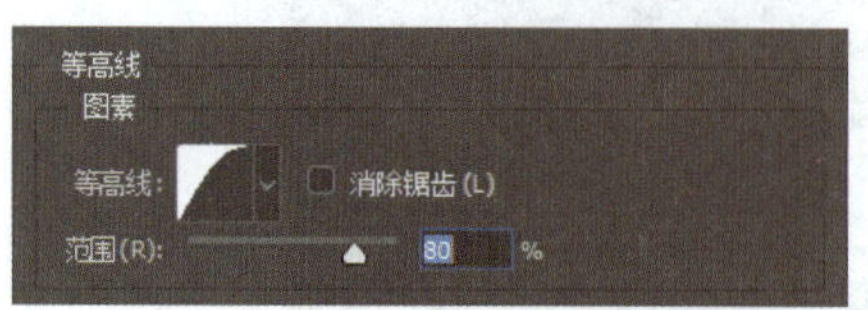

● 图 3—57 “等高线”参数设置

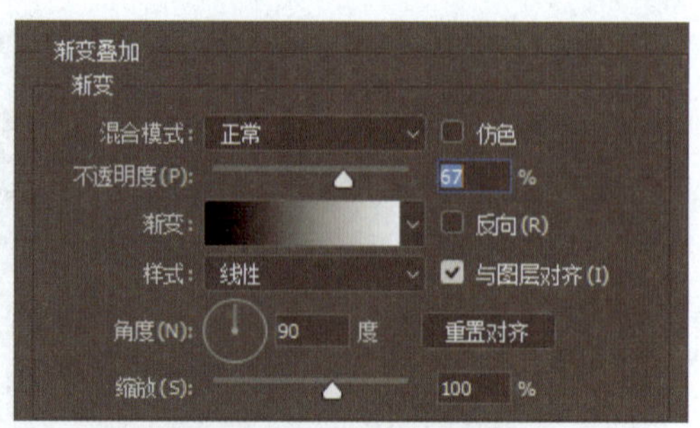

● 图 3—58 “渐变叠加”参数设置

10. 单击“确定”按钮，一个碧玉手镯就成形了，如图 3—59 所示。

● 图 3—59 碧玉手镯效果

11. 勾选“图案叠加”样式，用图 3—60 所示的方法追加“图案”。

12. 选择“绸光”图案。最终效果如图 3—46 所示。

● 图 3—60 追加“图案”

13. 执行“文件”→“存储为”命令，保存为 PSD 格式。

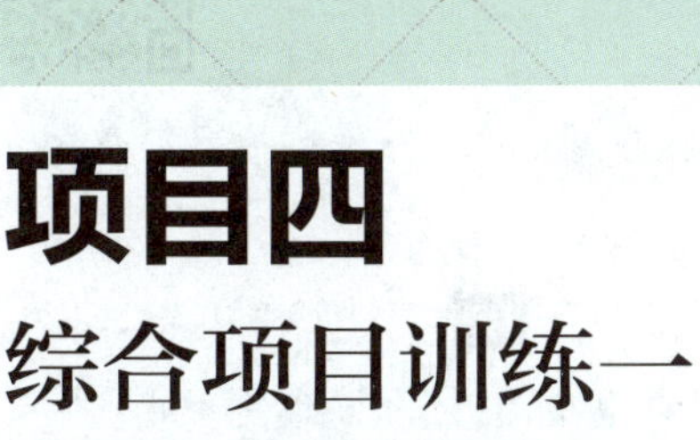

项目四 综合项目训练一

综合运用前面三个项目所学的各种“选区工具”“变换工具”和“绘图工具”，配合对图层样式的设置，即可实现较为复杂的图像的绘制和编辑。本项目通过“光盘盘面”“宣传海报”“餐厅菜单”三个任务完成相关技能的综合运用练习。

任务1　光盘盘面

学习目标

1. 能根据需要选定选区并填充颜色。
2. 能根据需要调整图形的形状、位置和显示效果。
3. 能录入文字，并根据需要设置文字的显示样式。

任务分析

本任务将使用“选区工具”的相关命令、颜色填充命令和图层知识制作一幅光盘盘面效果图，最终效果如图4—1所示。

图4—1　最终效果

任务实施

1. 新建文件，设置图像宽度和高度为 1 500 像素 ×1 500 像素，分辨率为 300 像素/英寸，颜色模式为 RGB 颜色，背景颜色为白色。

2. 新建图层，将图层命名为“外圆”，选择“椭圆工具”，按住 Shift 键不放，绘制一个正圆，选择“渐变工具”，编辑渐变色，四个色标值分别设置为 # e3e2e2、# e2e2e2、# aaa9aa、# e3e2e2，如图 4—2 所示，在选项栏中选择线性渐变，填充渐变色，如图 4—3 所示，为外圆添加投影效果，如图 4—4 所示，参数如图 4—5 所示。

图 4—2　设置渐变色

图 4—3　填充渐变色

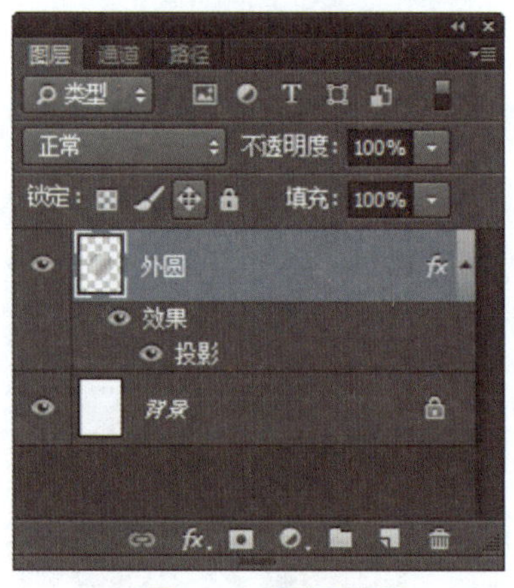

图 4—4　图层效果

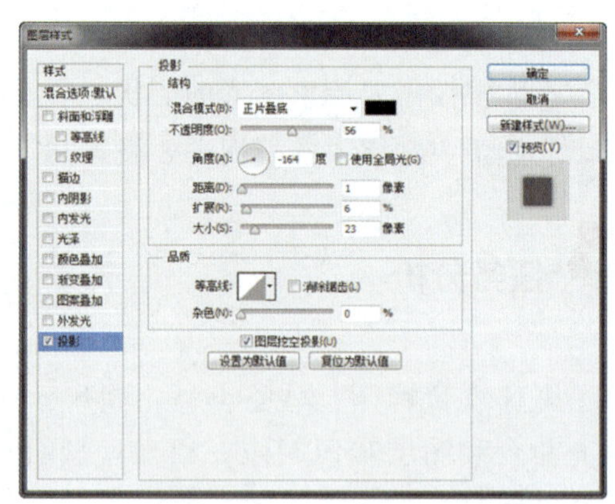

图 4—5　图层样式参数

3. 新建图层，将图层命名为“内圆”，执行“选择”→“变换选区”命令，按住 Alt+Shift 键不放，使中心点不变，等比例缩小选区，如图 4—6 所示，选择“渐变工具”，编辑渐变色，四个色标值分别设置为 # e8e8e8、# f7d554、# ff9416、# fa80b3，如

图 4—7 所示，在选项栏中选择线性渐变，如图 4—8 所示，填充渐变色，如图 4—9 所示。

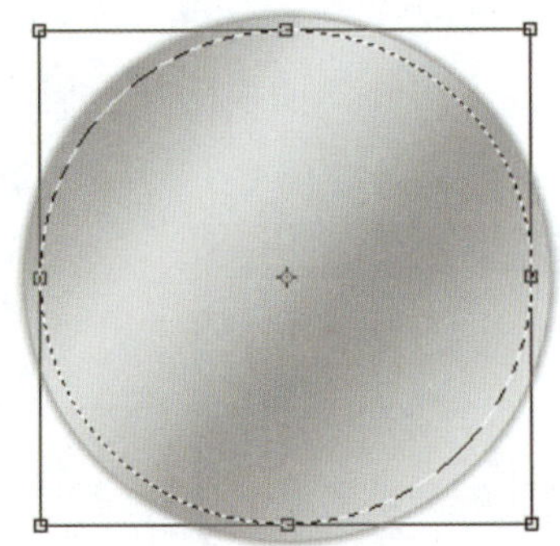

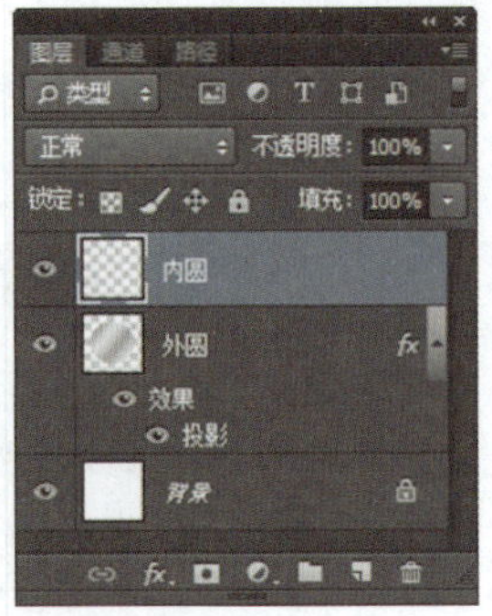

● 图 4—6 变换选区

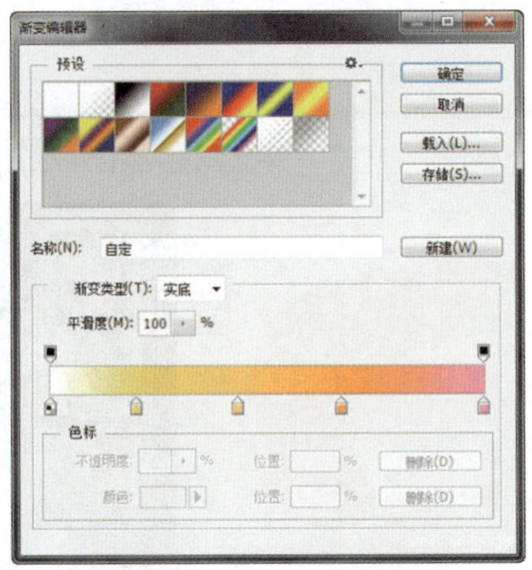

● 图 4—7 设置渐变色

● 图 4—8 “渐变工具”选项栏

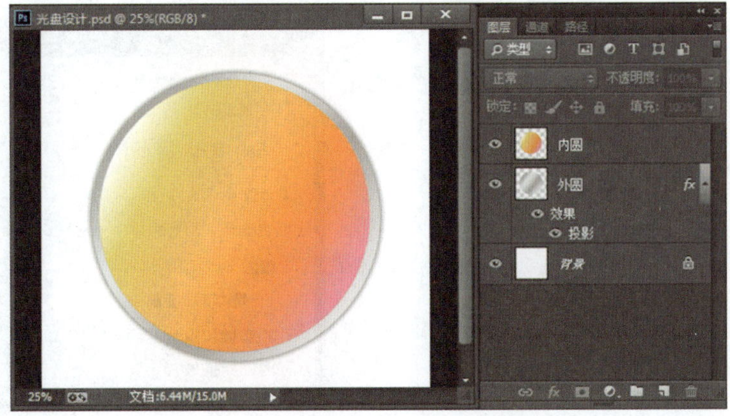

● 图 4—9 填充颜色效果

4. 新建图层，命名为“中心”，执行“选择”→“变换选区”命令，按住 Alt+Shift 键，使中心点不变，等比例缩小选区，前景色设置为 #dfdfdf，按 Alt+Del 键填充前景色，执行“编辑”→“描边”命令，位置设置为居外，描边的颜色设置为 #878787，参数如图 4—10 所示，效果如图 4—11 所示。

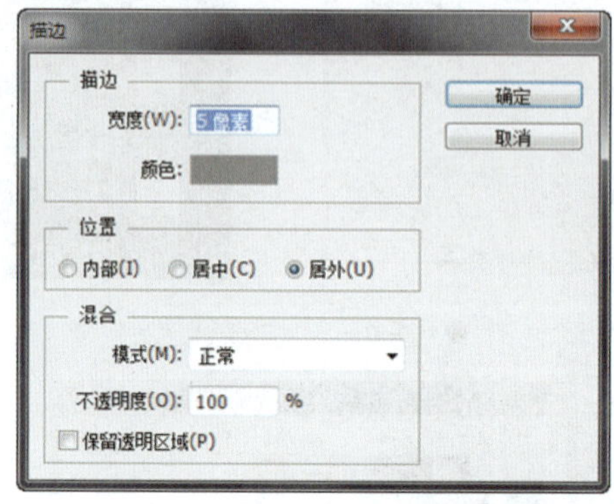

图 4—10 “描边”对话框参数

图 4—11 “描边”效果

5. 执行“选择”→“变换选区”命令，按住 Alt+Shift 键，使中心点不变，等比例缩小选区。新建图层“孔心”，前景色设置为 #ffffff，按 Alt+Del 键填充前景色，执行“编辑”→“描边”命令，描边宽度设置为 5 像素，位置设置为居外，描边的颜色设置为 #bcbcbc，参数如图 4—12 所示，效果如图 4—13 所示。

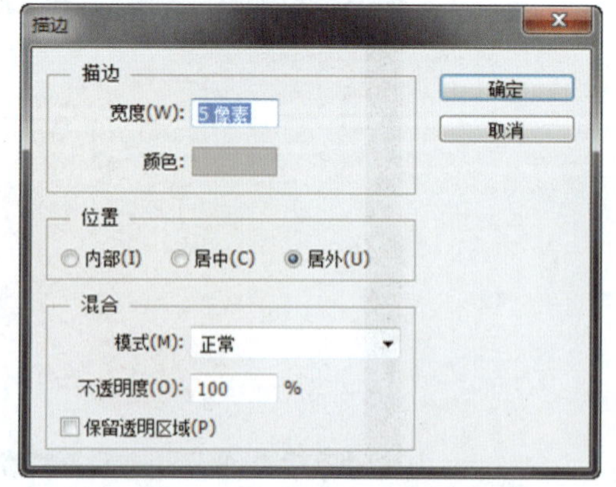

图 4—12 “描边”对话框参数

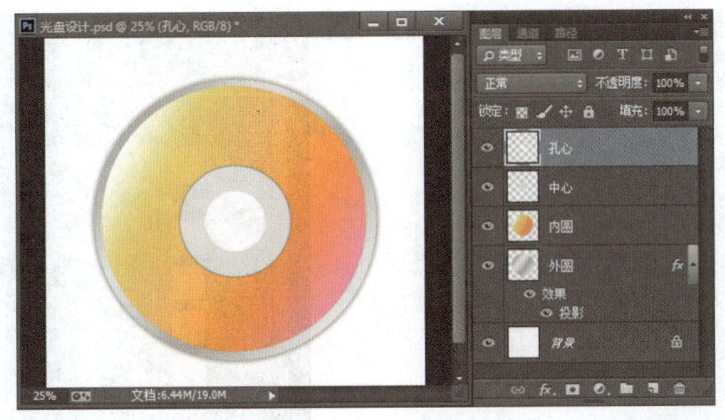

● 图 4—13 绘制“孔心”

6. 选中图层“外圆”“内圆”“中心”“孔心”右击，执行“从图层建立组”命令，建立组并命名为“盘面”，如图 4—14 所示。

7. 从任务管理器中将“素材一”文件拖动到编辑窗口中，调整大小后按 Enter 键确定。调整其图层顺序使其位于“盘面”组的上方，设置不透明度为 55%。在“孔心”图层选取孔心图像所在区域为选区，在“素材一”中删除该选区中的内容，如图 4—15 所示。用同样的方法删除“素材一”盘面位于盘面外的多余内容，效果如图 4—16 所示。

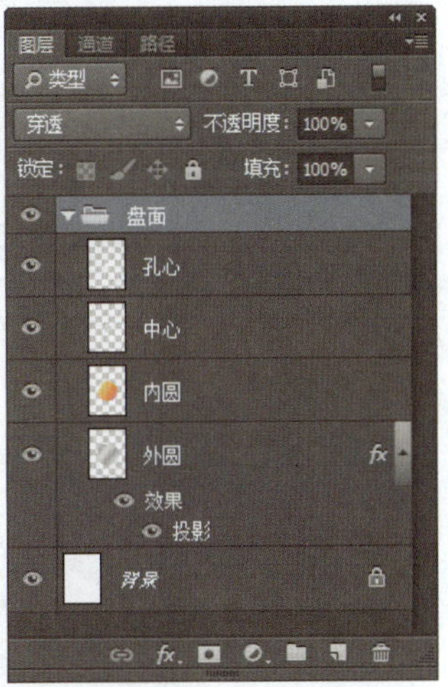

● 图 4—14 从图层建立组

● 图 4—15 设置不透明度和删除不需内容

● 图 4—16　裁剪后效果

8. 用同样的方法，再拖动两个“素材一”文件到编辑窗口中，并通过大小及不透明度的不同设置来实现大小不一、虚实交替的效果。裁剪多余部分后，效果如图 4—17 所示。

● 图 4—17　截取所需内容

9. 选择“文字工具”，录入文字“design”，为文字添加图层样式效果，“文字工具”选项栏参数如图 4—18 所示，图层样式参数如图 4—19 所示，“design”文字效果如图 4—20 所示。录入文字“for photoshop”，为文字添加图层样式效果，“文字工具”选项栏参数如图 4—21 所示，图层样式参数如图 4—22 所示。

● 图 4—18　“文字工具”选项栏参数

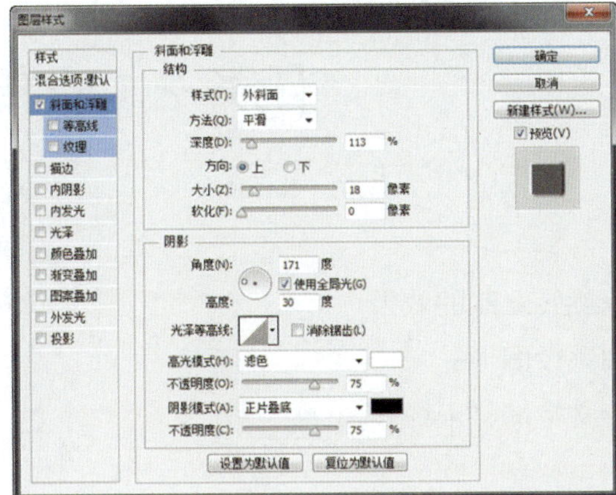

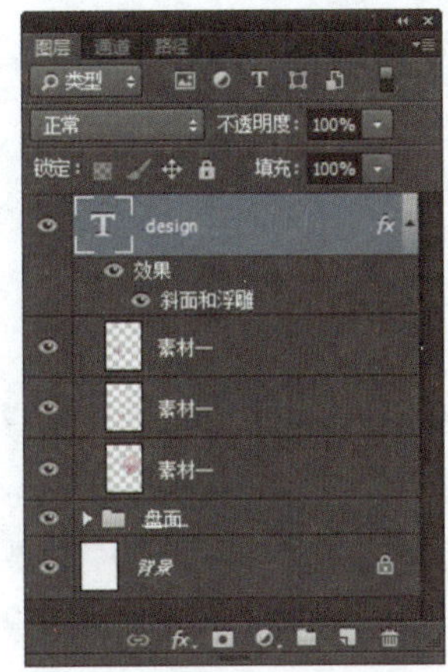

● 图 4—19 图层样式参数

● 图 4—20 “design”文字效果

● 图 4—21 “文字工具”选项栏参数

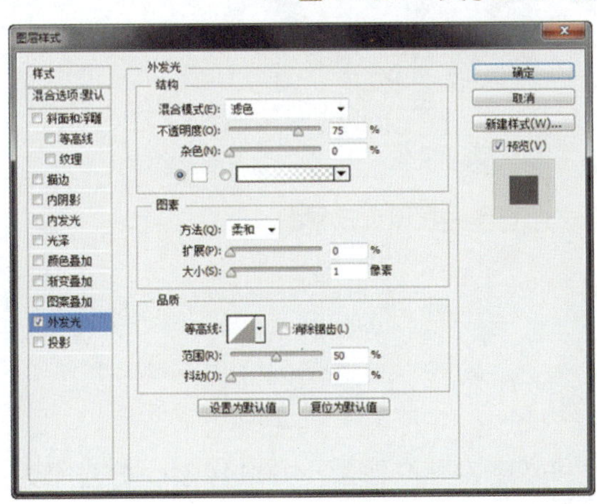

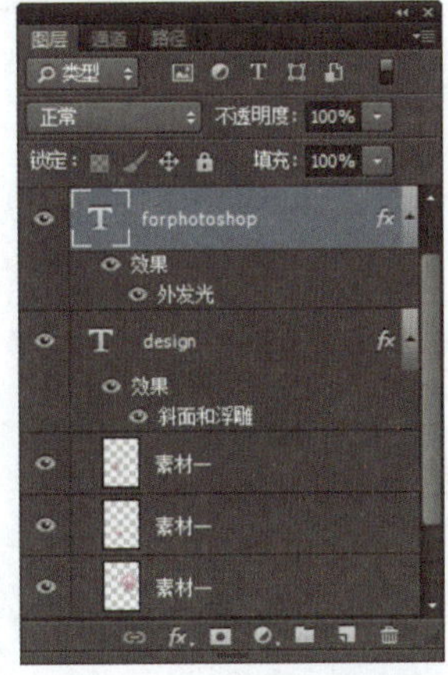

● 图 4—22 图层样式参数

10. 按 Ctrl+S 键保存文件，最终效果如图 4—1 所示。

任务 2　宣传海报

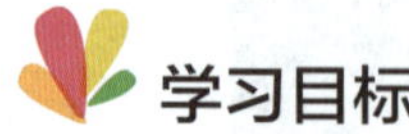

学习目标

1. 能使用“变换工具”实现图像旋转复制的效果。
2. 能使用“自定形状工具”绘制预设图形。
3. 能录入文字，并根据需要设置文字的显示样式。
4. 能将图像转换为智能对象。

任务分析

本任务利用一幅人像照片制作旋转特效，并配上文字和图形，完成一幅宣传海报的制作，主要运用“变换工具”“自定形状工具”“文字工具”等，最终效果如图 4—23 所示，并利用宣传海报作品体会智能对象的特点。

图 4—23　宣传海报设计效果图

任务实施

1. 新建背景文件，设置图像宽度和高度为 900 像素 ×600 像素，分辨率为 72 像素 / 英寸，颜色模式为 RGB 颜色，背景颜色为白色。

2. 打开素材文件中的“素材一 .psd”，使用“移动工具”将其拖动到背景文件中，并将图层名更改为“人物”。

3. 按 Ctrl+T 键显示定界框，如图 4—24 所示，将中心点移动到定界框外、人物图像的右下方位置，后面操作中图像将以此点为中心进行旋转。在选项栏中输入旋转的参数，宽（W）和高（H）设为 94.1%，角度设为 14 度，如图 4—25 所示。设置完成后按 Enter 键确认。

● 图 4—24 选择人物自由变换

● 图 4—25 工具选项栏参数设置

4. 选择“人物”图层，执行“图层”→“智能对象”→“转化为智能对象”命令，将其转化为智能对象，如图 4—26 所示。智能对象复制后能够保留源图像的所有特性并随之变化。使用智能对象能够方便地对多个复制生成的对象进行统一修改。

● 图 4—26 智能对象

5. 选择“人物”图层，连续按 Ctrl+Shift+Alt+T 键多次，每按一次便旋转生成一个

新的智能对象，新对象位于单独的图层中，如图 4—27 所示。

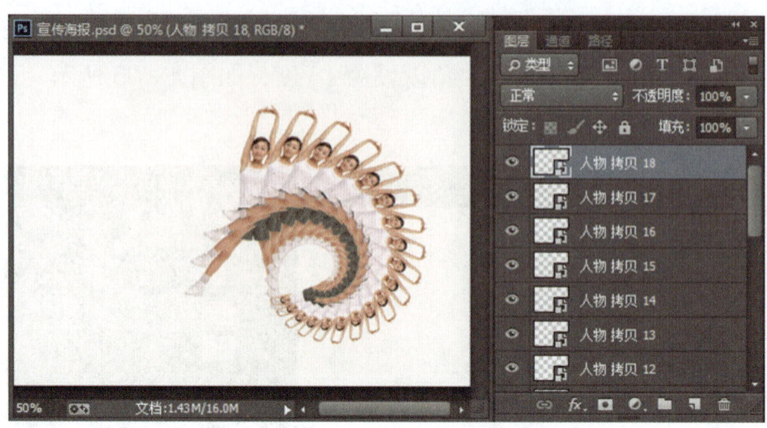

图 4—27　快速生成智能对象

6. 在“图层”面板中选择最下面的“人物”图层，按 Ctrl+Shift+] 键将其调整到最顶层，如图 4—28 所示。

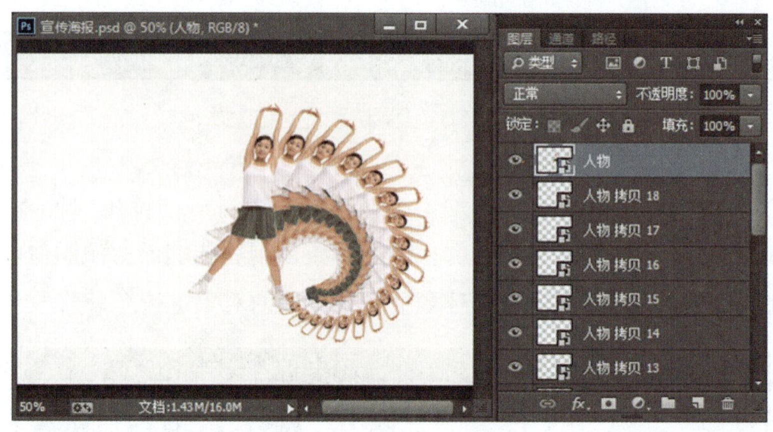

图 4—28　对象置顶

7. 选中所有“人物”智能对象的图层，按 Ctrl+T 键，通过自由变换调整位置，如图 4—29 所示，将“人物”智能对象的图层不透明度设置为按前后次序递减，如图 4—30 所示。

8. 选择“自定形状工具”设置填充颜色，选择形状类型，参数设置如图 4—31 所示，绘制箭头形状，如图 4—32 所示。

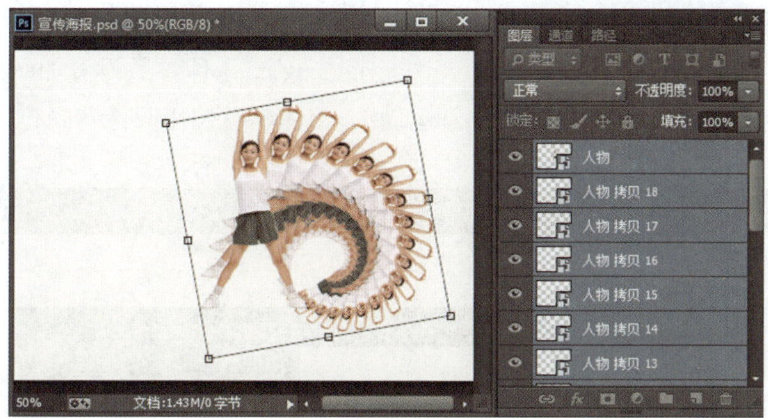

● 图 4—29 自由变换

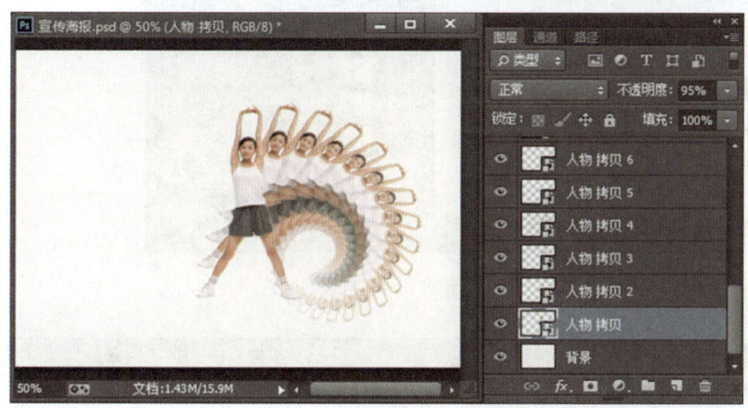

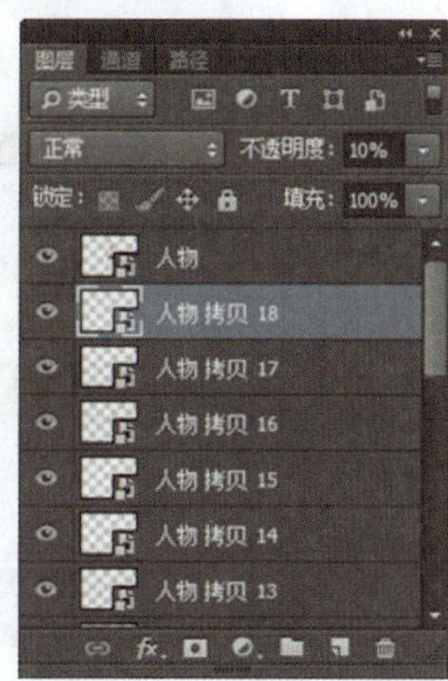

● 图 4—30 更改不透明度

● 图 4—31 工具选项栏参数设置

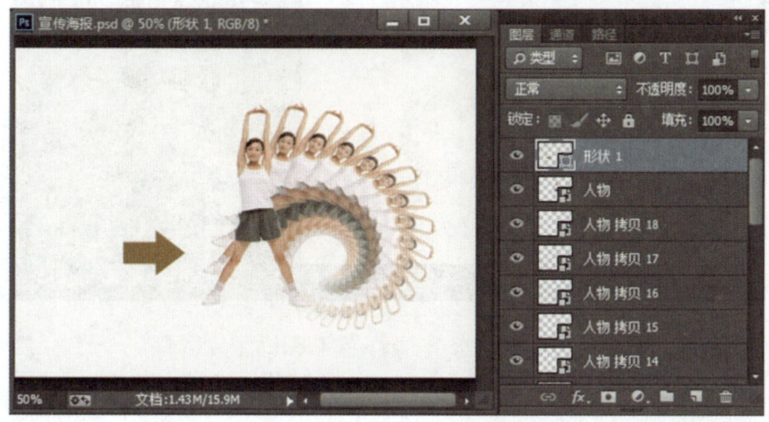

● 图 4—32 绘制形状效果

9. 选择文字工具，添加文字“极限”，字体参数设置如图 4—33 所示，效果如图 4—34 所示。选择文字工具添加文字“jixianyundong”，字体参数设置如图 4—35 所示，效果如图 4—36 所示，继续添加文字“运动”，字体颜色使用图像背景色，如图 4—37 所示。

● 图 4—33 工具选项栏参数设置

● 图 4—34 字体效果

● 图 4—35 工具选项栏参数设置

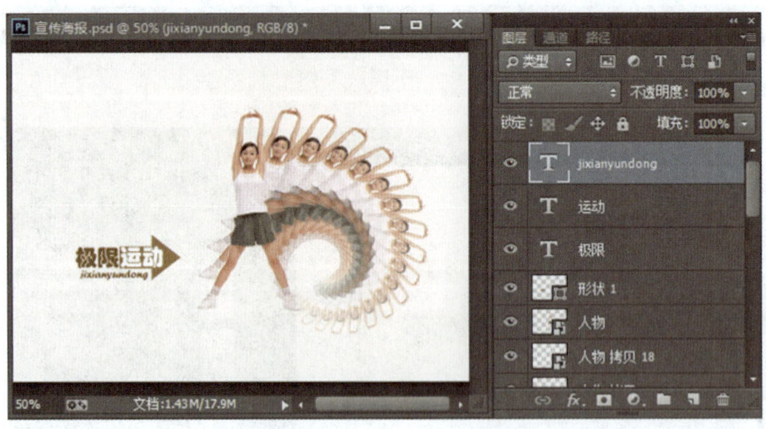

● 图 4—36 字体效果

● 图 4—37　调整位置

10. 按 Ctrl+S 键保存文件，最终完成效果如图 4—23 所示。后期如需对人物图像进行编辑修改，因前面操作中使用了智能对象功能，故只需对“人物”图层的图形进行编辑，即可实现各拷贝的同步变化，具体操作方法是双击“图层”面板中“人物”图层的缩略图，在弹出的新窗口中编辑图像，完成后关闭并保存，即可看到，各拷贝均已实现了同步变化。

任务 3　餐厅菜单

学习目标

1. 能使用“渐变工具”为背景填充渐变色。
2. 能使用“选取工具”和“自由变换工具”按所需形状编辑图像。
3. 能通过图层样式的设置实现虚化、阴影等显示特效。
4. 能使用“文字工具”和“画笔工具”等添加文字并美化显示效果。

任务分析

本任务将使用“选区工具”的相关命令、颜色填充命令和图层混合样式等设置制作一幅菜单的效果图，如图 4—38 所示。

● 图 4—38　菜单设计效果图

任务实施

1. 新建文件，设置图像宽度和高度为 210 毫米 ×297 毫米，分辨率为 300 像素 / 英寸，颜色模式为 RGB 颜色，背景颜色为白色。

2. 选择“渐变工具”，编辑渐变色，在中间添加一个色标值，三个色标值分别设置为 #120c02、#653f09、#080100，如图 4—39 所示，选择线性渐变，参数如图 4—40 所示，由左到右拖动鼠标填充“背景”图层，如图 4—41 所示。

● 图 4—39　设置渐变色

模式：正常　不透明度：100%　反向　仿色　透明区域

● 图 4—40　渐变工具选项栏

3. 添加“素材一”，调整位置，在“图层”面板中右击“素材一”图层，单击“栅格化图层”，选择“椭圆选框工具”，按住 Shift 键绘制特写镜头所需画面的正圆，按 Shift+Ctrl+I 键反向选择，按 Delete 键删除选区内的内容，如图 4—42 所示。

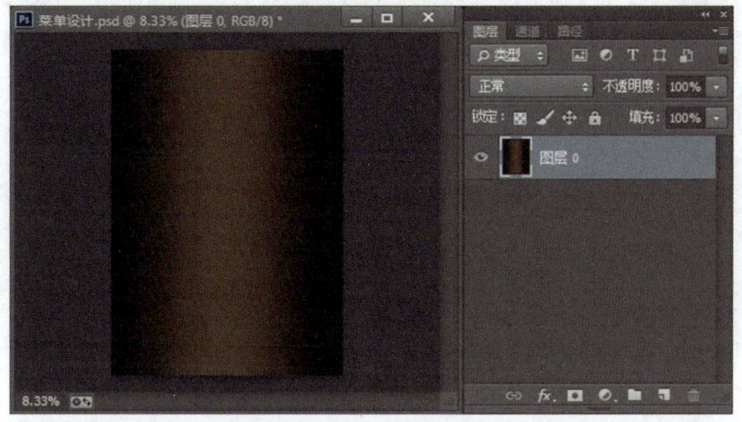

● 图 4—41 填充效果

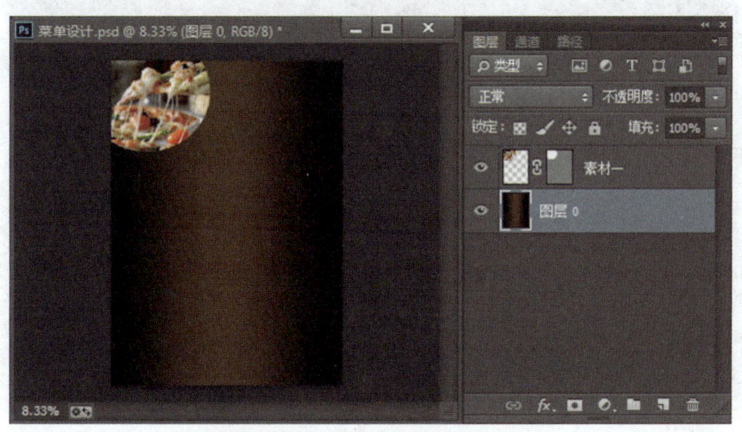

● 图 4—42 添加图层蒙版效果

4. 新建图层，选择“椭圆选框工具”按住 Shift 键绘制正圆，调整位置，按 Ctrl+T 键对所绘制的圆进行自由变换，确定位置与大小，右击选择“描边”，设置宽度与颜色，如图 4—43 所示，完成特写制作，效果如图 4—44 所示。

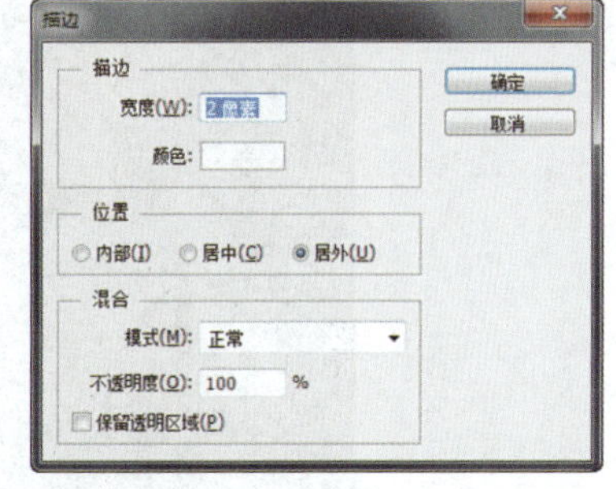

● 图 4—43 描边参数设置

5. 添加“素材二”，如图 4—45 所示，设置图层的混合模式“柔光”，不透明度 80%，如图 4—46 所示，选择“橡皮刷工具”设置参数，如图 4—47 所示，把“素材二”的边缘做到虚化效果，如图 4—48 所示。

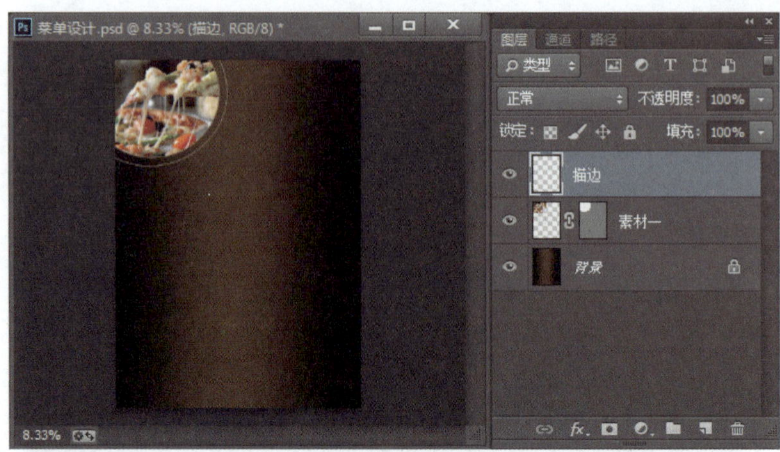

● 图 4—44　添加描边后效果

● 图 4—45　添加“素材二”

● 图 4—46　设置图层的混合模式和不透明度

● 图 4—47　工具选项栏 1

● 图 4—48　虚化效果

6. 新建文字底色图层，设置前景色为红色，选择“画笔工具”，从左往右绘制添加文字底色效果，参数设置如图 4—49 所示，效果如图 4—50 所示，添加“意大利披萨”文字，参数设置如图 4—51 所示，效果如图 4—52 所示，文字录入，进行披萨菜单编写，参数设置如图 4—53 所示，效果如图 4—54 所示。

● 图 4—49　工具选项栏 2

● 图 4—50　画笔效果

图 4—51　工具选项栏 3

图 4—52　添加文字效果 1

图 4—53　工具选项栏 4

图 4—54　添加文字效果 2

7. 重复上一步的操作步骤，对饮料的菜单目录进行编写，如图 4—55 所示。

8. 添加“素材三”和“素材四”文件，调整素材的位置、大小，添加“投影”图层样式，参数如图 4—56 所示，效果如图 4—57 所示。

9. 按 Ctrl+S 键保存文件，最终效果如图 4—38 所示。

● 图 4—55 编写饮料菜单

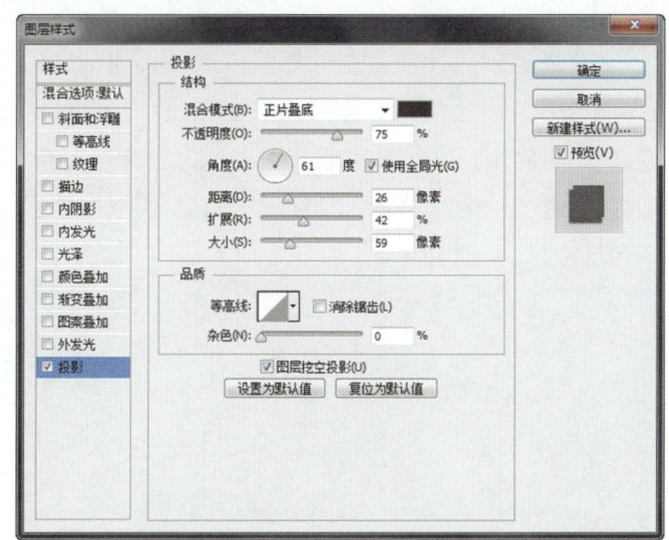

● 图 4—56 “图层样式”参数

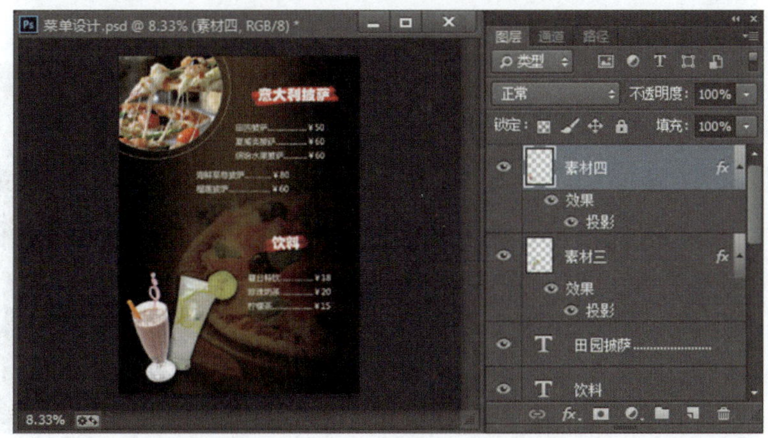

● 图 4—57 添加“素材三”和“素材四”

项目五 路径和文字工具的应用

在作图过程中，常常需要创建比较复杂的形状或选区，如精确地绘制一个标志时，运用选区工具已经无能为力，而运用路径却可以轻松完成。相比选区，路径更加精确、灵活，配合“文字工具”的使用，路径被广泛应用于标志设计、复杂形状选取、特效字体制作等方面。本项目通过“午夜”“‘井’字标志”“春江晚景”“春意盎然”等任务案例，学习路径和文字工具的基本使用方法。

任务 1　午夜

学习目标

1. 理解路径的功能和使用方法。
2. 能使用“钢笔工具”绘制路径。
3. 能用前景色填充路径。
4. 能使用画笔描边路径。

任务分析

绘制图 5—1 所示“午夜”图画，根据前面学过的知识可完成渐变的背景色和星空的绘制，而这幅图的难点是月亮、山脉和树这些特定形状的绘制，需要使用钢笔工具绘制路径来解决。

图 5—1　最终效果

相关知识

在 Photoshop 中，常常需要绘制一些特定的形状或选区，只有路径可以制作出无比精确的形状。路径是由一系列锚点控制的矢量直线或曲线，由于路径的矢量特性，它无论被放大多少倍都不会失真。

一、路径的创建

路径是由若干直线或曲线组成的矢量图形，无论对路径进行放大或缩小都不会影响它的平滑程度。路径可以使用钢笔工具绘制，也可以由选区转换而来。熟练使用路径工具对于 Photoshop 操作者来说是十分必要的。

1. 使用“钢笔工具”创建路径

（1）绘制直线段

新建文件，设置图像宽度和高度为 800 像素 ×600 像素，分辨率为 72 像素 / 英寸，颜色模式为 RGB 颜色，背景内容为白色。右击“工具”面板上的“钢笔工具”组，选择“钢笔工具”，如图 5—2 所示。在工具栏中选择“路径”，如图 5—3 所示。在工作区中单击，开始直线段的绘制，移动鼠标到下一处再次单击，完成直线段的绘制。

图 5—2 “钢笔工具”组

图 5—3 工具栏选项设置

在图 5—4 中，线段起点的锚点是空心，表示该锚点是未选中状态；终点的锚点是实心，表示该锚点是被编辑状态。这两个锚点都没有调整柄，称作直线锚点。

图 5—4 使用“钢笔工具”绘制的直线段

（2）绘制曲线段

在绘制某一锚点时单击鼠标并拖动即可完成该锚点上曲线的绘制。在锚点上拖动所产生的一对线段称作填充柄，带有填充柄的锚点称作曲线锚点，如图 5—5 上的 C 点，填充柄的长度和角度决定经过该锚点路径的曲率和方

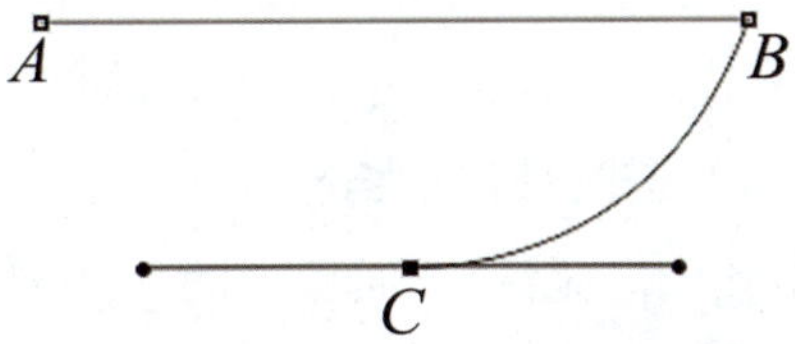

图 5—5 使用“钢笔工具”绘制的曲线段 BC

向，填充柄只有在该锚点被选中的状态下才显示。

提示

路径可以是闭合的，也可以是不闭合的。当绘制闭合路径且钢笔工具再次移动到起点时，鼠标右下角会出现一个圆圈，其用法与套索工具类似。

（3）绘制非连续的路径

路径可以是连续的一段，也可以是非连续的多段。当绘制非连续的多段路径时，需要按 Ctrl 键暂时切换到“直接选择工具”，单击空白处取消路径的编辑状态，松开 Ctrl 键，鼠标形状恢复原状继续绘制，图 5—6 中绘制的是一组非连续状态的路径。

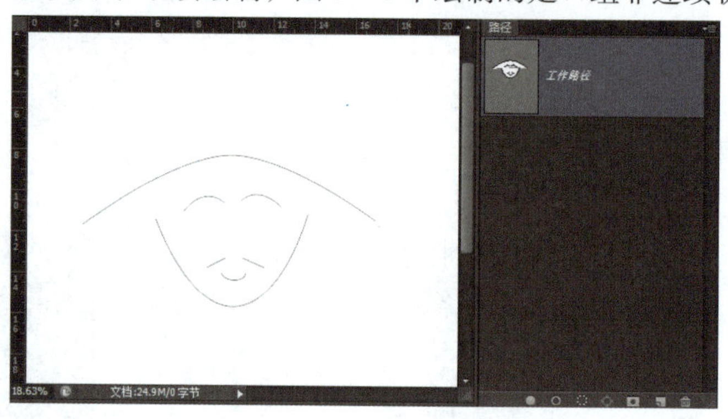

图 5—6 非连续的路径

（4）添加锚点

选择“钢笔工具”组上的“添加锚点工具”，将鼠标移动到路径上单击，可添加一个锚点。

（5）删除锚点

选择“钢笔工具”组上的“删除锚点工具”，将鼠标移动到锚点上单击，可删除该锚点。

（6）转换锚点

直线锚点转换为曲线锚点：选择“钢笔工具”组上的“转换点工具”，将鼠标移动到锚点上拖动产生调整柄。

曲线锚点转换为直线锚点：选择“钢笔工具”组上的“转换点工具”，将鼠标移动到锚点上单击，原曲线锚点的调整柄消失，曲线锚点转换成了直线锚点。

2. 选区转化成路径

单击“路径”面板上的“从选区生成工作路径”按钮，可将选区转化成路径，如图 5—7 所示，生成的路径如图 5—8 所示。

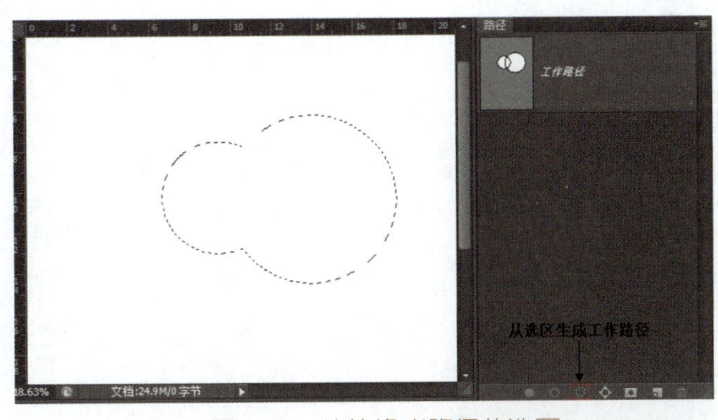

● 图 5—7　待转换成路径的选区

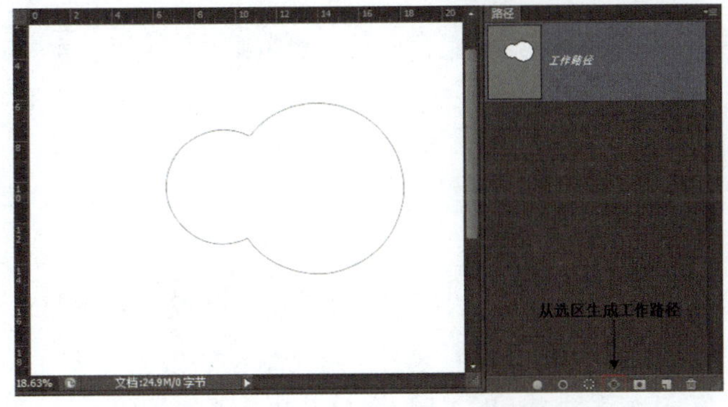

● 图 5—8　由选区转换而来的路径

3. 修改路径

右击“选择工具”组，选择“直接选择工具”，拖动鼠标选中锚点，如图 5—9 所示，移动后的效果如图 5—10 所示。

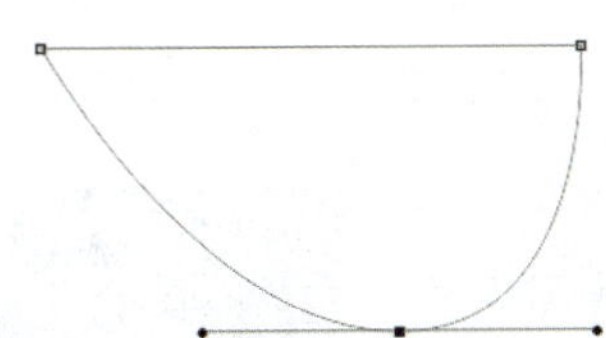

● 图 5—9　使用“直接选择工具”选中锚点

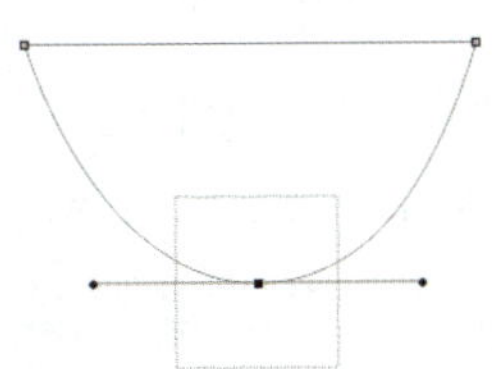

● 图 5—10　使用“直接选择工具”向右移动锚点

使用“直接选择工具”选择一个曲线锚点，改变调整柄的长度可以调整经过该锚点的路径的曲率，改变调整柄的方向可以调整经过该锚点的路径的方向，如图 5—11 所示。

曲线锚点的两根调整柄成 180° 角时，经过该点的路径是平滑的。在调整“调整

柄”时按住 Alt 键可改变两根调整柄的角度，此时经过该点的曲线不再是平滑的曲线，如图 5—12 所示。

● 图 5—11　拖动调整柄

● 5—12　使用“直接选择工具”配合 Alt 键调整“调整柄”

二、路径的填充和描边

1. 使用前景色填充路径

选择需要填充颜色的路径，再选择相应的图层，设置合适的前景色，单击“路径”面板上的“用前景色填充路径”按钮，完成路径的填充。需要注意的是，当路径不是闭合状态时，Photoshop 进行填色时会将起点和终点视为用直线连接起来的。

2. 使用画笔描边路径

选择需要描边的路径，再选择相应的图层，单击“画笔工具”，设置合适的参数，单击“路径”面板上的“用画笔描边路径”按钮，完成路径的描边。

三、形状工具

除了使用钢笔工具组绘制形状外，还可以使用形状工具组绘制特定的形状，右击“矩形工具”选择其中的工具，可以绘制矩形、圆形和多边形等，如图 5—13 所示。此外，还可以使用“自定义形状工具”里的图形进行绘画，Photoshop 中内置了丰富的矢量图形供用户选择，其使用方法是，选择“自定义形状工具”，在工具栏中选择“形状图层”，单击三角形下拉按钮展开形状面板，再单击三角形扩展按钮，选择所需形状，如“自然”，如图 5—14 所示，弹出的对话框如图 5—15 所示，单击“追加”按钮，此时形状面板中即添加了“自然”形状，如图 5—16 所示。

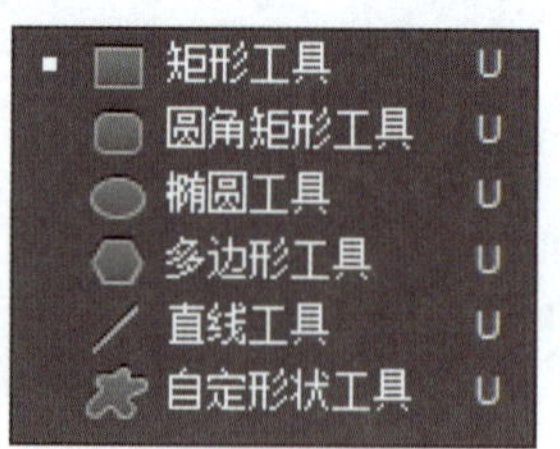

● 图 5—13　形状工具组

图 5—14　载入 Photoshop 内置的形状

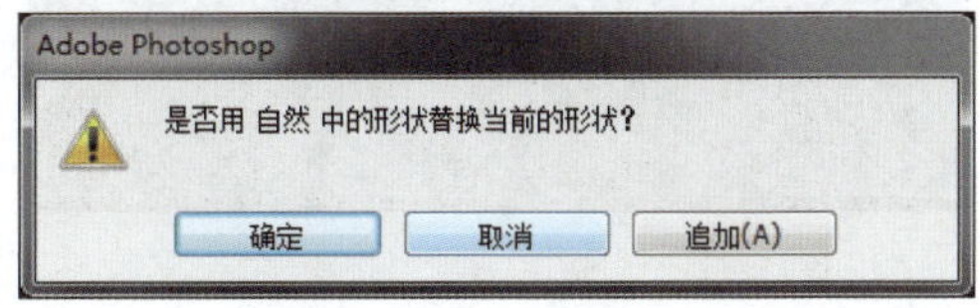

图 5—15　询问对话框

选择形状面板中的“树”形状，颜色为黑色，拖动鼠标绘制出树形，此时图层面板中出现了“形状 1”图层，如图 5—17 所示，双击“形状”图层的图层缩略图可以更改“形状 1”图层的填充色，单击则可以显示路径。

图 5—16　形状面板

图 5—17　形状图层

任务实施

1. 新建文件，设置图像宽度和高度为 800 像素 ×600 像素，分辨率为 72 像素 / 英寸，颜色模式为 RGB 颜色，背景内容为白色。

2. 选择“背景”图层，设置前景色为 #20078e，背景色为 #0d0d5d，工具栏设置为“线性渐变”，选择“前景色到背景色渐变”，由左下角向右上角拖动鼠标对“背景”图层进行填充。

3. 选择“钢笔工具”，沿画面底部单击鼠标绘制直线路径，单击并拖动鼠标绘制曲线路径，完成“山坡”路径的绘制，效果如图 5—18 所示。

4. 新建图层“山坡”，选择“山坡”路径，设置前景色为 #000000，单击“路径”面板上的“用前景色填充路径”按钮，效果如图 5—19 所示。

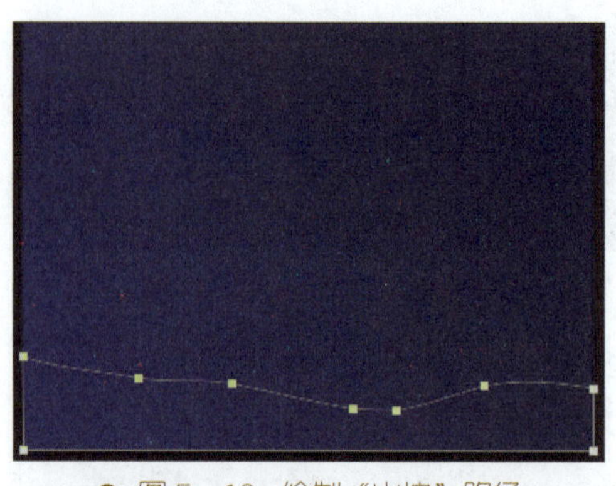

● 图 5—18 绘制“山坡”路径

● 图 5—19 使用前景色填充“山坡”路径

5. 选择“自定义形状工具”，追加“自然”形状，选择其中的“树”形，在适当的位置绘制出大大小小的树，将所有“树”形进行图层编组，命名为“树”。

提示

使树木的大小不同是为了使画面更有层次感，产生远近不一的感觉。

6. 选择“钢笔工具”，在工具栏中选择“形状图层”，颜色设置为 #ffff66，绘制出“月亮”，注意配合使用“直接选择工具”进行修改。

7. 新建图层“月亮的脸”，用“钢笔工具”依次绘制出“嘴巴”“眼睛”和“眉毛”三条不连续的路径。选择“画笔工具”，设置画笔直径为 1 像素，硬度为 100%，不透明度为 100%，流量为 100%，单击“路径”面板上的“用画笔描边路径”按钮，效果如图 5—20 所示。

8. 新建图层“星星”，选择“画笔工具”，设置前景色为 #ffffff，选择合适的直径和硬度，分别绘制出北斗七星和其他星星。最终效果如图 5—1 所示。

图 5—20 完成的效果

任务 2 “井”字标志

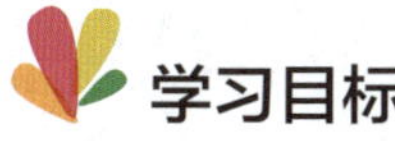

学习目标

1. 能使用“路径选择工具”对路径进行组合。
2. 能使用“直接选择工具”对路径进行调整。
3. 能使用“自由变换工具”对路径进行形状变化。

任务分析

标志绘制是 Photoshop 的几大常见应用场景之一，在绘制标志的过程中，最核心的技术就是路径的操作。本任务中的标志主要用到“形状图层”和“路径选择工具”，制作过程主要分三步进行：第一步绘制圆形；第二步从圆形中减去一个矢量形状；第三步以圆心为中心点复制四个矢量形状。最终效果如图 5—21 所示。

图 5—21 最终效果

相关知识

一、“路径选择工具”的作用

前面我们学习了路径的创建和修改方法，那么每条路径之间是如何组合的呢？本任务将使用“路径选择工具”来组合路径。

“路径选择工具”用于对一条或多条路径进行选择、移动、复制、组合、对齐和分布等操作。

提示

“路径选择工具”和“直接选择工具”用法上的主要区别是：前者是对整条路径进行操作，后者是对路径内部的锚点进行操作。

“路径选择工具”的选项栏如图 5—22 所示。

图 5—22 “路径选择工具”选项栏

二、“路径选择工具”用法举例

1. 组合

选择“椭圆工具”绘制两个大小不一的圆形，使用“路径选择工具”将它们选中，分别按图 5—23 ~ 图 5—26 中的组合方式对路径进行组合，观察组合后的效果。

图 5—23 合并形状

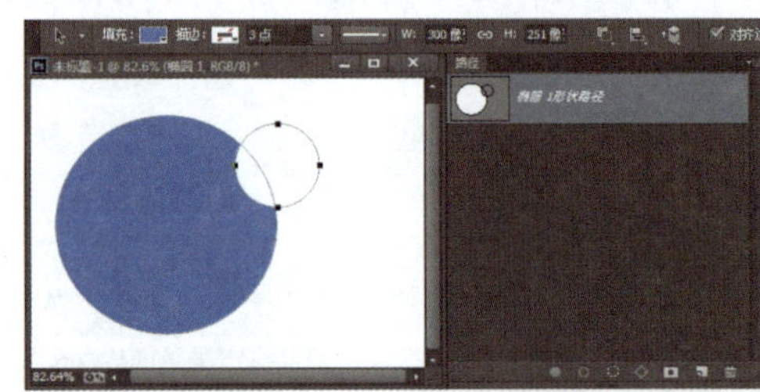

图 5—24 减去顶层形状

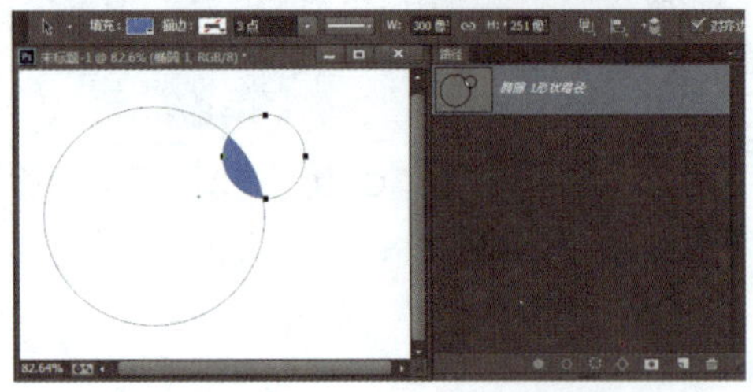

图 5—25 与形状区域相交

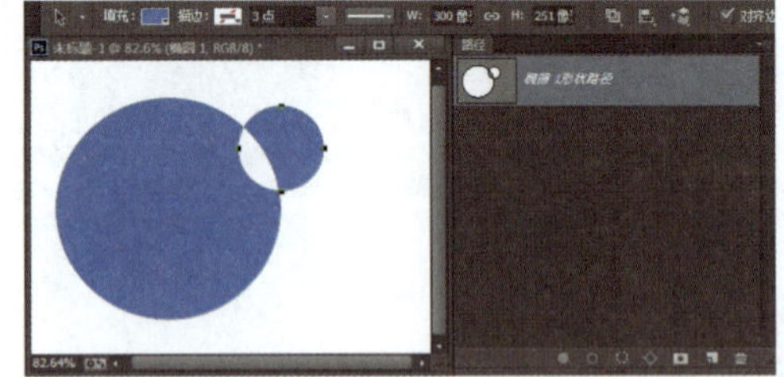

图 5—26 排除重叠形状

2. 对齐

选择“椭圆工具”绘制两个大小不一的圆形，组合方式使用“添加到形状区域”，使用“路径选择工具”将它们选中，分别按图 5—27 ~ 图 5—33 中的对齐方式对路径进行对齐，观察对齐后的效果。

图 5—27 使用“路径选择工具”选择两条路径

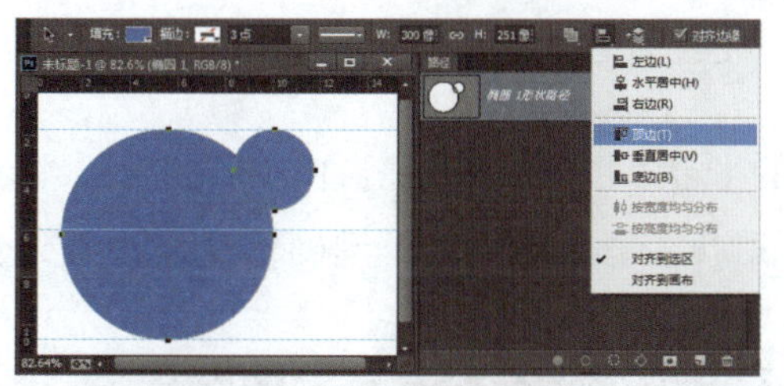

图 5—28 顶边对齐

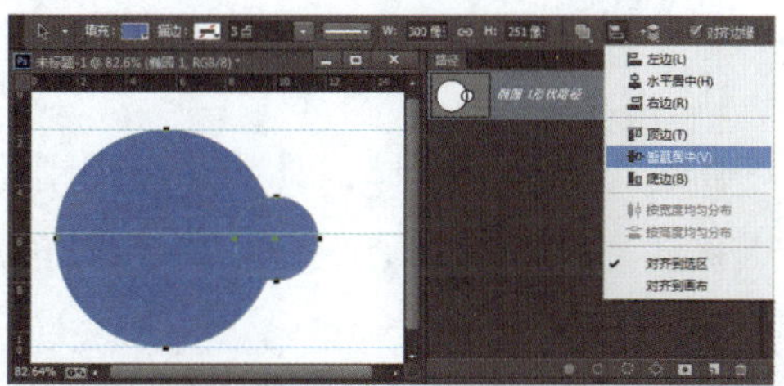

图 5—29 垂直居中对齐

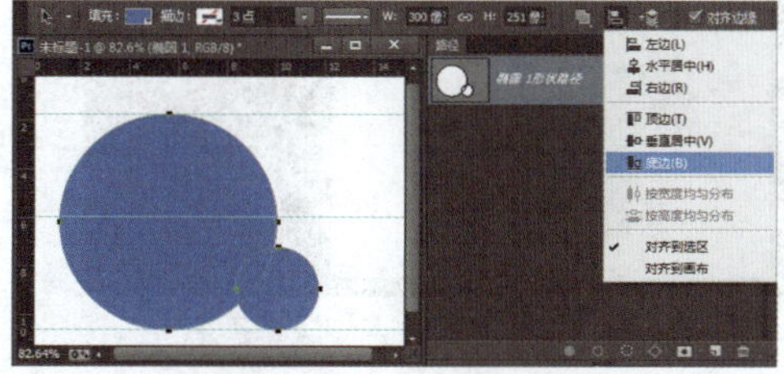

图 5—30 底边对齐

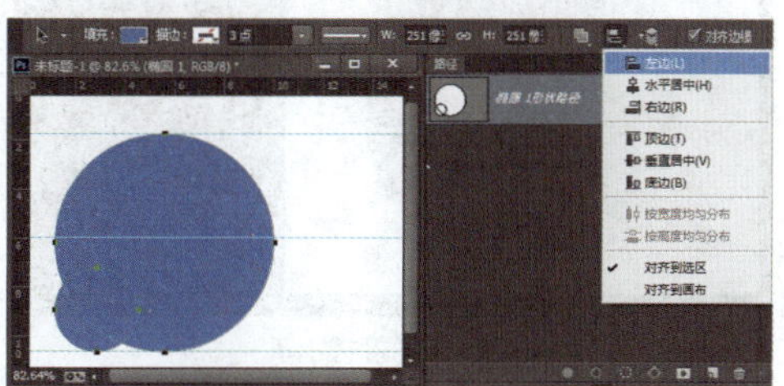

图 5—31 左边对齐

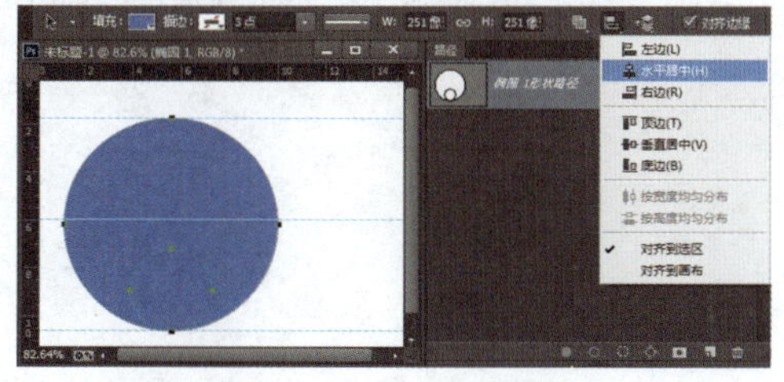

图 5—32 水平居中对齐

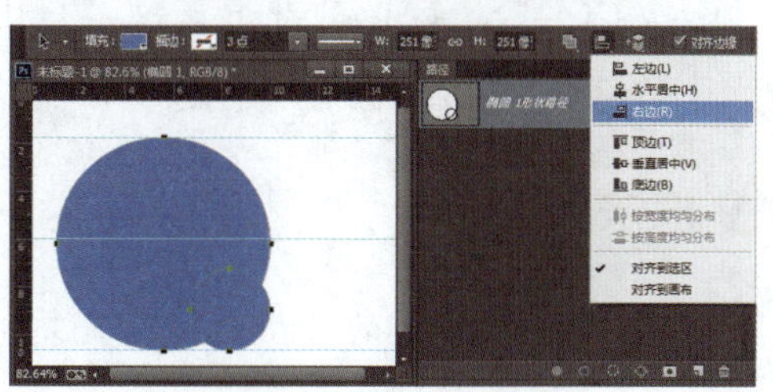

图 5—33 右边对齐

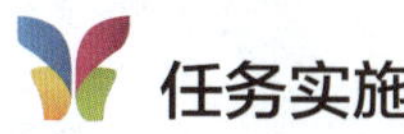

任务实施

1. 新建文件，设置图像宽度和高度为 800 像素 ×600 像素，分辨率为 72 像素 / 英寸，颜色模式为 RGB 颜色，背景内容为白色。

2. 按 Ctrl+R 键显示标尺，分别调出水平和垂直两条参考线，选择“椭圆工具”，在

工具栏中选择“形状”，颜色设置为 #6791fe，按住 Shift 键拖动鼠标，再按住 Alt 键，以两条参考线的交点为圆心绘制圆形，如图 5—34 所示。

3. 选择“钢笔工具”，工具栏选项设置“形状”“减去顶层形状”，如图 5—35 所示，绘制第二个矢量形状，使用“直接选择工具”对形状进行调整，调整后的形状如图 5—36 所示。

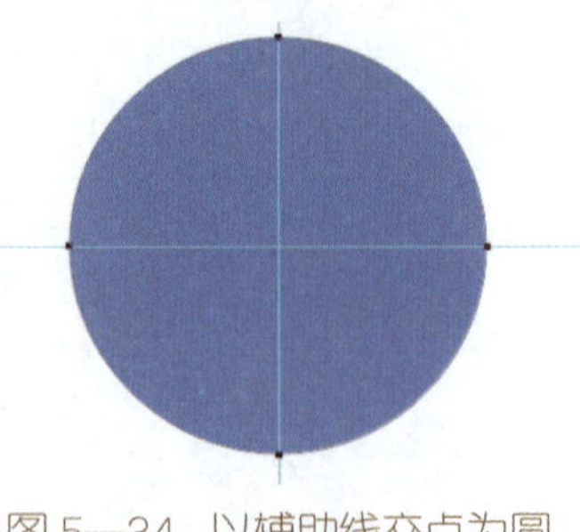

● 图 5—34　以辅助线交点为圆心绘制圆形

● 图 5—35　工具栏选项设置

4. 使用“路径选择工具”选择刚刚绘制的形状，按 Ctrl+T 键自由变换路径，将中心点移动到圆形的圆心上，设置变换角度为 90 度，按 Ctrl+Enter 键确认变换，效果如图 5—37 所示。

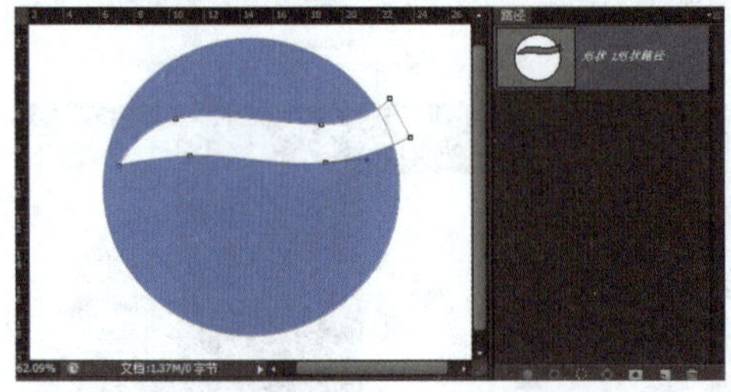

● 图 5—36　从圆形路径中减去

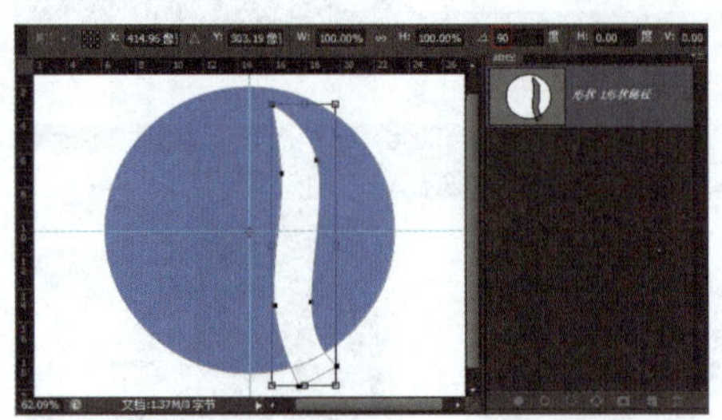

● 图 5—37　第一次变换形状

5. 按 Ctrl+Shift+Alt+T 键重复这一自由变换操作 3 次，取消路径选择状态，清除参考线。最终效果如图 5—21 所示。

提示

Ctrl+Shift+Alt+T 的作用是重复并复制上一次变换。

任务 3　春江晚景

学习目标

1. 能使用“文字工具”和“文字蒙版”进行排版。
2. 能配合使用“文字工具”和路径实现特定的文字排布样式。
3. 能在计算机中安装字体。

任务分析

Photoshop 中的文字编辑功能强大，表现形式丰富。恰当的文字排版不仅起到传达信息的作用，更可以让作品增色不少。文字还可以转换成蒙版、路径和选区，为后期处理提供更广阔的操作空间。本任务主要使用“文字工具”进行排版，素材如图 5—38 所示，要求经过排版后的图片中有横排文字、直排文字、变形文字、沿路径分布的文字以及点文本和段落文本，效果如图 5—39 所示。

● 图 5—38 素材

● 图 5—39 最终效果

相关知识

一、文字工具

在排版时经常使用两种形式的文本，分别是点文本和段落文本。

使用文字工具在工作区内单击后输入的文本即为点文本，点文本不能自动换行，适合少量文字的编辑，如需强制换行可按 Enter 键。

使用文字工具在工作区内拖动后输入的文本即为段落文本，段落文本会在拖动出的文本框内自动换行，适合大量文字的编辑。

文字工具选项栏上的各项参数设置如图 5—40 所示。

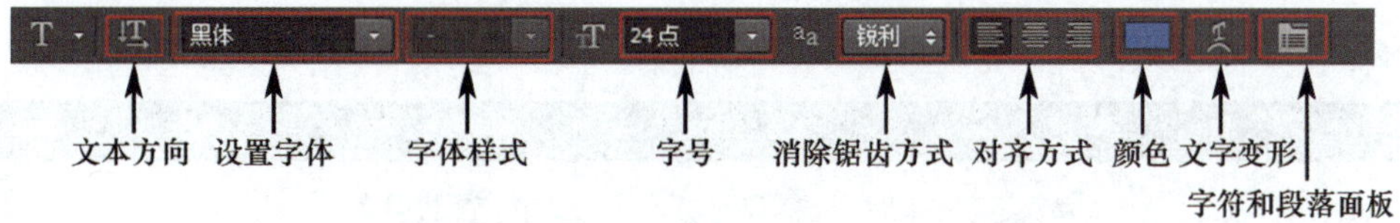

● 图 5—40 文字工具选项栏参数设置

字符面板常用参数设置如图 5—41 所示。

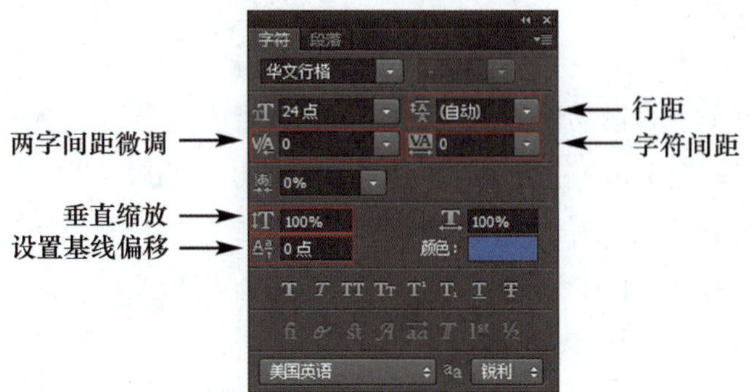

图 5—41 字符面板常用参数设置

段落面板常用参数设置如图 5—42 所示。

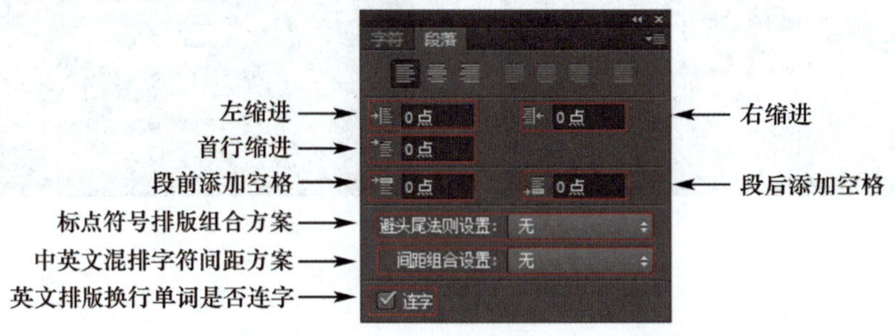

图 5—42 段落面板常用参数设置

下面以“横排文字工具”为例说明点文本和段落文本的使用方法。

1. 编辑点文本

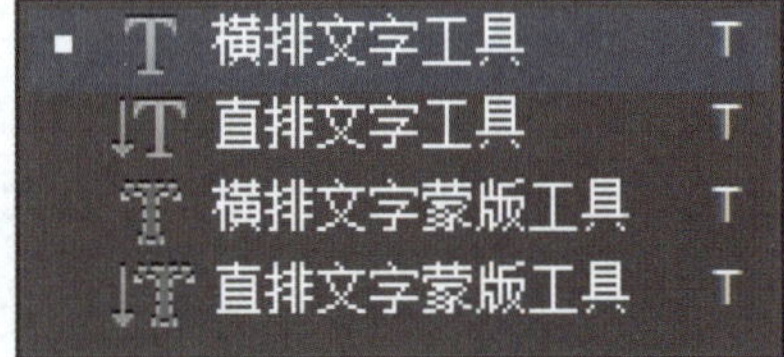

图 5—43 横排文字工具

新建文件，设置图像宽度和高度为 800 像素 ×600 像素，分辨率为 72 像素 / 英寸，颜色模式为 RGB 颜色，背景内容为白色。右击“工具”面板上的“横排文字工具”按钮，选择“横排文字工具”，如图 5—43 所示，在选项栏中设置字体为“黑体”，字号为 36 点，文本颜色为 #000000，如图 5—44 所示，在工作区内单击，输入“赏析”，按 Ctrl+Enter 键确认，完成文字输入。此时图层面板会自动创建一个新的文字图层，并以文字内容“赏析”为图层命名，效果如图 5—45 所示。

图 5—44 “横排文字工具”选项栏参数设置

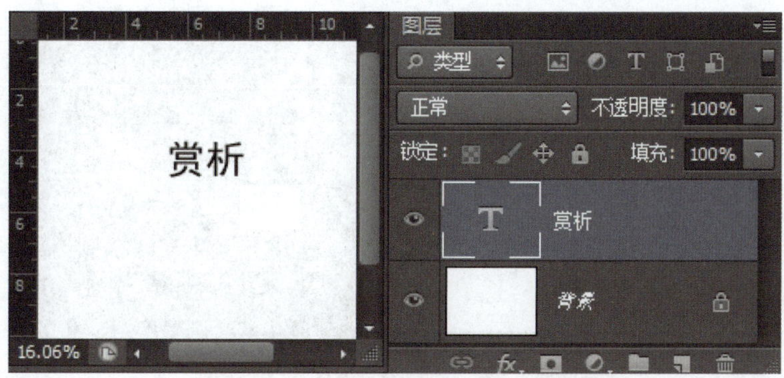

● 图 5—45　点文本输入后的效果

2. 编辑段落文本

新建文件，设置图像宽度和高度为 800 像素 ×600 像素，分辨率为 72 像素 / 英寸，颜色模式为 RGB 颜色，背景内容为 #ffffff。右击“工具”面板上的“横排文字工具”按钮，选择“横排文字工具”，在选项栏中设置字体为“楷体”，字号为 14 点，文本颜色为 #000000，在工作区内拖动鼠标创建文本框，如图 5—46 所示，在文本框内输入“这是一首著名的题画诗。苏轼紧紧抓住惠崇这幅《春江晚景》的画题画意，仅用桃花初放、江暖鸭嬉、芦芽短嫩等寥寥几笔，就勾勒出了早春江景的优美画境。如果说惠崇的画是‘画中有诗’的话，那么这首诗便是‘诗中有画’了。难怪它能作为一首人人喜爱的名诗而传诵至今！”，按 Ctrl+Enter 键确认，效果如图 5—47 所示。

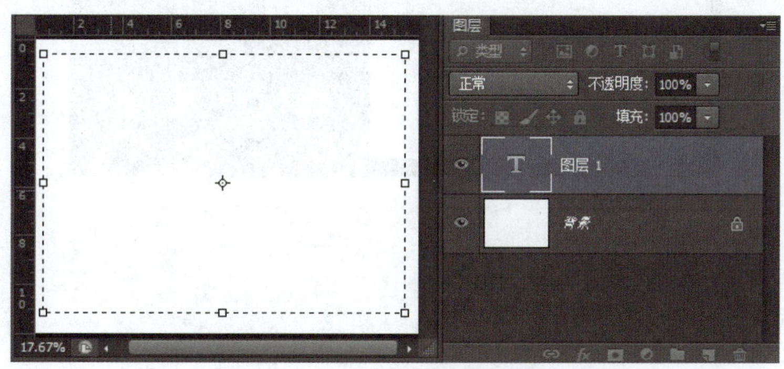

● 图 5—46　段落文本的文本框

二、文字蒙版

“文字蒙版”和“文字工具”的用法相似，不同的是“文字蒙版”创建的是文字形的选区，没有文字属性，也不会生成文字图层。

新建文件，宽度和高度为 800 像素 ×600 像素，分辨率为 72 像素 / 英寸，颜色模

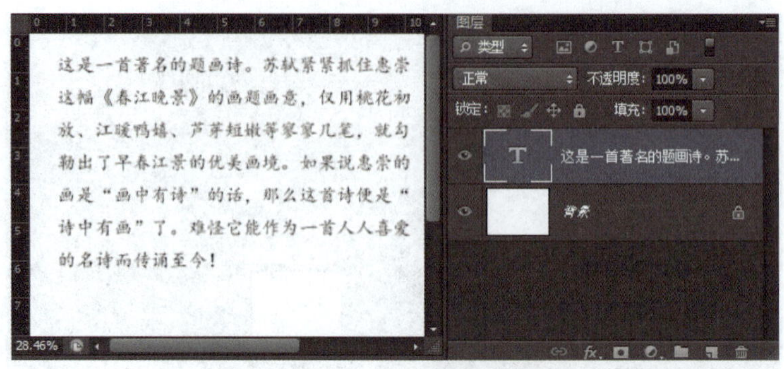

● 图 5—47　段落文本输入后的效果

式为 RGB 颜色，背景内容为白色。右击“工具”面板上的“横排文字工具”按钮，选择“横排文字蒙版工具”，如图 5—48 所示，在选项栏中设置字体为“Impact”，字号为 72 点，文本颜色为 #000000，在工作区内单击输入“PS”，按 Ctrl+Enter 键确认，效果如图 5—49 所示。

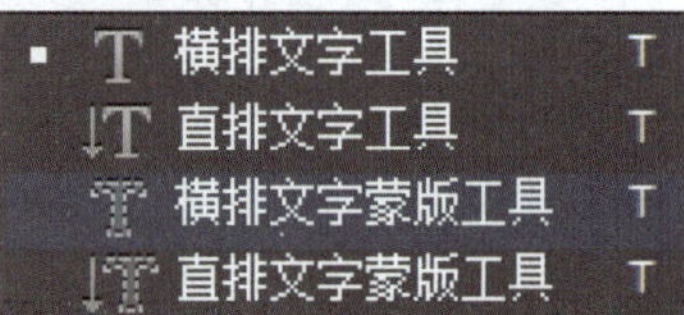

● 图 5—48　横排文字蒙版工具

文字选区建立后，就可以进行选区变换、羽化、填充等操作了。

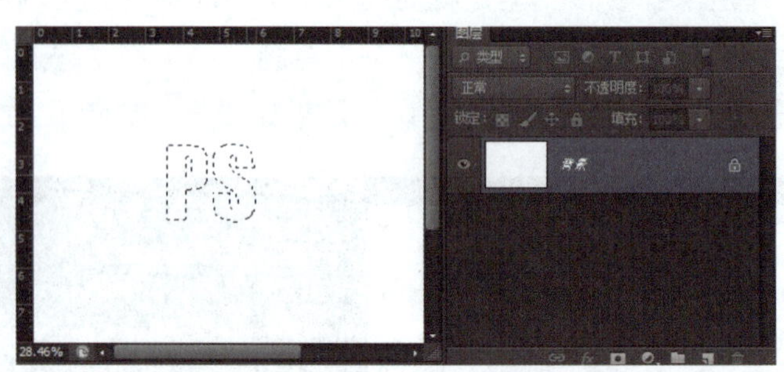

● 图 5—49　“横排文字蒙版工具”输入后的效果

三、文字和路径的配合

1. 文字沿路径分布

新建文件，设置图像宽度和高度为 800 像素 ×600 像素，分辨率为 72 像素 / 英寸，颜色模式为 RGB 颜色，背景内容为白色。选择“钢笔工具”，在工具栏中选择“路径”，如图 5—50 所示，绘制路径如图 5—51 所示。右击“工具”面板上的“横排文字工具”按钮，选择“横排文字工具”，在选项栏中设置字体为“宋体”，字号为 24 点，文本颜色为 #000000，将鼠标靠近路径，待出现图 5—52 所示光标形状时单击，输入“今天是个好日子”，按 Ctrl+Enter 键确认，效果如图 5—53 所示。

● 图 5—50 工具栏选项设置

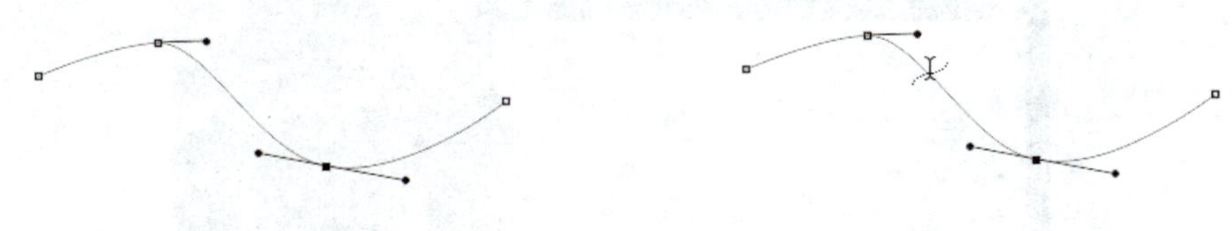

● 图 5—51 使用“钢笔工具”绘制的路径 ● 图 5—52 文字沿路径分布时光标的形状

注意观察可发现，文字前后各有一个“×”标志和“●”标志，这是文本的“起点”和“终点”，选择“路径选择工具”，将光标置于“起点”附近，拖动“起点”到最左方，如图 5—54 所示。

● 图 5—53 文字沿路径分布 ● 图 5—54 移动文本的起点

用同样的方法，将光标置于“终点”附近，拖动“终点”到中部，如图 5—55 所示。

也可以将文字拖动到路径另外一侧，此时文字的“起点”和“终点”会互换位置，如图 5—56 所示。

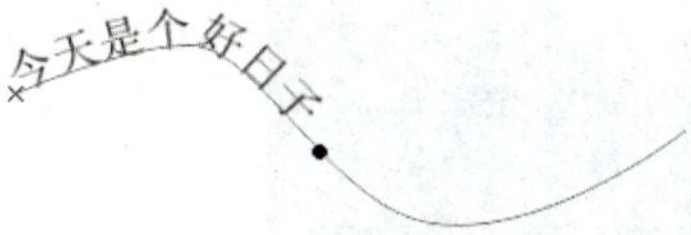

● 图 5—55 移动文本的终点  ● 图 5—56 拖动文字到路径的另一侧

2. 文字在闭合的路径内分布

新建文件，设置图像宽度和高度为 800 像素 ×600 像素，分辨率为 72 像素 / 英寸，颜色模式为 RGB 颜色，背景内容为白色。选择“钢笔工具”，在工具栏中选择“路径”，绘制图 5—57 所示闭合路径。

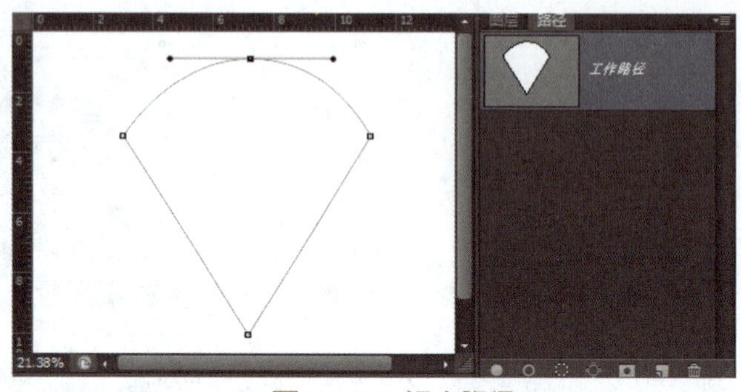

● 图 5—57 闭合路径

右击“工具”面板上的“横排文字工具”按钮，选择“横排文字工具”，在选项栏中设置字体为“宋体”，字号为 9 点，文本颜色为 #000000，将鼠标靠近路径，待出现图 5—58 所示光标形状时单击，输入“今天是个好日子”。连续复制文本，直至文字填满路径为止，按 Ctrl+Enter 键确认，效果如图 5—59 所示。

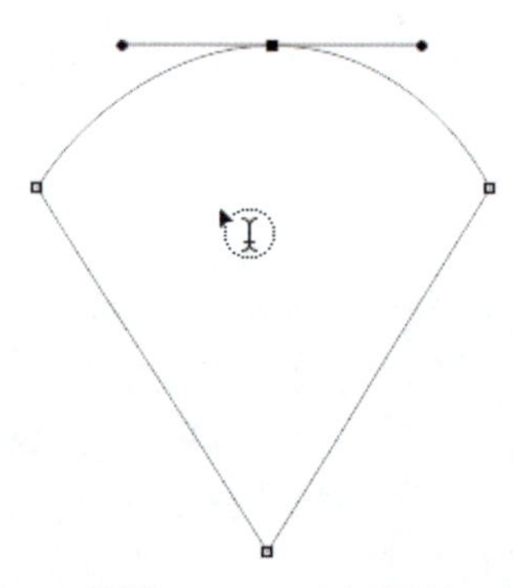

● 图 5—58 光标形状

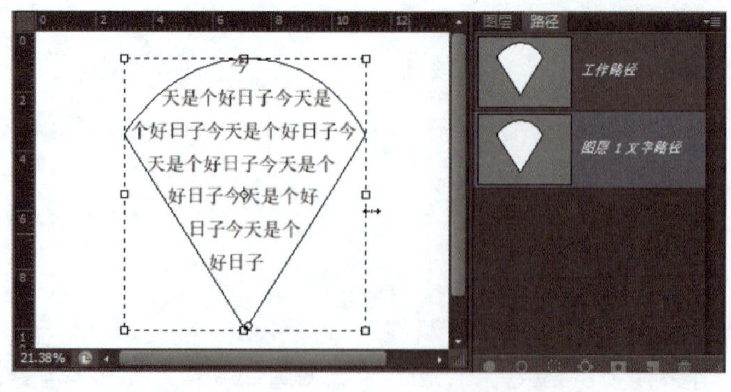

● 图 5—59 文字在闭合路径内分布

四、安装字体文件

系统中自带的字体默认安装目录是“C ：\ WINDOWS \ Fonts”，将下载的字体文件解压到这个文件夹即可完成字体的安装。对于 Windows7 及以上版本的操作系统，直接双击字体文件，在打开的字体窗口中单击“安装”按钮即可。安装时如果正在运行 Photoshop 程序，重新启动 Photoshop 程序后新字体生效。

任务实施

1. 复制本任务素材“草檀斋毛泽东字体 .ttf”到“C ：\ WINDOWS \ Fonts”文件夹，重新启动 Photoshop 程序使新字体生效。

2. 打开本任务素材“春江晚景素材 .jpg”文件，选择“钢笔工具”，在工具栏中选择“路径”，绘制路径如图 5—60 所示。

右击“工具”面板上的“横排文字工具”按钮，选择“横排文字工具”，在选项栏中设置字体为“草檀斋毛泽东字体”，字号为 95 点，文本颜色为 #000000，使文字沿路径分布，输入“春江晚景”，按 Ctrl+Enter 键确认，效果如图 5—61 所示。

图 5—60　使用“钢笔工具”绘制的路径

图 5—61　添加文字“春江晚景”

右击“春江晚景”文字图层，在弹出的快捷菜单选择“混合选项”，“投影”参数设置如图 5—62 所示，其中阴影颜色设置为 #ffffff。

3. 使用“横排文字工具”输入“苏轼”，字体为“草檀斋毛泽东字体”，字号为 55 点，文本颜色为 #000000；使用“直排文字工具”输入“竹外桃花三两枝　春江水暖鸭先知　蒌蒿满地芦芽短　正是河豚欲上时”。

4. 复制“春江晚景”文字图层的图层样式到步骤 3 的两个文字图层，效果如图 5—63 所示。

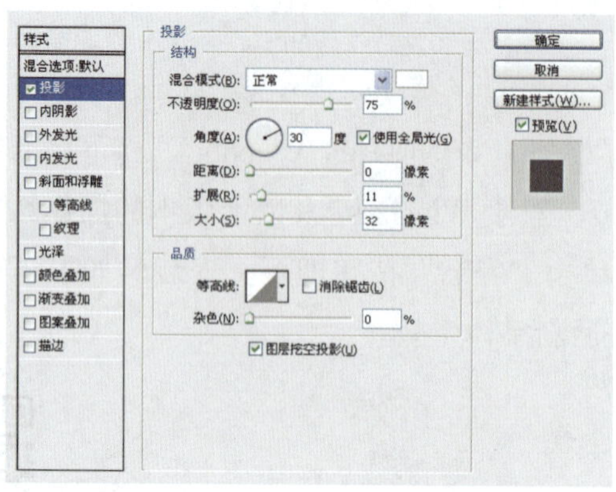

图 5—62 “投影”参数设置

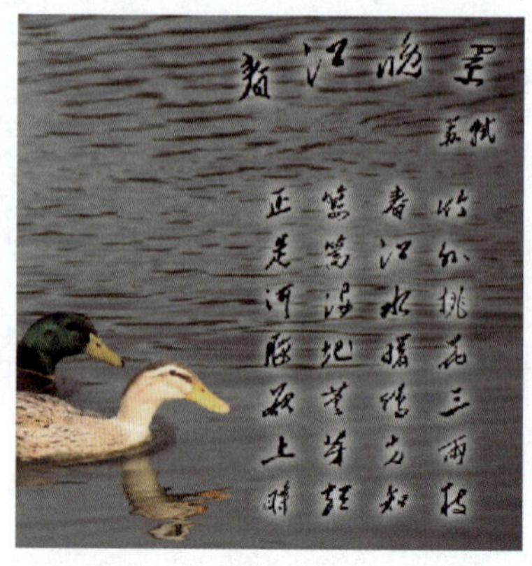

图 5—63 为文字图层加上图层样式

5. 选择“钢笔工具”，在工具栏中选择“路径”“添加到路径区域”，绘制闭合路径，效果如图 5—64 所示。

选择“横排文字工具”，输入本任务“文字素材 .txt”中赏析部分的内容，字体为“楷体”，字号为 48 点，文本颜色为 #000000，使文字在路径内分布，按 Ctrl+Enter 键确认。添加图层样式，“投影”参数设置如图 5—65 所示，其中阴影颜色设置为 #000000。

图 5—64 绘制闭合路径

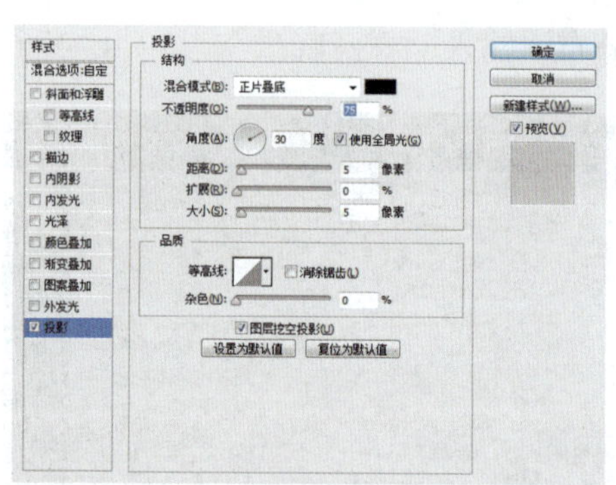

图 5—65 “投影”参数设置

6. 选择“横排文字工具”，输入“赏析”，字体为“黑体”，字号为 72 点，文本颜色为 #000000，按 Ctrl+A 键选中“赏析”，单击文字工具选项栏上的“变形”按钮，参数设置如图 5—66 所示，单击“确定”按钮，最后按 Ctrl+Enter 键确认。最终效果如图 5—39 所示。

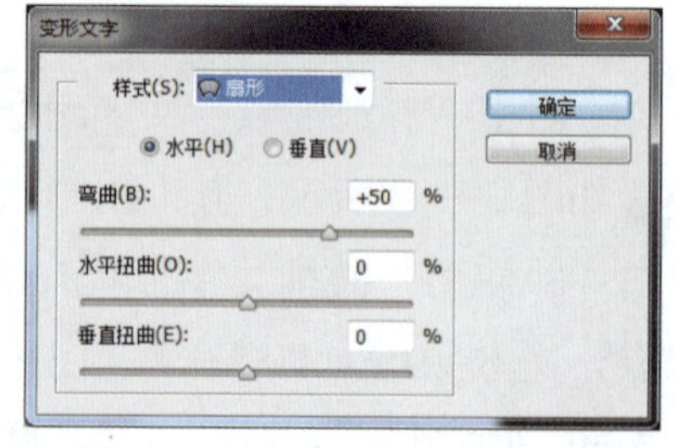

图 5—66 “变形文字”参数设置

任务4 春意盎然

学习目标

1. 了解字体设计的作用和常用原则。
2. 能使用路径相关工具进行字体设计。

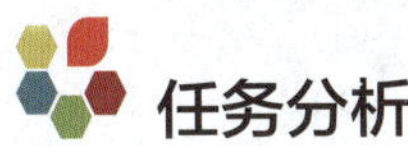

任务分析

文字是传达信息的主要载体，经过精心设计的字体会更加吸引受众，增强视觉体验。加工文字的过程称为字体设计，字体设计已经在人们的工作和生活中随处可见，具体表现在包装设计、家居环境设计、海报设计等方面。字体设计的核心技术是路径工具的使用。本任务通过“春意盎然”这一作品的制作学习字体设计的方法，最终效果如图5—67所示。

图5—67 最终效果

相关知识

一、字体设计的基本元素

1. 字体的类型

不同的字体可以表达出不同的意境，如“黑体”代表严肃、“宋体”代表正式、“隶书”代表古典、“草书”代表自由等。互联网上有丰富的字体资源，可以根据使用环境

选定不同风格的字体。

2. 字体的颜色

不同颜色传达给人们不同的感受，如红色代表激情、活力，蓝色代表理想、信任和清凉，绿色带给人们心情舒畅、自然和谐的感觉，黑色则让人感到庄重、严肃或者压抑。

二、字体设计的表现形式

1. 改变字体大小和形状

在保证准确传达所要表现的文字含义的基础上，常常利用字体大小表达设计意图，大的文字起到强调、吸引注意力的作用，小的文字精巧细致；也常常改变文字的形态，如细长的字体代表纤细、休闲，字形丰满的字体代表可爱和童年。

2. 改变字体笔画

改变字体笔画是字体设计最常见的表现方法，通过对笔画的拉伸、连接、扭转等操作表达作者的设计意图。常用的工具是路径的一系列相关工具和部分滤镜等。

3. 改变字体材质

不同的材质也是字体设计的一个重要表现形式，如塑料质感、木纹质感给人温馨的感觉，金属质感给人冰冷的感觉，使用适当的工具甚至可以将文字制作成气体材质。

任务实施

1. 复制本任务素材“迷你简准圆 .ttf”到“C ：\ WINDOWS \ Fonts”文件夹，重新启动 Photoshop 程序使新字体生效。

2. 打开本任务素材“素材 1.jpg”文件，输入“春意盎然”，设置字体为“迷你简准圆”，字号为 141 点，文本颜色任意，按 Ctrl+Enter 键确认，执行“编辑”→“变换”→“斜切”命令，设置水平偏移 -10.3 度，效果如图 5—68 所示。

3. 右击文字图层，在弹出的快捷菜单中选择“创建工作路径”，如图 5—69 所示，隐藏文字图层，效果如图 5—70 所示。

4. 移动每个文字的路径到不同水平线。使用“路径选择工具”对每个文字的路径进行移动，使其分布在不同水平线上，营造一种活泼的氛围，效果如图 5—71 所示。

● 图 5—68 输入文字并斜切

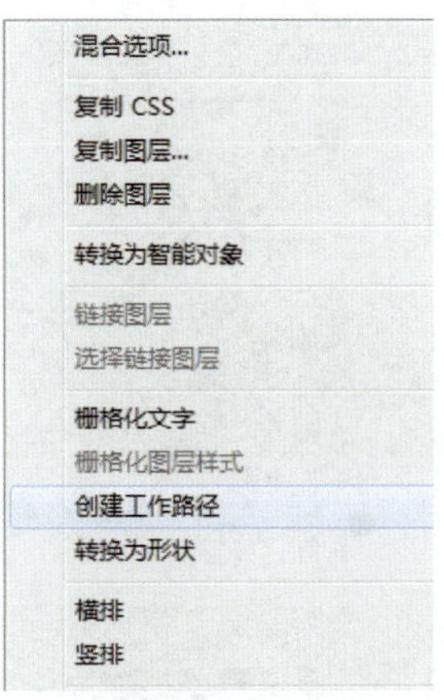

● 图 5—69 文字图层快捷菜单

● 图 5—70 将文字转换为路径

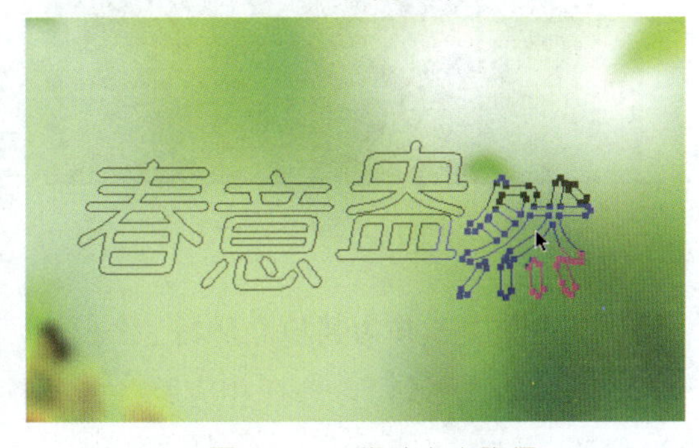

●图 5—71 移动文字路径

5. 将视图比例放大，对路径进行修改。

将“春”字笔画“撇”路径适当添加和删除锚点，使用“直接选择工具”修改路径，效果如图 5—72 所示。

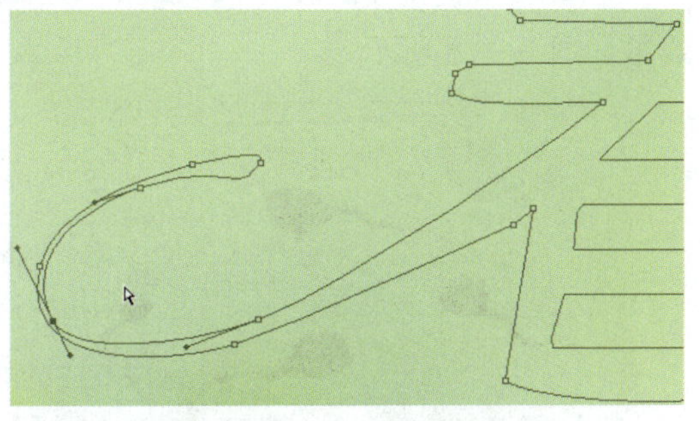

● 图 5—72 修改路径 1

类似地，修改“春”字笔画“捺”的路径；删除“意”字笔画“心”字底，在该位置绘制“蝌蚪”路径，效果如图 5—73 所示。

修改“盎”字上半部分路径，效果如图 5—74 所示。

删除“然”字笔画“灬”路径，将“大”字笔画“捺”路径做适当修改；载入“自定义形状”中的“装饰”和“动物”，添加形状“叶形装饰 2”“爪印（猫）”，在工具栏中选择“路径”，绘制出形状后做自由变换，并放置在适当的位置；绘制雨滴形状，效果如图 5—75 所示。

修改“春”字上半部分路径，添加形状“常春藤 2”，效果如图 5—76 所示。

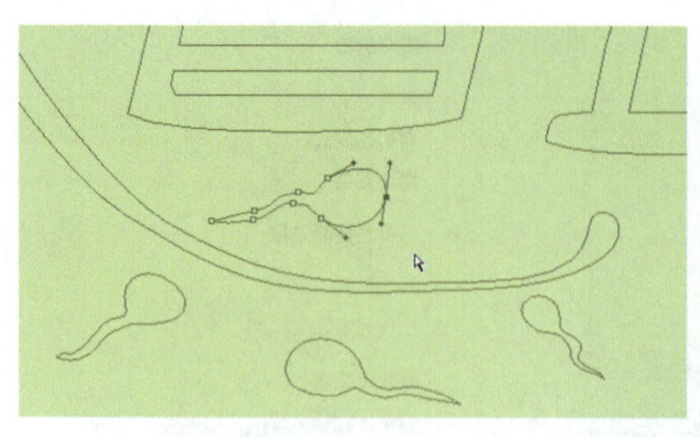

● 图 5—73　修改路径 2

● 图 5—74　修改路径 3

● 图 5—75　修改路径 4

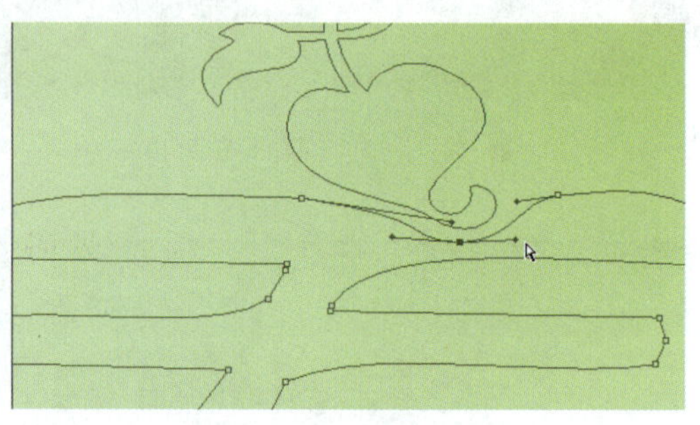

● 图 5—76　修改路径 5

6. 新建图层，并为其填充颜色。

新建图层“蝌蚪”，选择相应路径，前景色设置为 #000000，使用前景色填充路径，效果如图 5—77 所示。

新建图层“脚印”，选择相应路径，前景色设置为 #58490d，使用前景色填充路径，效果如图 5—78 所示。

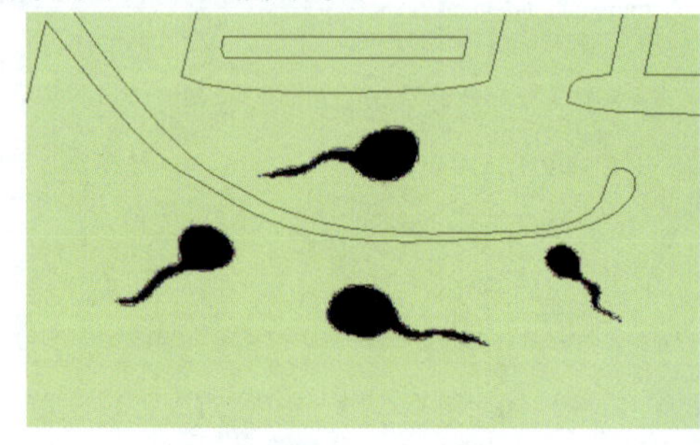

● 图 5—77　填充“蝌蚪”路径

● 图 5—78　填充“脚印”路径

新建图层“雨滴”，选择相应路径，前景色设置为 #40beed，使用前景色填充路径，效果如图 5—79 所示。

新建图层“叶子”，选择相应路径，前景色设置为 #0f990b，使用前景色填充路径，效果如图 5—80 所示。

打开本任务“素材 2.jpg”文件，执行“滤镜”→“模糊”→“高斯模糊”命令，设置半径为30像素，单击“确定”按钮；按Ctrl+U键调出“色相/饱和度”对话框，参数设置如图5—81所示；将调整后的素材拖放到“叶子”图层上方，按Alt+Ctrl+G键设置为剪贴图层，适当调整位置；选择“画笔工具”，前景色设置为#ff1b1b，在“常春藤2”位置涂抹产生红色。完成效果如图5—82所示。

新建图层“字”，选择相应路径，前景色设置为#7ed108，使用前景色填充路径，效果如图5—83所示。

● 图5—79 填充“雨滴”路径

● 图5—80 填充“叶子”路径

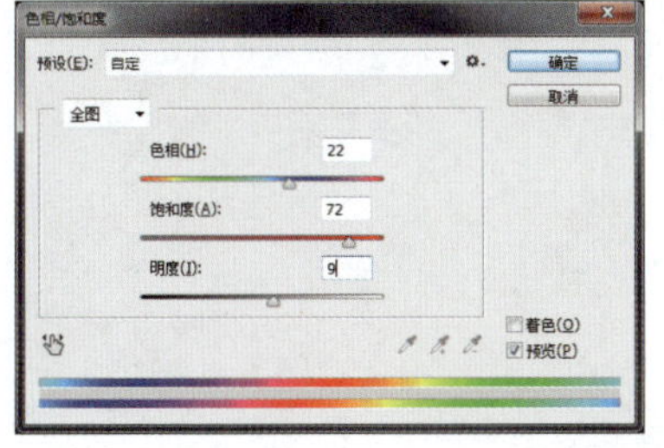

● 图5—81 “色相/饱和度”参数设置

● 图5—82 剪贴图层效果1

复制“背景”图层，将其移动到“字”图层上方，重命名为“素材1副本”；按Ctrl+L键调出“色阶”对话框，参数设置如图5—84所示；按Ctrl+T键自由变换，旋转180度并做适当缩放；按Alt+Ctrl+G键设置为剪贴图层，调整到合适位置。完成效果如图5—85所示。

● 图5—83 填充“字”路径

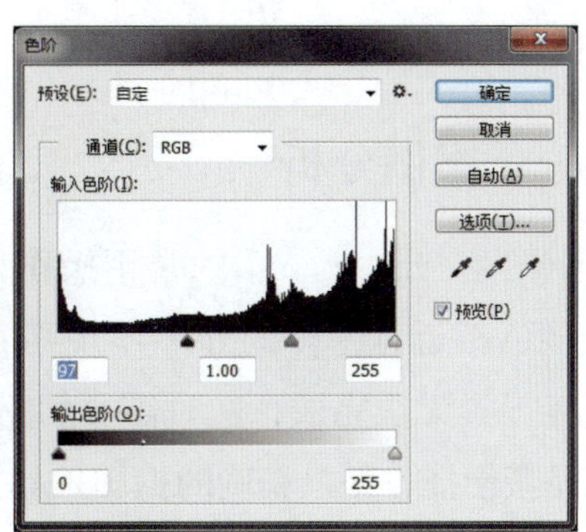

● 图5—84 “色阶”参数设置

● 图 5—85　剪贴图层效果 2

隐藏“背景”图层，按 Ctrl+Alt+Shift+E 键盖印图层，将新生成图层的图层样式设置为“投影”，参数设置如图 5—86 所示。

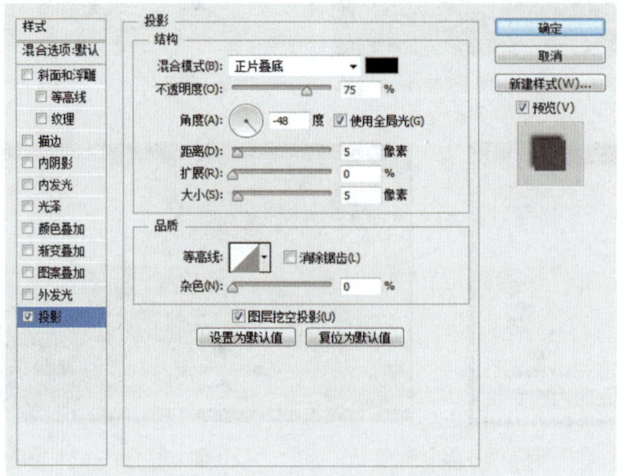

● 图 5—86　“投影”参数设置

显示“背景”图层，最终效果如图 5—67 所示。

巩固训练 1　甜点杯盘

一、案例分析

抠图是 Photoshop 中的常用操作，当要抠的主体和背景颜色相近且主体的外形不规则时，运用前面学过的魔棒工具无法完成，这时需要用路径完成抠图操作，路径是最便捷也是最精确的抠图工具。本案例要求利用路径对甜点杯盘进行抠图，最终效果如图 5—87 所示。

● 图 5—87　最终效果

二、操作步骤

1. 打开巩固训练 1 “素材 .jpg” 文件，如图 5—88 所示。观察可知主体“甜点”形状是不规则的，并且阴影处颜色与背景相似，需要使用路径进行抠图。

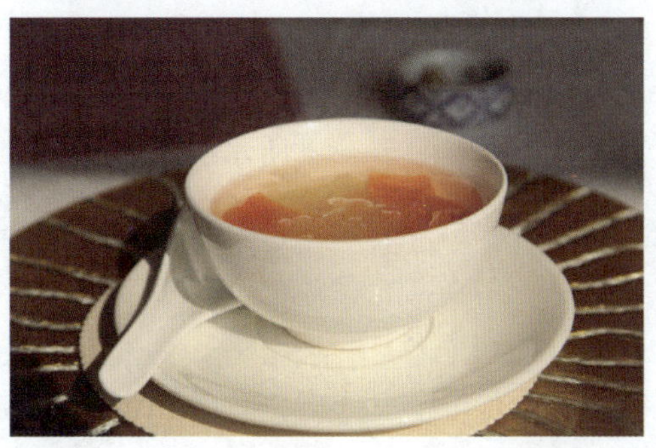

图 5—88　素材

2. 选择“钢笔工具”，在工具栏中选择“路径”，如图 5—89 所示。沿着要抠图的主体添加锚点，并调整锚点位置和方向，绘制路径后的效果如图 5—90 所示。

图 5—89　工具栏选项设置

图 5—90　绘制路径后的效果

提示

为了提高工作效率，使用“钢笔工具”时，可按住 Ctrl 键临时切换到“直接选择工具”对锚点进行编辑。

3. 单击“路径”面板上的“将路径作为选区载入”按钮，按 Ctrl+J 键复制所选内容到新图层，隐藏“背景”图层，按 Shift+Ctrl+S 键保存文件。最终效果如图 5—87 所示。

巩固训练 2　向日葵

一、案例分析

本案例综合利用“渐变工具”“钢笔工具”“自定义形状工具”等工具，及“用画笔描边路径”等路径的相关操作，完成图 5—91 所示的向日葵背景图的绘制。

图 5—91　向日葵背景图

二、操作步骤

1. 新建文件，设置图像宽度和高度为 800 像素 ×600 像素，分辨率为 72 像素 / 英寸，颜色模式为 RGB 颜色，背景内容为白色。

2. 设置前景色为 #2e8bce，背景色为 #ffffff，选择“渐变工具”，设置工具选项栏为“前景色到背景色渐变”“线性渐变”，如图 5—92 所示。由上到下拖动鼠标，为“背景”图层填充渐变色。

模式：正常　不透明度：100%　反向　仿色　透明区域

图 5—92　“渐变工具”选项栏参数设置

3. 设置前景色为 #ffffff，选择自定义形状中的“云彩 1”，设置工具选项栏为“填充像素”，在“背景”图层上绘制出大小不同的云朵，效果如图 5—93 所示。

4. 选择“钢笔工具”，在工具栏中选择“路径”，绘制“树叶轮廓”路径，效果如图 5—94 所示。新建图层“树叶轮廓”，前景色设置为 #3cad25，单击“路径”面板上的“用前景色填充路径”按钮，效果如图 5—95 所示。

图 5—93　绘制云朵

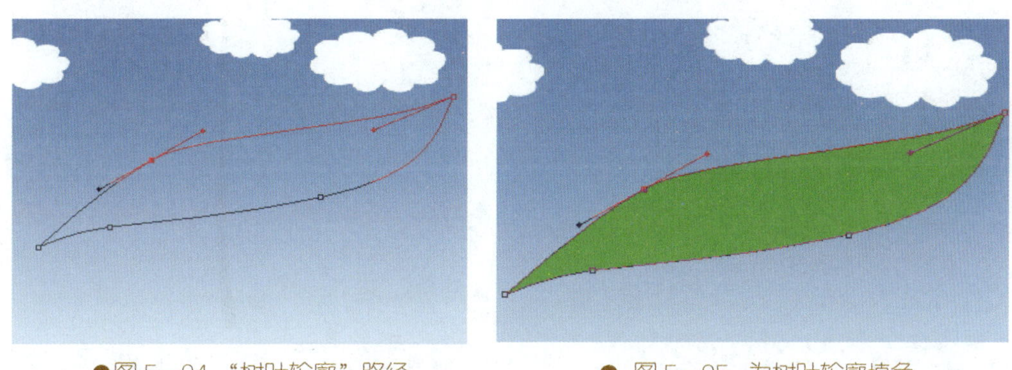

图 5—94 “树叶轮廓”路径　　图 5—95　为树叶轮廓填色

5. 选择“钢笔工具”，在工具栏中选择“路径”，绘制“叶脉”路径，效果如图 5—96 所示。新建图层“叶脉”，选择“画笔工具”，在画笔预设工具中选择“尖角 1 px”，前景色设置为 #2f4f30，单击“路径”面板上的“用画笔描边路径”按钮，效果如图 5—97 所示。

提示

“叶脉”路径是不连续的路径，使用“钢笔工具”绘制完一条路径时，按住 Ctrl 键切换到“直接选择工具”，在空白处单击，完成当前路径的绘制，松开 Ctrl 键返回“钢笔工具”，继续绘制下一条路径。

6. 选择“钢笔工具”，在工具栏中选择“路径”，绘制“杆”路径，效果如图 5—98 所示。新建图层“杆”，前景色设置为 #ae5800，单击“路径”面板上的“用前景色填充路径”按钮，选择“加深工具”和“减淡工具”对图层“杆”进行修饰，效果如图 5—99 所示。

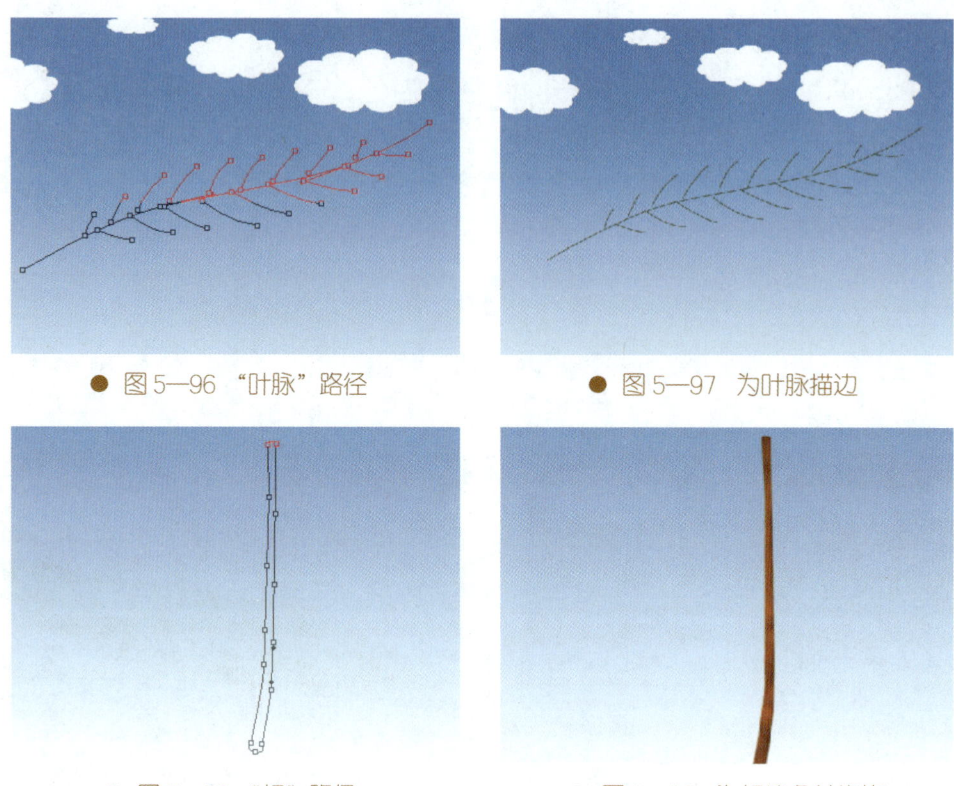

图 5—96 “叶脉”路径

图 5—97 为叶脉描边

图 5—98 “杆”路径

图 5—99 为杆填色并修饰

7. 合并图层“叶脉”和图层“树叶轮廓”，将合并后的图层命名为“叶子”，按 3 次 Ctrl+J 键复制出 3 片叶子，使用“编辑”→“变换”命令调整叶子形状和位置，效果如图 5—100 所示。

8. 选择“自定义形状工具”，设置工具选项栏为“填充像素”，设置前景色为 #fffd59，选择形状“花 6”，新建图层“花瓣”，拖动鼠标进行绘制；选择形状工具组中的“椭圆工具”，设置工具选项栏为“形状”，设置前景色为 #c7932e，新建图层“脸”，拖动鼠标进行绘制，效果如图 5—101 所示。

图 5—100 组合叶子

图 5—101 绘制花冠

9. 选择“钢笔工具”，在工具栏中选择“路径”，绘制“嘴巴”路径，效果如图 5—102 所示。新建图层“嘴巴”，选择“画笔工具”，在画笔预设工具中选择“尖角 5 像素”，修改直径为 4 像素，前景色设置为 #373737，单击“路径”面板上的“用画笔描边路径”按钮，效果如图 5—103 所示。

● 图 5—102 绘制“嘴巴”路径

● 图 5—103 描边“嘴巴”路径

10. 选择形状工具组中的“椭圆工具”，在工具栏中选择“形状图层”，设置前景色为 #3a3a3a，拖动鼠标绘制向日葵的眼睛；设置前景色为 #ffffff，绘制向日葵的眼珠。将眼睛和眼珠复制并调整位置，效果如图 5—104 所示。

● 图 5—104 向日葵的“双眼”

11. 将绘制好的向日葵所有图层进行图层编组，图层组命名为“向日葵”，将该组复制 4 次，使用自由变换改变大小并调整位置，最终效果如图 5—91 所示。

巩固训练 3 个性雪花图案

一、案例分析

本案例综合利用“自定义形状工具”“多边形工具”“路径选择工具”“自由变换工具”等工具及路径的相关操作，完成图 5—105 所示的个性雪花图案的绘制。

图 5—105 最终效果

二、操作步骤

1. 新建文件，设置图像宽度和高度为 800 像素 ×600 像素，分辨率为 72 像素/英寸，颜色模式为 RGB 颜色，背景内容为白色。

2. 按 Ctrl+R 键显示标尺，执行“视图”→“新建参考线”命令，分别设置垂直位置为 14 厘米、水平位置为 10 厘米和水平位置为 2 厘米的参考线，如图 5—106 所示，设置参考线后的效果如图 5—107 所示。

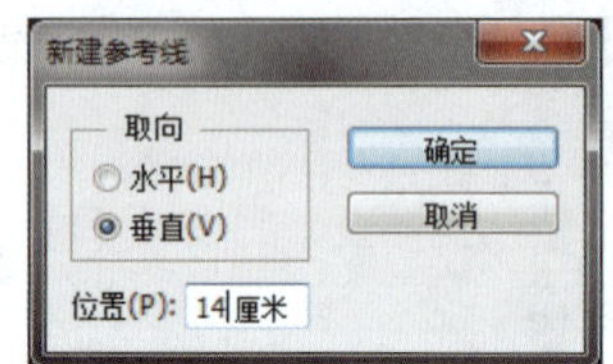

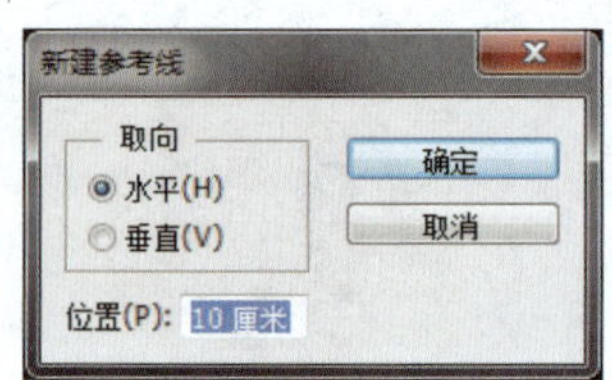

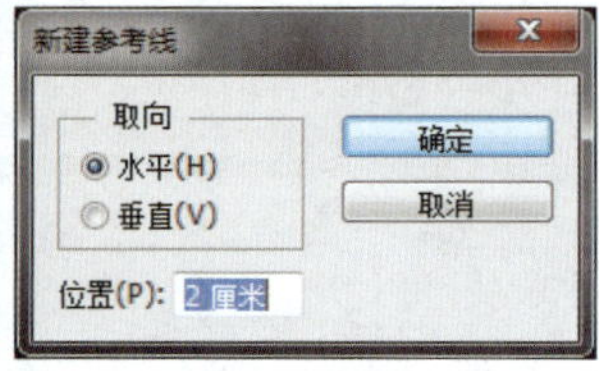

图 5—106 “新建参考线”对话框

3. 选择“自定义形状工具”，在工具栏中选择“形状图层”，设置前景色为 #d5d5d5，选择形状“雪花 2”，在图 5—107 上（14，2）厘米处对准两条参考线的交叉点，按住鼠标左键再按 Alt+Shift 键拖动鼠标绘制雪花形状，效果如图 5—108 所示。

图 5—107 新建参考线

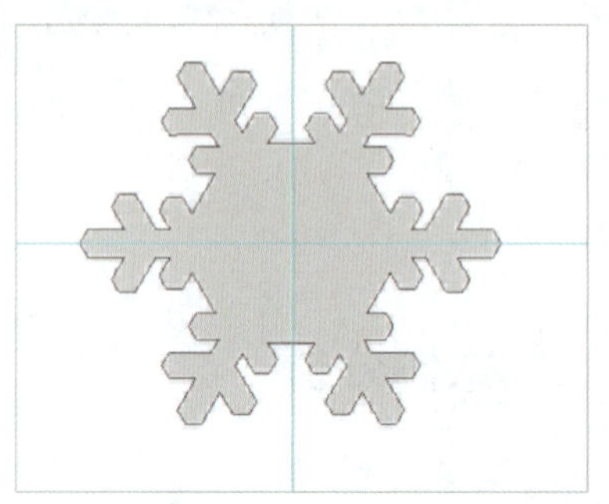
图 5—108 绘制雪花形状

提示

这里注意要配合使用放大和缩小视图功能进行操作。

4. 选择“多边形工具”，在选项栏中设置边数为6，在工具栏中选择“形状图层”“从形状区域减去”，按 Shift 键绘制水平的标准六边形；选择“路径选择工具”，拖动鼠标选中刚刚绘制的两条路径，如图 5—109 所示，单击工具栏中的“垂直居中对齐”按钮和“水平居中对齐”按钮，单击“组合”按钮，组合后的效果如图 5—110 所示。

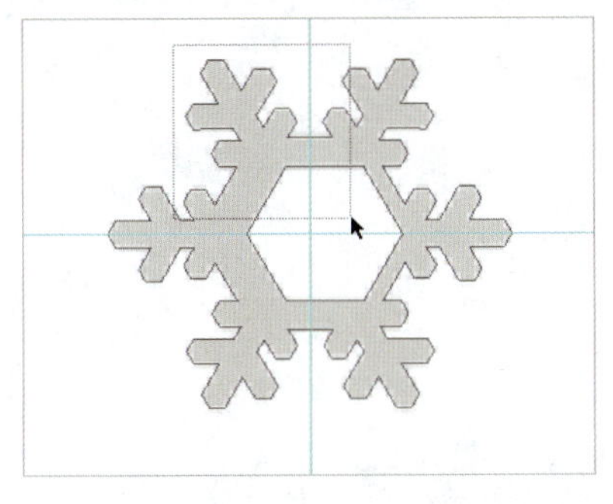

图 5—109 选择两条路径

图 5—110 对齐并组合路径

5. 选择“多边形工具”，在选项栏中设置边数为6，在工具栏中选择“形状图层”“添加到形状区域”，按 Shift 键绘制水平的标准六边形；选择“路径选择工具”，拖动鼠标选中刚刚绘制的两条路径，单击工具栏中的“垂直居中对齐”按钮和“水平居中对齐”按钮，单击“组合”按钮，组合后的效果如图 5—111 所示。

图 5—111 对齐并组合路径

6. 选择刚刚制作的“雪花”路径，按 Ctrl+T 键自由变换，按 Alt 键移动中心点至图 5—111 上（14，10）厘米处，对准两条参考线的交叉点，在工具选项栏中设置参数如图 5—112 所示，按 Ctrl+Enter 键确认，再按 Ctrl+Shift+Alt+T 键复制上一次变换 10 次，效果如图 5—113 所示。

图 5—112　工具选项栏参数设置

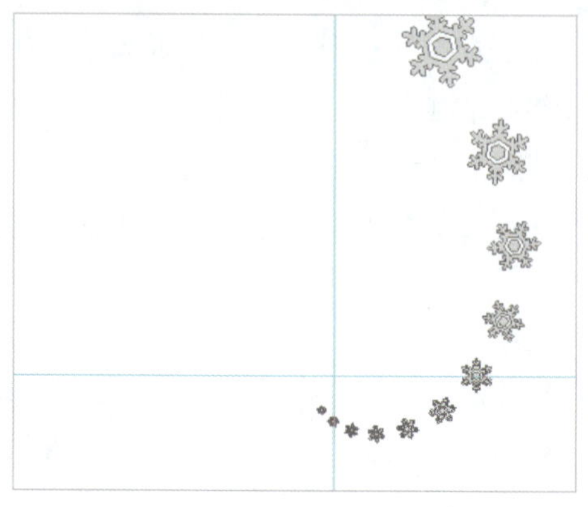

图 5—113　复制并变换路径

7. 选择所有雪花路径，按 Ctrl+T 键自由变换，按 Alt 键移动中心点至图上（14，10）厘米处，对准两条参考线的交叉点，在工具选项栏中设置角度为 30 度，按 Ctrl+Enter 键确认，再按 Ctrl+Shift+Alt+T 键复制上一次变换 11 次；双击形状图层的缩略图，设置填充色为 #38b7f9；清除参考线；按 Ctrl+R 键隐藏标尺。最终效果如图 5—105 所示。

巩固训练 4　“商味真火”标志

一、案例分析

本案例综合利用“文字工具”“钢笔工具”“直接选择工具”“渐变工具”等工具及路径的相关操作，完成图 5—114 所示的“商味真火”标志的绘制。

图 5—114　最终效果

二、操作步骤

1. 新建文件，设置图像宽度和高度为 800 像素 ×600 像素，分辨率为 72 像素 / 英寸，颜色模式为 RGB 颜色，背景内容为黑色。

2. 复制本任务素材“方正正粗黑简体 .ttf”到“C ：\ WINDOWS \ Fonts”文件夹，重新启动 Photoshop 程序使新字体生效。

3. 输入“商味真火”，字体为“方正正粗黑简体”，字号为 100 点，文本颜色为 #333333，按 Ctrl+Enter 键确认；再输入“SHANGWEIZHENHUO”，字体为“方正正粗黑简体”，字号为 30 点，文本颜色为 #333333，按 Ctrl+Enter 键确认，效果如图 5—115 所示。

4. 右击“商味真火”文字图层，在弹出的快捷菜单中选择“创建工作路径”，隐藏“商味真火”文字图层。使用“钢笔工具”和“直接选择工具”对“火”字进行字体设计，修改后的路径效果如图 5—116 所示。

图 5—115　输入文字

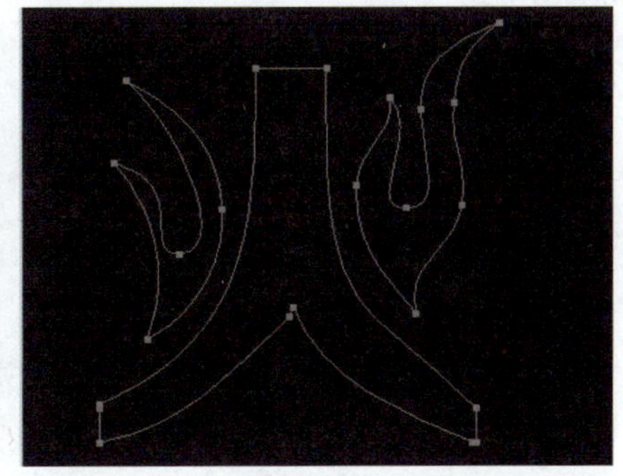

图 5—116　对“火”字进行设计

5. 使用“钢笔工具”绘制“鸟”形，在工具栏中选择“路径”，并使用“直接选择工具”进行调整，效果如图 5—117 所示。

6. 将前景色设置为 #ffff00，对“商味真火”路径使用前景色进行填充。复制“SHANGWEIZHENHUO”文字图层，字体颜色设置为 #ffff00，合并两个图层并命名为“文字”。

7. 选择“渐变工具”，在选项栏中选择“对称渐变”，渐变编辑器设置如图 5—118 所示。选择“鸟”路径，将路径转化为选区，新建图层“鸟”，由上到下使用渐变工具进行填色，按 Ctrl+S 键保存文件。最终效果如图 5—114 所示。

● 图 5—117 绘制“鸟”形

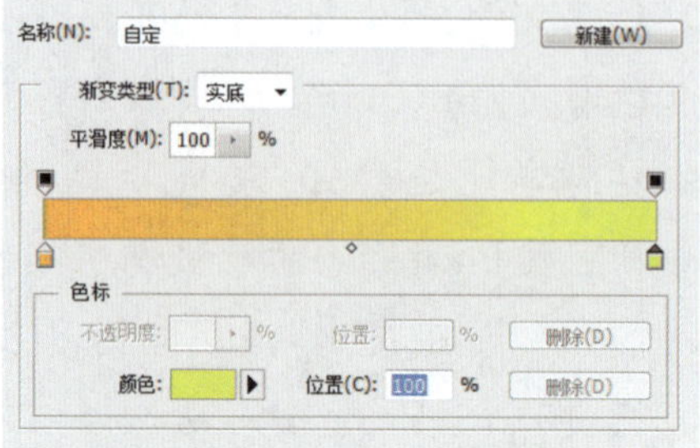

● 图 5—118 渐变编辑器设置

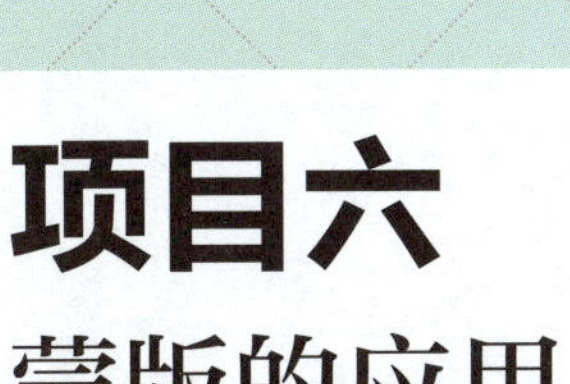

项目六 蒙版的应用

蒙版是使用 Photoshop 进行图形图像处理时的一个重要的工具。所谓“蒙版”，顾名思义，就是“蒙在上面的版”的意思，它相当于在原图层的基础上加上一个看不见的图层，从而显示或遮盖原来的图层，或者控制原图层的透明度。蒙版可以看作一个灰度图像，可以使用所有处理灰度图像的工具去处理它，如“画笔工具”、“反相工具”、部分滤镜等。和直接对图像进行编辑相比，使用蒙版的一大优势就是，对图像的编辑并不对原素材造成破坏，必要的时候，可以对已完成的编辑操作进行恢复。本项目将通过“鸡蛋作画”“古城的天空”“装入相框的画”“与文字握手”“裂痕文字”等任务实例，学习各种常用蒙版的使用方法。

任务 1　鸡蛋作画

学习目标

1. 理解剪贴蒙版的功能。
2. 能使用剪贴蒙版处理图像。

任务分析

在鸡蛋壳表面作画，在现实生活中是具有一定难度的，就算可以实现也要花费非常多的时间，而且也不可能画出很细腻的效果。而在 Photoshop 中，利用剪贴蒙版就可以轻而易举地完成在鸡蛋表面作画的效果。在本任务中，使用“钢笔工具”“自由变换”等工具及命令完成这一作品，素材及最终效果如图 6—1 ~图 6—3 所示。

图 6—1 素材 1

图 6—2 素材 2

图 6—3 最终效果

相关知识

剪贴蒙版的功能很早即出现在 Photoshop 中，在早期的版本中称为剪贴图层，从 Photoshop7.0 开始改称剪贴蒙版。剪贴蒙版是由多个图层组成的，最下面的一个图层称为基层，位于上面的图层称为顶层，基层只能有一个，顶层可以有多个。

从广义的角度讲，剪贴蒙版是指包括基层和所有顶层在内的图层。从狭义的角度讲，剪贴蒙版单指其中的基层。因为基层的效果和属性可以影响上面的任何图层，而上面的图层只是受基层影响的对象，其变换效果或变换属性不会影响到下面的图层。

剪贴蒙版通过使用下面图层的形状来限制上面图层显示的内容，所产生的效果与剪贴画类似，相邻的两个图层创建了剪贴蒙版后，上面图层的显示范围受下面图层的形状控制。

任务实施

1. 打开本任务“素材 1.jpg”文件，如图 6—4 所示。
2. 打开本任务“素材 2.jpg”文件，如图 6—5 所示。

● 图6—4 "素材1.jpg"

● 图6—5 "素材2.jpg"

3. 执行"图像"→"调整"→"亮度/对比度"命令，参数设置如图6—6所示。

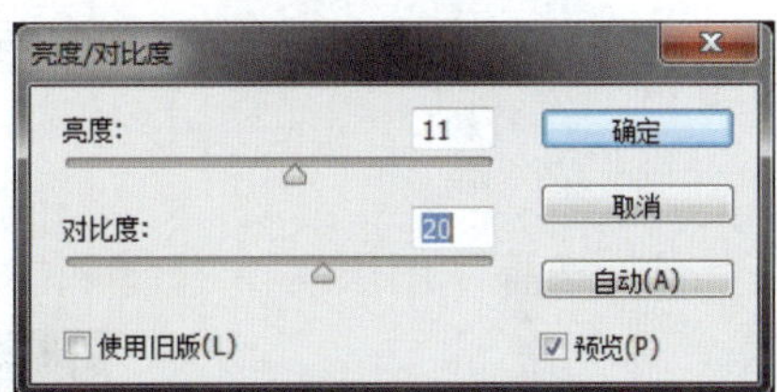

● 图6—6 "亮度/对比度"参数设置

4. 选择"素材2.jpg"，按Ctrl+A键全选，按Ctrl+C键复制。

5. 选择"素材1.jpg"，按Ctrl+V键粘贴，自动生成"图层1"。

6. 选择"图层1"，按Ctrl+T键自由变换，调整"图层1"大小，如图6—7所示。

7. 隐藏"图层1"。

8. 选择"钢笔工具"，绘制鸡蛋路径。

9. 按Ctrl+Enter键将路径转换为选区，如图6—8所示。

● 图6—7 调节图层大小

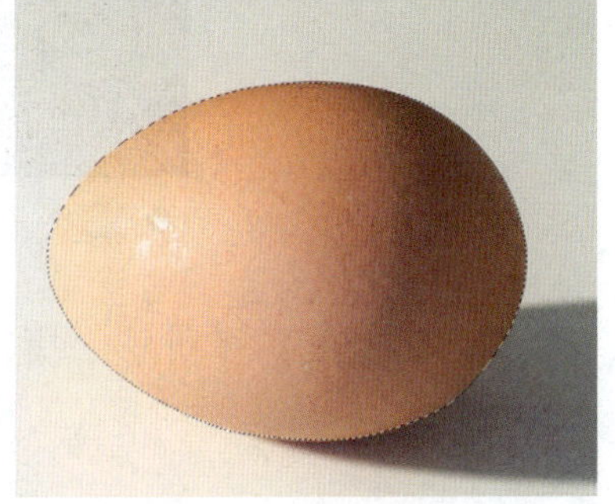

● 图6—8 建立选区

10. 按Ctrl+J键复制选区到新图层，自动生成"图层2"。

11. 选择"图层1"，执行"图层"→"创建剪贴蒙版"命令，为"图层1"创建剪贴蒙版，如图6—9所示。

● 图 6—9　创建剪贴蒙版

12. 选择“图层 1”，选择图层的混合模式为“正片叠底”，如图 6—10 所示。

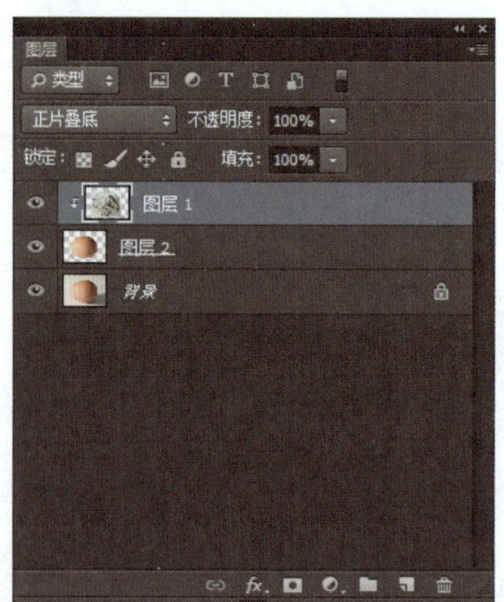

● 图 6—10　选择图层混合模式

13. 最终效果如图 6—3 所示，执行“文件”→“存储为”命令，将其保存为 JPG 格式。

任务 2　古城的天空

学习目标

1. 理解图层蒙版的功能。
2. 能使用图层蒙版处理图像。

任务分析

在拍摄风景的时候常常会因为没有美丽的天空而错失一幅好作品，但是学会了如何使用图层蒙版，为风景照添加美丽的天空将成为轻而易举的事情。本任务将通过为一幅摄影作品添加上美丽的天空来学习图层蒙版的用法，素材和最终效果如图6—11 ~图 6—13 所示。

图 6—11　素材 1

图 6—12　素材 2

图 6—13　最终效果

相关知识

图层蒙版是一种特殊的选区，但它的真正目的并不是对选区进行操作，反而是要保护蒙版选区不受操作影响。

当蒙版为白色时，图层的内容全部显示；当蒙版为黑色时，图层的内容全部隐藏；当蒙版为灰色时，图层的内容是半透明的，透明的程度取决于灰度值的高低。

任务实施

1. 打开本任务“素材 1.jpg”文件。
2. 打开本任务“素材 2.jpg”文件。
3. 选择“素材 1.jpg”，按 Ctrl+A 键全选，按 Ctrl+C 键复制。

4. 选择“素材 2.jpg”，按 Ctrl+V 键粘贴，把“素材 1.jpg”粘贴进“素材 2.jpg”中，自动生成“图层 1”。

5. 按 Ctrl+T 键调整“图层 1”的大小，如图 6—14 所示。

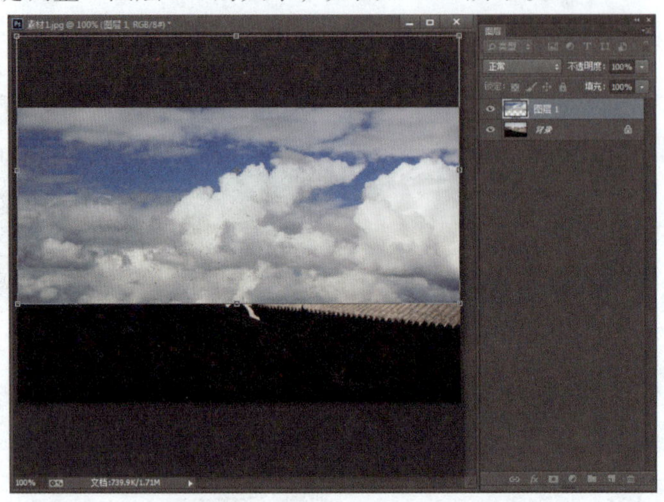

● 图 6—14　移动并调整图层

6. 选择“图层 1”，执行“图层”→“图层蒙版”→“显示全部”命令，为“图层 1”添加图层蒙版。

7. 为了能看清楚“背景”图层和天空的位置，设置“图层 1”的不透明度为“50%”，如图 6—15 所示。

● 图 6—15　设置不透明度

8. 单击“图层 1”蒙版缩览图，选择“画笔工具”，设置前景色为 #000000，按图 6—16 所示设置笔刷参数。

● 图 6—16　笔刷参数设置

9. 使用“画笔工具”对蒙版进行涂抹，如图 6—17 所示。

● 图 6—17　使用“画笔工具”编辑蒙版

10. 选择“图层 1”，设置不透明度为 100%。

11. 执行“背景”图层，选择“图像”→“调整”→“色相 / 饱和度”命令，参数设置如图 6—18 所示。

12. 选择“背景”图层，执行“图像”→“调整”→“亮度 / 对比度”命令，参数设置如图 6—19 所示。

13. 选择“图层 1”，按 Ctrl+Shift+E 键合并可见图层。

14. 执行“图像”→“调整”→“色相 / 饱和度”命令，参数设置如图 6—20 所示。

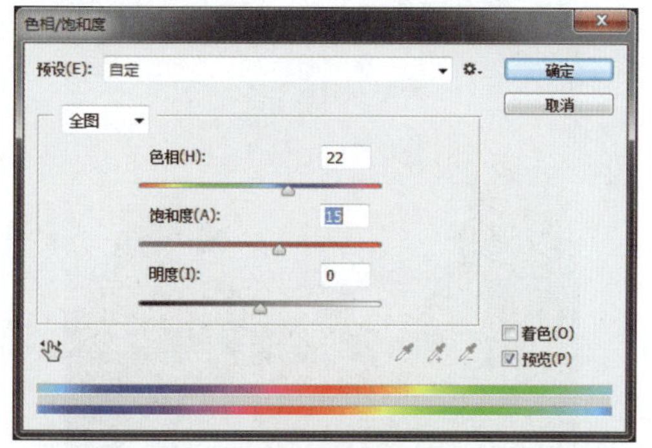

● 图 6—18　“色相 / 饱和度”参数设置

● 图 6—19　“亮度 / 对比度”参数设置

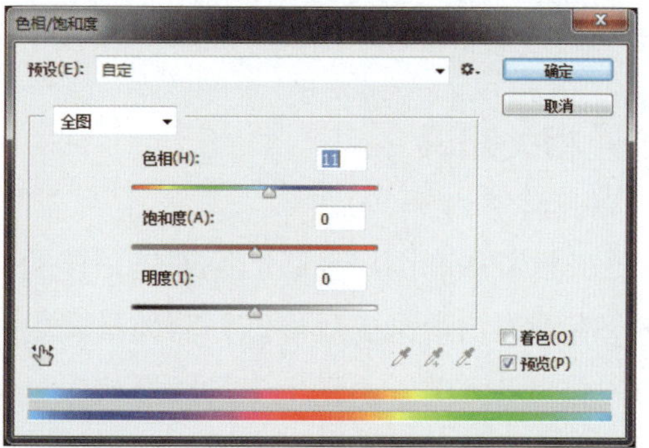

● 图 6—20　“色相 / 饱和度”参数设置

15. 最终效果如图 6—13 所示。执行“文件”→“存储为”命令，命名为“古城的天空”，保存为 JPG 格式。

任务 3　装入相框的画

学习目标

1. 理解矢量蒙版的功能。
2. 能使用矢量蒙版处理图像。

任务分析

为一幅画或一张照片添加相框是处理图片时常用的一种效果，本任务将通过为一张照片添加相框来学习矢量蒙版的概念，素材和最终效果如图 6—21 ~ 图 6—23 所示。

● 图 6—21　素材 1

● 图 6—22　素材 2

● 图 6—23　最终效果

相关知识

矢量蒙版和图层蒙版的原理是一样的，只是用法不同。图层蒙版是位图图像，与分辨率有关，由绘画工具修饰；而矢量蒙版顾名思义，就是配合矢量工具使用的，矢量蒙版与分辨率无关，由钢笔工具或形状工具修饰。无论是图层蒙版还是矢量蒙版都可以控制图层的显示范围。

在图像中使用路径工具创建路径后，按住 Ctrl 键单击图层面板底部“添加矢量蒙版”按钮，即可快速添加矢量蒙版。路径内部的图像显示，路径外部的图像则被隐藏。

任务实施

1. 打开本任务“素材 1.jpg”文件。
2. 打开本任务“素材 2.jpg”文件。
3. 选择“素材 1.jpg”，按 Ctrl+A 键全选，按 Ctrl+C 键复制。
4. 选择“素材 2.jpg”，按 Ctrl+V 键粘贴，自动生成“图层 1”。
5. 按 Ctrl+T 键自由变换，调整“图层 1”的大小和位置，如图 6—24 所示。

图 6—24　调整图层的大小和位置

6. 选择“图层 1”，执行“图层”→“矢量蒙版”→“隐藏全部”命令，如图 6—25 所示。

7. 选择“图层 1”蒙版缩略图，选择“钢笔工具”，单击鼠标绘制路径，为相框绘制显示区域，如图 6—26 所示。

8. 继续绘制完成矩形路径。

9. 选择“背景”图层，执行“图像”→“调整”→“色相 / 饱和度”命令，参数设置如图 6—27 所示。最终效果如图 6—23 所示。

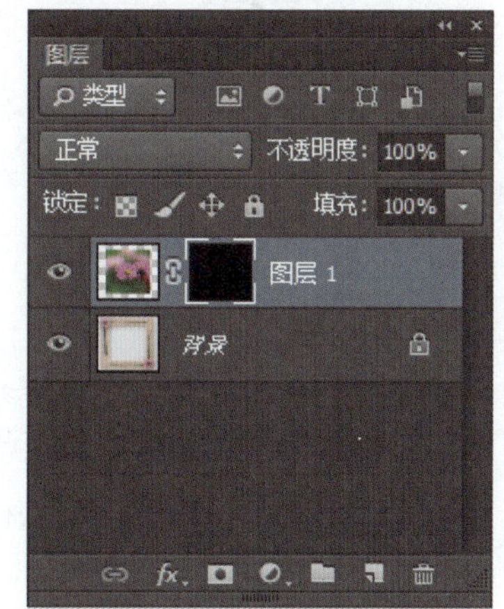

图 6—25　为图层添加矢量蒙版

● 图 6—26　绘制显示区域

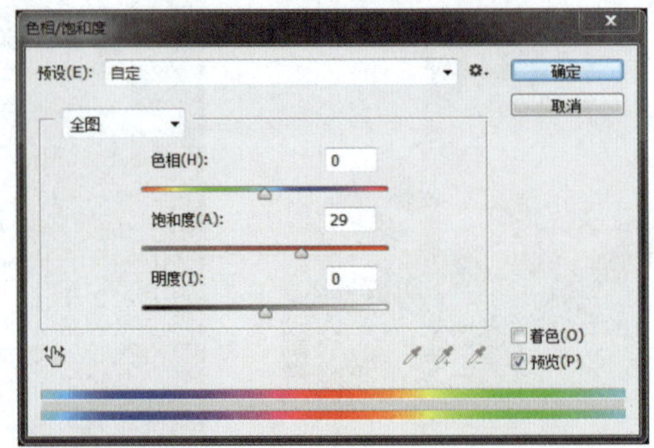

● 图 6—27　“色相 / 饱和度”参数设置

任务 4　与文字握手

学习目标

1. 理解快速蒙版的功能。
2. 能使用快速蒙版处理图像。

任务分析

本任务将通过制作一个真人的手和文字中透明的手相互牵引的视觉效果来学习快速蒙版的用法，素材和最终效果如图 6—28 和图 6—29 所示。

● 图 6—28　素材

● 图 6—29　最终效果

相关知识

快速蒙版与图层蒙版、矢量蒙版不同，快速蒙版是选区和编辑选区的暂时环境，用于创建选区。在快速蒙版模式下，可以使用各种绘图工具或滤镜命令对蒙版进行编辑，以确定选择区域和非选择区域，从而创建出不同形状的选区。

快速蒙版模式可以将任何选区作为蒙版进行编辑，而无须使用“通道”面板，在查看图像时也可如此。快速蒙版的优点是不但可以创建各种形状和各种形式的选区，而且可以使用任何工具修改选区的内容。

使用快速蒙版模式可以在图层中快速地添加或减去以前蒙版的范围，另外，也可以完全在快速蒙版模式中创建蒙版。受保护区域和未受保护区域以不同颜色进行区分，在默认的情况下，受保护区域将以红色表示，此时“通道”面板中将会出现一个名为“快速蒙版”的临时通道，当退出快速蒙版模式时，红色以外的区域将变为选区，此时“通道”面板中的“快速蒙版”临时通道将消失。

任务实施

1. 打开本任务“素材 1.jpg”文件，如图 6—30 所示。

2. 双击工具栏中的“以快速蒙版模式编辑”按钮，弹出快速蒙版选项对话框。

3. 选择区域，单击“确定”按钮，建立快速蒙版，如图 6—31 所示。

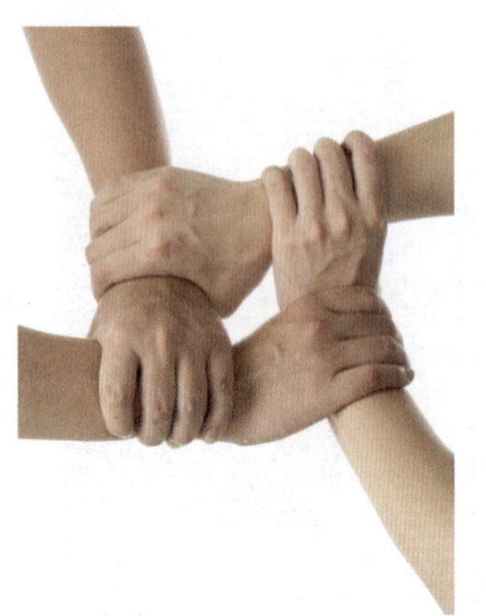

● 图 6—30 “素材 1.jpg”

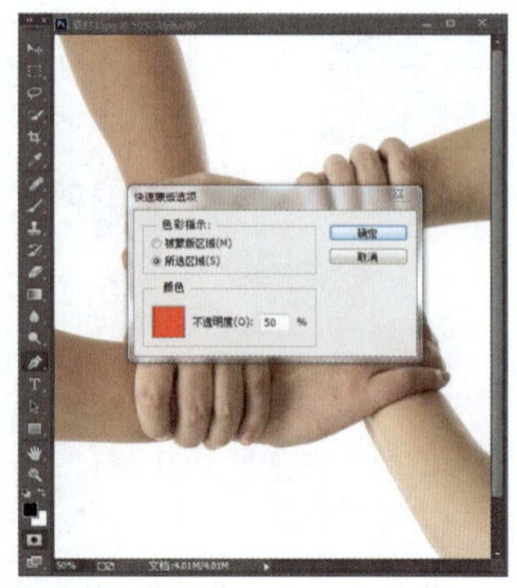

● 图 6—31 建立快速蒙版

4. 选择“画笔工具”，按图 6—32 所示设置笔刷参数。

模式：正常 不透明度：100% 流量：100% 基本功能

● 图 6—32 笔刷参数设置

5. 用“画笔工具”涂抹过的区域将会被转换为选区，绘制需要建立选区的手的部分，如图 6—33 所示。

6. 绘制完成，再次单击“以快速蒙版模式编辑”按钮，建立选区，如图 6—34 所示。

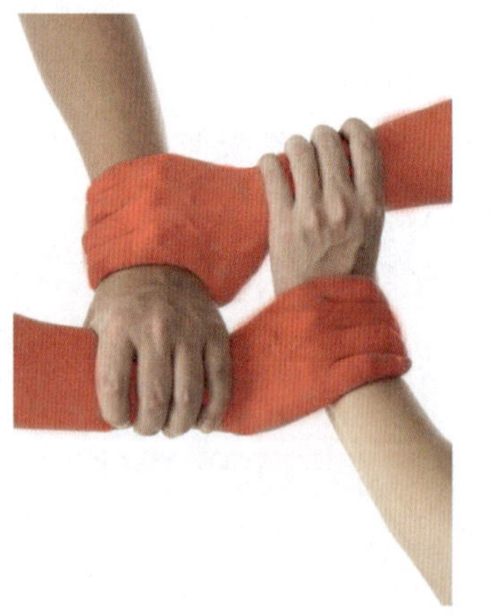

● 图 6—33 绘制选区

● 图 6—34 建立选区

7. 按 Ctrl+J 键复制当前图层选区到新图层，自动生成“图层 1”，如图 6—35 所示。

8. 选择“背景”图层，建立快速蒙版，以同样的方式为另两只手绘制选区，把素材中的两双手分为两个图层，方便后面编辑。

9. 按 Ctrl+J 键，再次复制选区到新图层，自动生成“图层 2”，如图 6—36 所示。

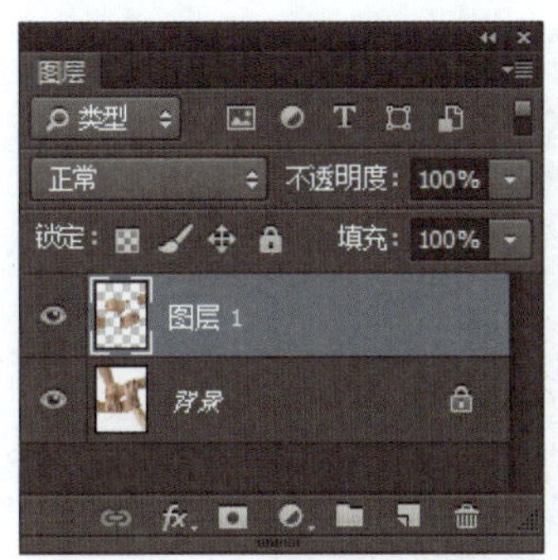

● 图 6—35　自动生成“图层 1”

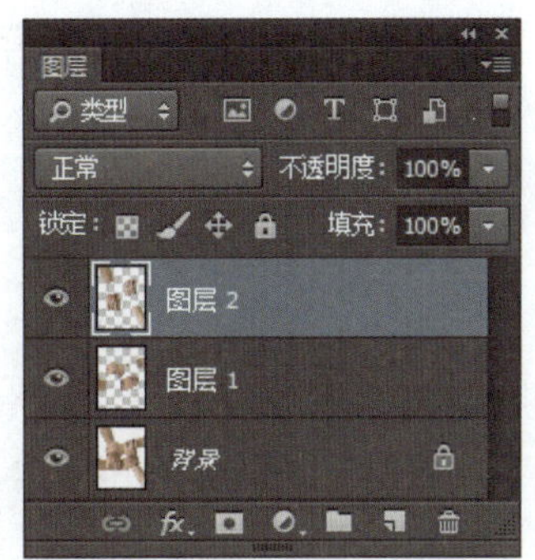

● 图 6—36　自动生成“图层 2”

10. 打开本任务“素材 2.jpg”文件。

11. 选择“素材 2.jpg”，按 Ctrl+A 键全选，按 Ctrl+C 键复制。

12. 选择“素材 1.jpg”，按 Ctrl+V 键粘贴，自动生成“图层 3”，按 Ctrl+T 键自由变换，调整“图层 3”至与“背景”图层同样大小，如图 6—37 所示。

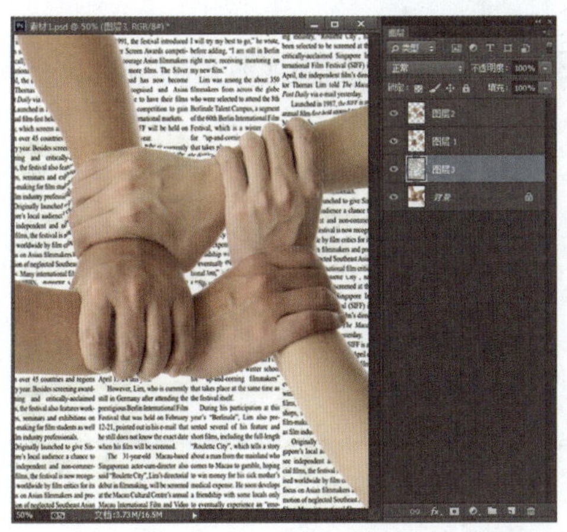

● 图 6—37　调整图层大小

13. 选择“图层 2”，执行“图像”→“调整”→“去色”命令。

14. 执行“图像”→“调整”→“亮度 / 对比度”命令，参数设置如图 6—38 所示。

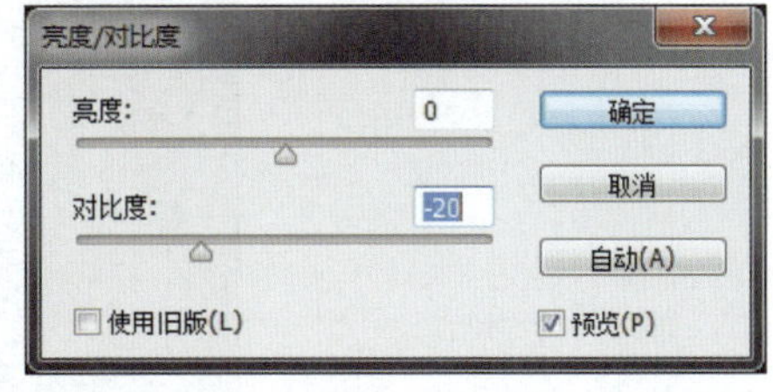

● 图 6—38　“亮度 / 对比度”参数设置

15. 单击“新建图层”按钮，新建“图层 4”，填充颜色为 #8b8989。

16. 合并“图层 4”与“图层 2”，自动生成“图层 2”（下面用到的“置换”命令需要用这张灰度图），如图 6—39 所示。

17. 选择“图层 2”，按 Ctrl+A 键全选，按 Ctrl+C 键复制图层。

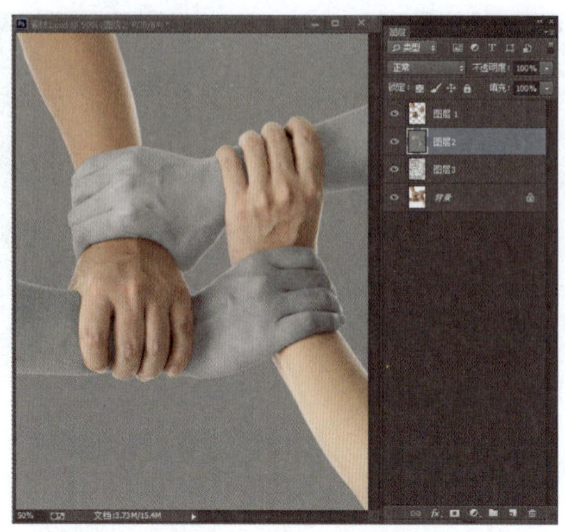

● 图 6—39　合并图层

18. 执行“文件”→“新建”命令，预设为“剪贴板”，其他参数不变，如图 6—40 所示，单击“确定”按钮。

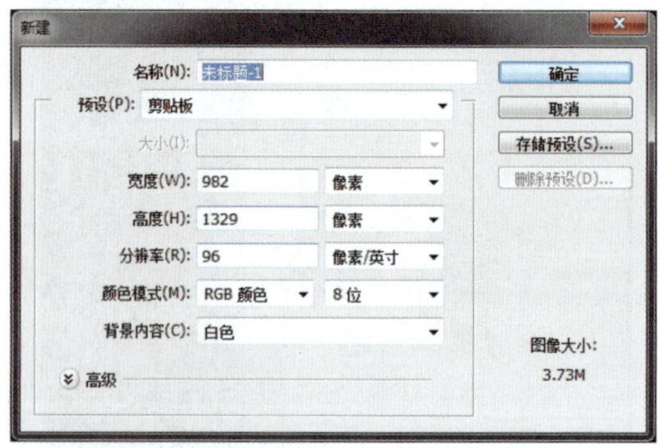

● 图 6—40　新建“剪贴板”

19. 在刚刚新建的图像中按 Ctrl+V 键粘贴，生成“图层 1”，如图 6—41 所示。

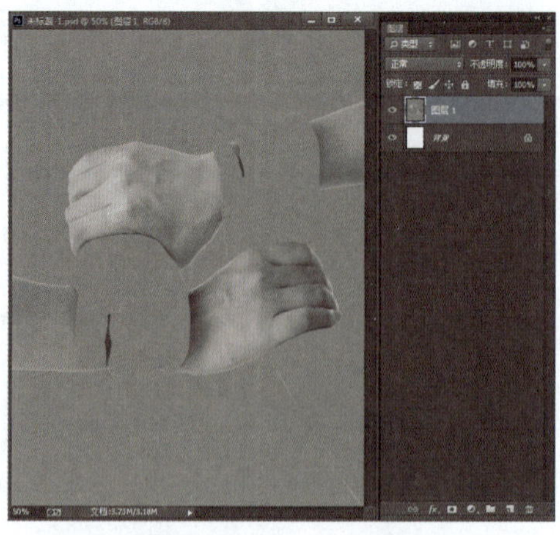

● 图 6—41　粘贴图层

20. 执行“文件”→“储存为”命令，保存为“未标题 -1.psd”。

21. 选择“素材 1.jpg”，按 F9 键打开“历史记录”面板，返回一步至合并之前。

22. 选择“图层 3”，执行“滤镜”→“扭曲”→“置换”命令，参数设置如图 6—42 所示，单击“确定”按钮。

23. 在弹出的对话框中选择正确的路径，打开“未标题 -1.psd”文件，如图 6—43 所示。

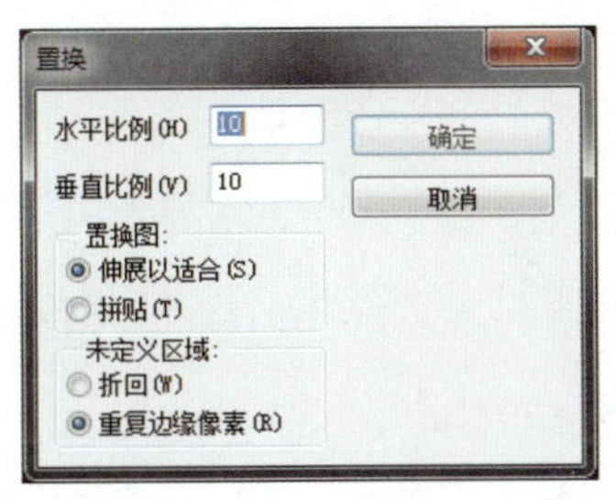

图 6—42 “置换”参数设置

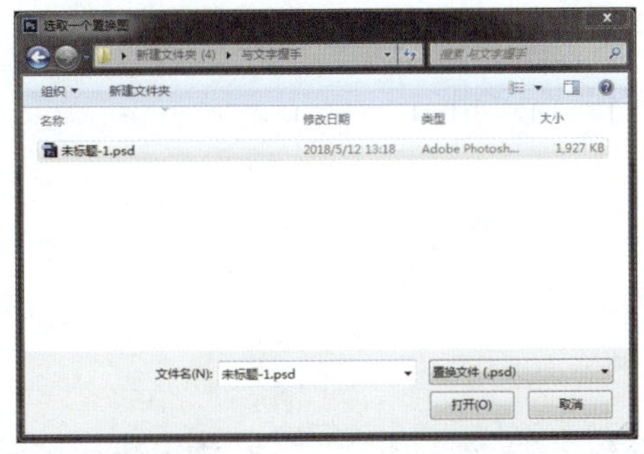

图 6—43 调用存储的“剪贴板”

24. 重复多次“置换”操作，加强效果，如图 6—44 所示。

25. 选择“图层 1”，单击“添加图层蒙版”按钮，为“图层 1”添加蒙版。

26. 选择“画笔工具”，设置前景色为 #000000。

27. 选择“图层 1”蒙版缩略图，利用画笔绘制手指缝处，保留手指细节，其余部分擦除，以增强手的立体效果，如图 6—45 所示。

28. 最终效果如图 6—29 所示。执行“文件”→“存储为”命令，命名为“与文字握手”，保存为 JPG 格式。

图 6—44 “置换”效果

图 6—45 添加蒙版并用“画笔工具”进行调整

任务 5　裂痕文字

学习目标

1. 理解文字蒙版的功能。
2. 能使用文字蒙版处理图像。

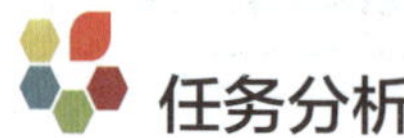

任务分析

在利用 Photoshop 软件制作广告海报的时候，常常会感到文字的字体与形式太单一，使用文字蒙版工具，即可根据自己的想法制作出丰富的叠加文字效果，素材和最终效果如图 6—46 ~ 图 6—48 所示。

● 图 6—46　素材 1

● 图 6—47　素材 2

● 图 6—48　最终效果

相关知识

文字蒙版与图层蒙版一样，都是控制下方图层显示范围。其效果与剪贴蒙版效果相同，但是用法不同。在文字蒙版模式中可以生成与文字形状相同的选区，这些选区往往用于制作肌理或颜色丰富的文字效果。

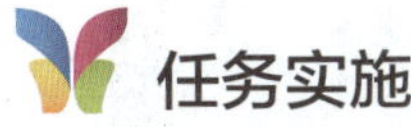

任务实施

1. 打开本任务“素材 1.jpg”文件。

2. 打开本任务“素材 2.jpg”文件。

3. 选择“素材 2.jpg”，按 Ctrl+A 键全选，按 Ctrl+C 键复制。

4. 选择“素材 1.jpg”，按 Ctrl+V 键粘贴，自动生成“图层 1”。

5. 按 Ctrl+T 键自由变换，调整“图层 1”大小，这张图将会被剪切成字体的底纹，所以大小以略超过字体的大小为佳，如图 6—49 所示。

● 图 6—49　调整图层大小

6. 选择“横排文字蒙版工具”，如图 6—50 所示。

7. 打开“字符”面板，参数设置如图 6—51 所示。

8. 选择“素材 1.jpg”，输入“Adobe Photoshop”，输入后的文字会变为选区，如图 6—52 所示。

9. 单击“添加图层蒙版”按钮，生成文字剪切的效果。

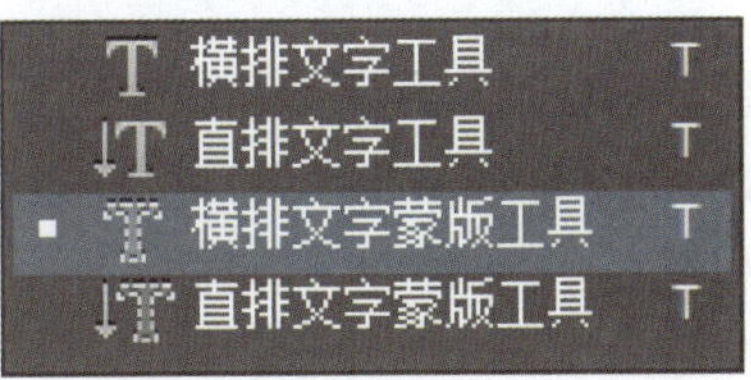

● 图 6—50　选择“横排文字蒙版工具”

10. 选择“图层 1”的混合模式为“强光”，如图 6—53 所示。

11. 选择“图层 1”，执行“图像”→“调整”→“亮度 / 对比度”命令，参数设置如图 6—54 所示。

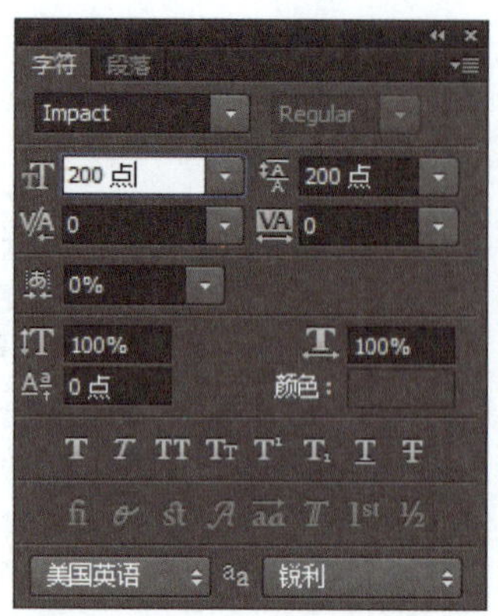

● 图 6—51 “字符”参数设置

● 图 6—52 文字变为选区

● 图 6—53 选择图层混合模式

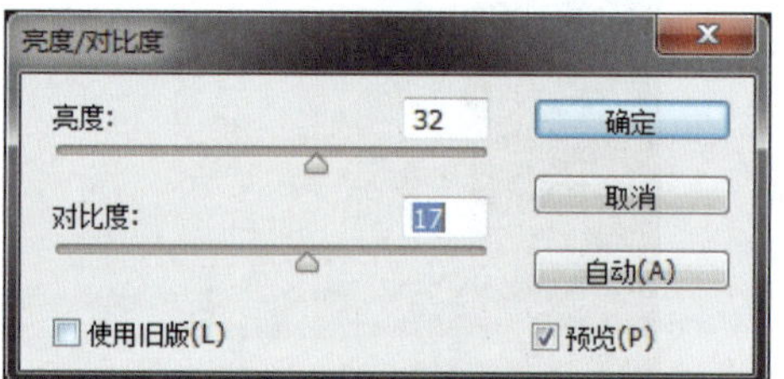

● 图 6—54 “亮度 / 对比度”参数设置

12. 为“图层 1”设置图层样式，勾选“投影”，参数设置如图 6—55 所示。

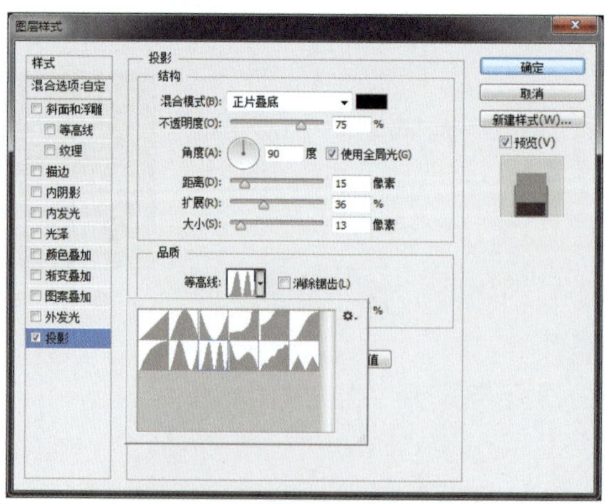

● 图 6—55 “投影”参数设置

13. 为了实现立体字的效果，勾选“等高线”，设置“等高线”图案，如图 6—56 所示。

14. 选择“图层 1”，单击“创建新的填充或调整图层”按钮，选择“亮度 / 对比度”命令，参数设置如图 6—57 所示。

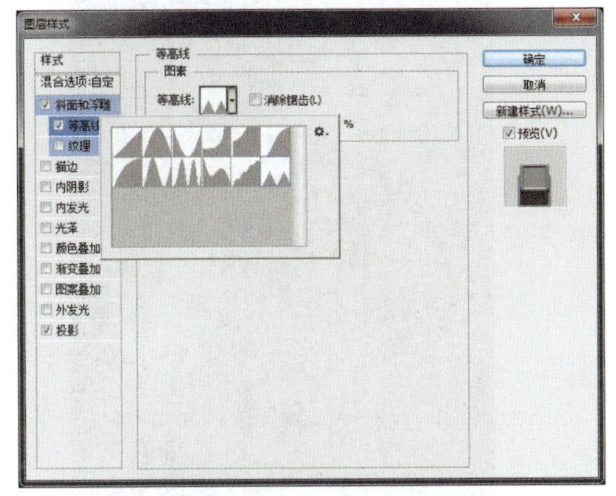

● 图 6—56 “等高线”图案

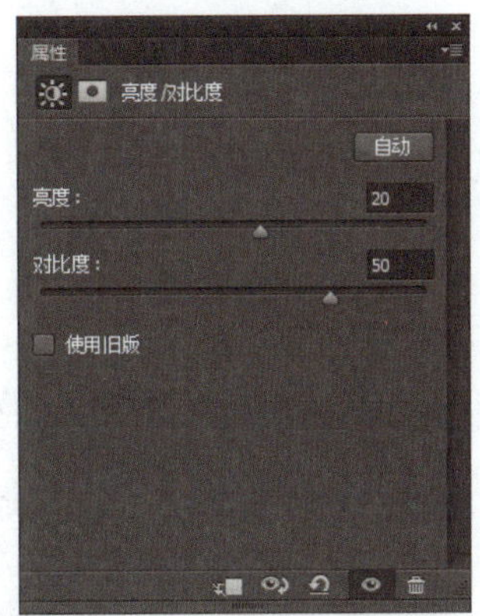

● 图 6—57 “亮度 / 对比度”参数设置

15. 选择“裁剪工具”，裁剪出合适大小的图像，最终效果如图 6—48 所示。执行“文件”→“存储为”命令，命名为“裂痕文字”，保存为 JPG 格式。

巩固训练 1 街舞海报

一、案例分析

蒙版在海报的制作中运用得比较多，通过合成可以制作出视觉效果强烈的海报。本案例要求运用剪贴蒙版与图层混合模式相结合的手段制作街舞海报，最终效果如图 6—58 所示。

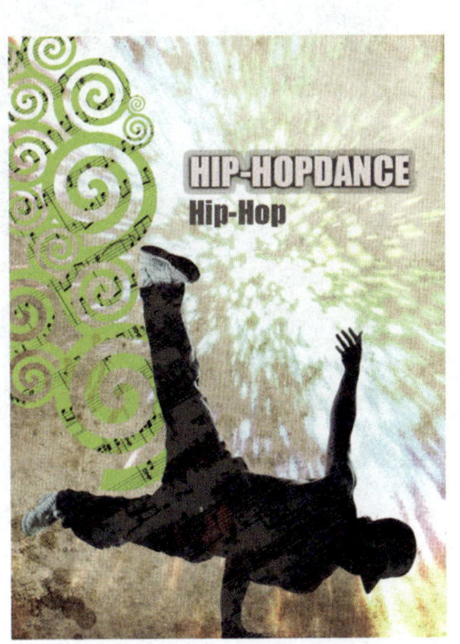

● 图 6—58 最终效果

二、操作步骤

1. 打开巩固训练 1“素材 6.jpg”文件，如图 6—59 所示。

2. 打开巩固训练 1“素材 3.jpg”文件，如图 6—60

所示。

3. 选择“素材 3.jpg”，按 Ctrl+A 键全选，按 Ctrl+C 键复制。

4. 选择“素材 6.jpg”，按 Ctrl+V 键粘贴，自动生成“图层 1”。

● 图 6—59 打开“素材 6.jpg”

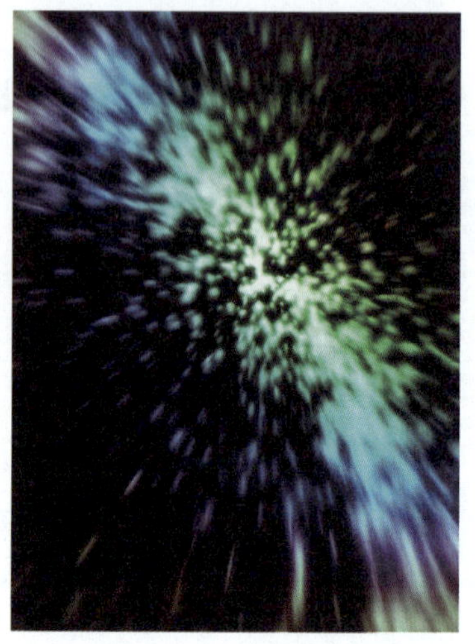

● 图 6—60 “素材 3.jpg”

5. 按 Ctrl+T 键自由变换，调整“图层 1”至与“背景”图层同样大小，如图 6—61 所示。

6. 选择“图层 1”，选择图层的混合模式为“颜色减淡”，如图 6—62 所示。

● 图 6—61 调整“图层 1”大小

● 图 6—62 选择图层混合模式

7. 打开巩固训练 1“素材 5.jpg”文件。

8. 选择“魔棒工具”，单击白色背景，建立选区，如图 6—63 所示。

9. 按 Ctrl+I 键反相，按 Ctrl+C 键复制。

10. 选择“素材 6.jpg”，按 Ctrl+V 键粘贴，自动生成“图层 2”。

11. 按 Ctrl+T 键自由变换，按住 Ctrl 键不放，按住鼠标不放，拖动鼠标，放大“图层 2”，使用“移动工具”将人物调整到底部区域，如图 6—64 所示。

图 6—63　用魔棒工具建立选区

12. 打开巩固训练 1“素材 2.jpg”文件。

13. 选择“素材 2.jpg”，按 Ctrl+A 键全选，按 Ctrl+C 键复制。

14. 选择“素材 6.jpg”，按 Ctrl+V 键粘贴，自动生成“图层 3”。

15. 选择“图层 3”，按 Ctrl+T 键自由变换，调整“图层 3”的位置、角度与大小，如图 6—65 所示。

图 6—64　调整人物到底部区域

图 6—65　调整“图层 3”位置、角度与大小

16. 按住 Ctrl 键，单击“图层 2”缩览图，载入选区。

17. 选择“图层 3”，按 Alt+Ctrl+G 键为“图层 3”创建剪贴蒙版。

18. 选择“图层 3”的混合模式为“变亮”，不透明度为 20%，如图 6—66 所示。

19. 打开巩固训练 1“素材 4.jpg”文件。

20. 选择“素材 4.jpg”，选择“魔棒工具”，单击白色区域，创建选区，按 Ctrl+I 键反相，按 Ctrl+C 键复制。

图 6—66　选择图层混合模式和不透明度

21. 选择“素材 6.jpg”，按 Ctrl+V 键粘贴，自动生成“图层 4”。

22. 选择“图层 4”，按 Ctrl+T 键调整图层大小，如图 6—67 所示。

23. 打开巩固训练 1“素材 1.jpg”文件。

24. 选择“素材 1.jpg”，按 Ctrl+A 键全选，按 Ctrl+C 键复制。

25. 选择“素材 6.jpg”，按 Ctrl+V 键粘贴，自动生成“图层 5”，按 Ctrl+T 键旋转并调整“图层 5”的大小，如图 6—68 所示。

● 图 6—67 调整“图层 4”大小

● 图 6—68 旋转并调整“图层 5”大小

26. 选择“图层 5”，按 Ctrl+Alt+G 键为“图层 5”创建剪贴蒙版。

27. 选择“图层 5”的混合模式为“正片叠底”。

28. 将“图层 4”和“图层 5”调整至“图层 2”下方，如图 6—69 所示。

● 图 6—69 调整“图层 4”和“图层 5”至“图层 2”下方

29. 选择“横排文字工具”，输入“HIP-HOPDANCE”，设置字体为“Impact”，字号为 60 点，颜色为 #f0e2e2，并将文字调整到合适位置。

30. 设置“HIP-HOPDANCE”文字的图层样式，勾选“投影”，参数设置如图 6—70 所示。

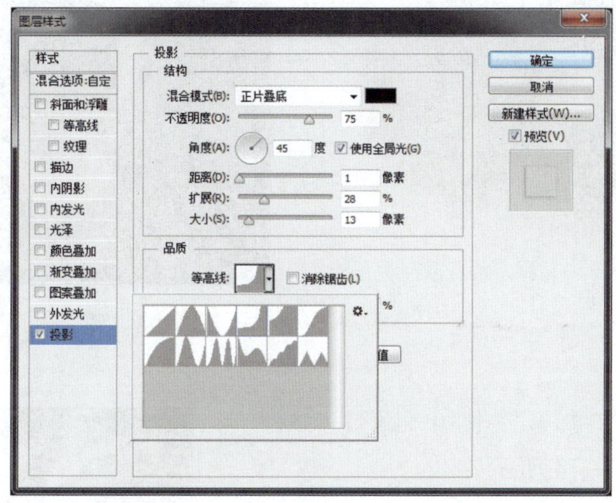

图 6—70 “投影”参数设置

31. 选择“横排文字工具”，输入“Hip-Hop”，设置字体为“Impact”，字号为 48 点，颜色为 #5a5050，并将文字调整到合适位置。

32. 最终效果如图 6—58 所示。执行“文件”→“存储为”命令，命名为“街舞海报”，保存为 JPG 格式。

巩固训练 2　血盆大口的水果

一、案例分析

本案例主要运用图层蒙版与“自由变换工具”将两张素材图片合成，利用蒙版对素材进行遮罩，然后再利用自由变换对素材进行变形，最终效果如图 6—71 所示。

图 6—71 最终效果

二、操作步骤

1. 打开巩固训练 2“素材 1.jpg”文件，如图 6—72 所示。

2. 打开巩固训练 2 “素材 3.jpg” 文件，如图 6—73 所示。

● 图 6—72 “素材 1.jpg”

● 图 6—73 “素材 3.jpg”

3. 选择“套索工具”，绘制出“素材 1.jpg”中的嘴部选区，如图 6—74 所示。

4. 按 Ctrl+C 键复制，选择“素材 1.jpg”，按 Ctrl+V 键粘贴，自动生成“图层 1”。

5. 按 Ctrl+T 键自由变换，调整“图层 1”的大小、位置和角度，如图 6—75 所示。

6. 选择“图层 1”，单击“添加图层蒙版”按钮，为图层添加蒙版，如图 6—76 所示。

7. 选择“图层 1”蒙版缩略图，选择“画笔工具”，设置前景色为 #000000，按图 6—77 所示设置笔刷参数。

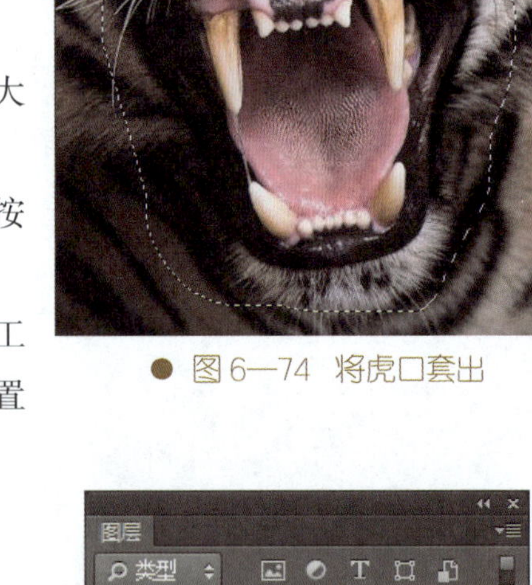

● 图 6—74 将虎口套出

● 图 6—75 调整“图层 1”大小、位置和角度

● 图 6—76 为图层添加蒙版

● 图 6—77 笔刷参数设置

8. 使用笔刷在“图层 1”蒙版上对虎口以外的区域进行绘制，只留下虎口，如图 6—78 所示。

● 图 6—78 绘制虎口以外的区域

9. 选择“图层 1”，按 Ctrl+T 键自由变换，右击，在弹出的快捷菜单中选择“变形”命令，自由变形虎口形状，如图 6—79 所示。

10. 复制“图层 1”，生成“图层 1”，将“图层 1”移至另一个水果上。用同样方法，调整虎口的形状，如图 6—80 所示。

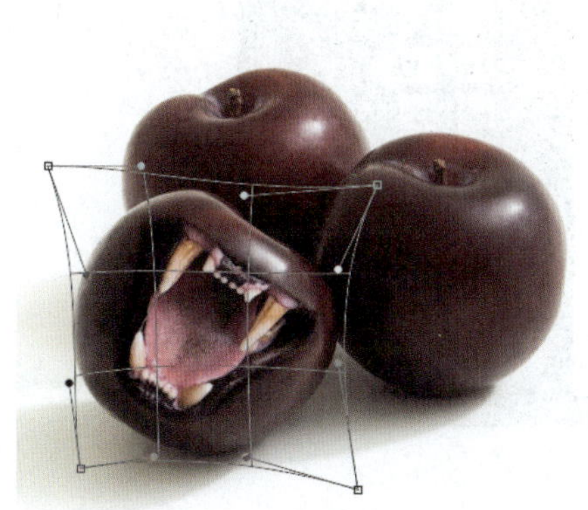

● 图 6—79 虎口变形

● 图 6—80 调整另一个虎口形状

11. 打开巩固训练 2“素材 3.jpg”文件。

12. 选择“素材 3.jpg”，选择“魔棒工具”，在白色区域单击，创建选区。按 Ctrl+I 键反相，按 Ctrl+C 键复制。

13. 选择“素材 1.jpg”，按 Ctrl+V 键粘贴，自动生成“图层 2”，按 Ctrl+T 键自由变换，调整素材大小和位置。

14. 复制“图层 2”，生成“图层 2 拷贝”，按 Ctrl+T 键自由变换，调整大小和位置，如图 6—81 所示。

● 图 6—81　调整大小和位置

15. 选择“图层 2”，单击“添加图层蒙版”按钮，为“图层 2”添加蒙版。

16. 选择“图层 2 拷贝”，单击“添加图层蒙版”按钮，为“图层 2 拷贝”添加蒙版。

17. 选择“画笔工具”，设置前景色为 #000000，按图 6—82 所示设置笔刷参数。

模式：正常　不透明度：80%　流量：75%　基本功能

● 图 6—82　笔刷参数设置

18. 对“图层 2”和“图层 2 拷贝”的蒙版进行绘制，制作喷溅效果，如图 6—83 所示。

● 图 6—83　制作喷溅效果

19. 最终效果如图 6—71 所示。执行“文件”→“存储为”命令，命名为“血盆大口的水果”，保存为 JPG 格式。

巩固训练 3 苹果人脸

一、案例分析

本案例主要利用剪贴蒙版、图层蒙版与路径来实现人脸照片与苹果的结合，如图 6—84 所示。

图 6—84 最终效果

二、操作步骤

1. 打开巩固训练 3 “素材 1.jpg” 文件，如图 6—85 所示。

2. 选择 “素材 1.jpg”，单击 “以快速蒙版模式编辑” 按钮，创建快速蒙版。

3. 选择 “画笔工具”，按住并拖动鼠标，对苹果区域进行绘制，如图 6—86 所示。

图 6—85 导入素材

图 6—86 绘制苹果区域

4. 再次单击 “以快速蒙版模式编辑” 按钮，建立选区。

5. 按 Ctrl+C 键复制，打开巩固训练 3 “素材 3.jpg” 文件，选择 “素材 3.jpg”，按 Ctrl+V 键粘贴，自动生成 “图层 1”，按 Ctrl+T 键自由变换，调整至合适的大小，如图 6—87 所示。

6. 打开巩固训练 3 “素材 2.jpg” 文件。

7. 选择 “素材 2.jpg”，按 Ctrl+A 键全选，按 Ctrl+C 键复制。

8. 选择 “素材 3.jpg”，按 Ctrl+V 键粘贴，自动生成 “图层 2”。

9. 选择“图层 2”，按 Ctrl+T 键自由变换，调整“图层 2”大小，如图 6—88 所示。

● 图 6—87 调整“图层 1”大小

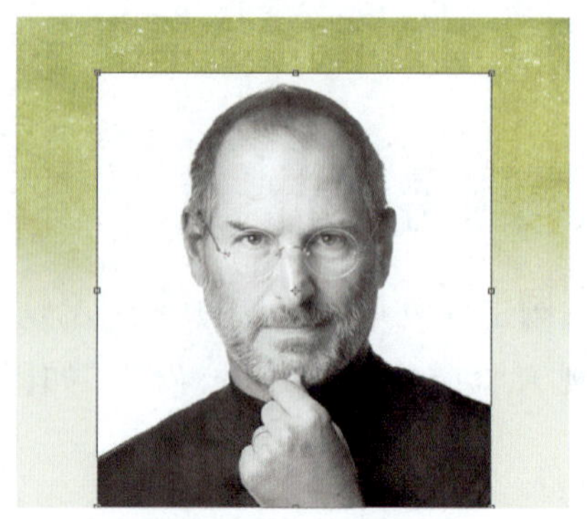

● 图 6—88 调整“图层 2”大小

10. 按住 Ctrl 键，单击“图层 1”缩览图，载入选区。

11. 选择“图层 2”，单击“添加图层蒙版”按钮，创建图层蒙版。

12. 选择“图层 2”的混合模式为“正片叠底”，如图 6—89 所示。

● 图 6—89 选择图层混合模式

13. 选择“画笔工具”，设置前景色为 #000000，选择“图层 2”蒙版缩览图，对蒙版进行修饰，对两边的胡子部分进行擦除，让五官更好地凸显出来，如图 6—90 所示。

14. 按 Ctrl+E 键合并“图层 2”和“图层 1”，合并后生成“图层 1”。

15. 选择“图层 1”，使用“套索工具”绘制选区，对苹果人脸进行分割，如图 6—91 所示。

16. 选择“移动工具”，将分割出来的苹果人脸向下移动（图 6—92）。

17. 按 Ctrl+J 键将分割出来的苹果人脸复制到新图层，自动生成“图层 2”。

● 图 6—90　修饰蒙版

● 图 6—91　分割苹果人脸

● 图 6—92　向下移动分割出来的苹果人脸

18. 以同样的方法将苹果人脸分割为四份，分别为“图层 2”“图层 3”“图层 4”“图层 5”。

19. 选择“橡皮擦工具”，参数设置如图 6—93 所示。

20. 对四份苹果人脸锋利的边缘进行修饰，使每一块的边缘看起来更加圆滑，如图 6—94 所示。

21. 载入“图层 2”的选区，新建“图层 6”，执行“编辑”→“描边”命令，设置描边颜色为 #ffffff，其他参数设置如图 6—95 所示，单击“确定”按钮。

22. 新建“图层 7”，为“图层 3”描边，把描边放在“图层 7”中。

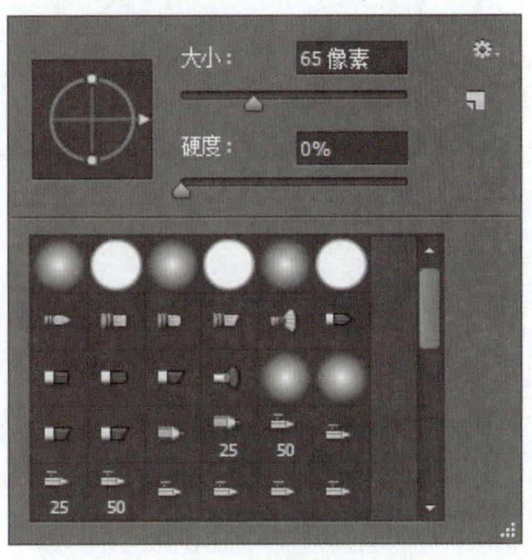

● 图 6—93　“橡皮擦工具”参数设置

● 图 6—94　修饰四份苹果人脸边缘

23. 新建“图层 8”，为“图层 4”描边，把描边放在“图层 8”中。

24. 利用“橡皮擦工具”对“图层 6”“图层 7”“图层 8”进行修饰，只留每一块苹果皮上方的描边，以增强苹果皮的厚度感，如图 6—96 所示。

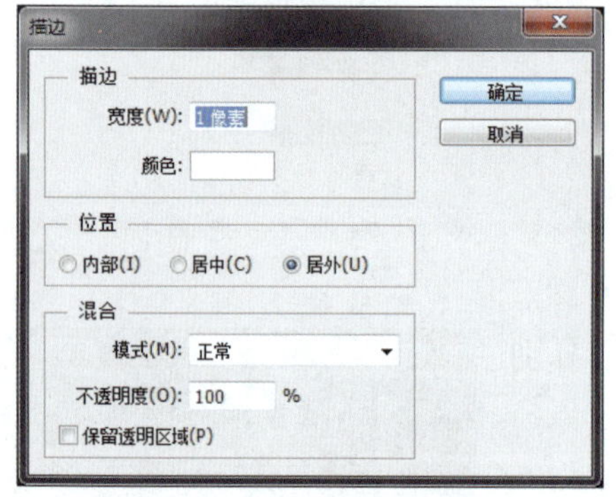

● 图 6—95　“描边”参数设置

● 图 6—96　用“橡皮擦工具”修饰图层

25. 删除“图层 1”，隐藏“背景”图层，按 Ctrl+Shift+E 键合并可见图层，如图 6—97 所示。

26. 单击“新建图层”按钮，自动生成新图层，命名为“绘制 1”图层。

27. 选择“钢笔工具”，绘制苹果人脸背后的图形，按 Ctrl+Enter 键转换为选区，如图 6—98 所示。

28. 设置前景色为 #99ac7c，按 Alt+Delete 键填充前景色。

29. 将“绘制 1”图层移至“图层 3”下方。

30. 选择“加深工具”，对阴影部分进行颜色加深，以加强立体效果，如图 6—99 所示。

图 6—97　合并可见图层

图 6—98　绘制选区

31. 以同样的方法绘制剩余苹果人脸后面的部分，如图 6—100 所示。

图 6—99　加深阴影部分

图 6—100　绘制剩余苹果人脸后面的部分

32. 按 Ctrl+Shift+E 键合并可见图层。

33. 选择“横排文字工具”，参数设置如图 6—101 所示。

图 6—101　“横排文字工具”参数设置

34. 在苹果人脸下方输入“You want to change now”，字体为“Impact”，字号为 36 点，颜色为 #273405。

35. 最终效果如图 6—84 所示。执行“文件”→“存储为”命令，命名为“苹果人脸”，保存为 JPG 格式。

项目七
滤镜的应用

“滤镜”这一术语源于摄影，在 Photoshop 中主要用来实现图像的各种特殊效果，其变化非常丰富，如渲染、模糊、素描、风格化、杂色等，可以做出各种各样奇特的艺术效果，被广泛运用于各种领域，合理地使用滤镜，能轻而易举地制作出绚丽的图像效果。本项目通过“金属纹理”“抽象视觉效果”“燃烧的文字”“水波纹效果”等任务实例，学习各种常用滤镜的使用方法。

任务 1　金属纹理

学习目标

1. 能使用“渲染”滤镜组实现“云彩”效果。
2. 能使用“模糊”滤镜组实现“高斯模糊”和“径向模糊”效果。
3. 能使用“杂色”滤镜组实现“添加杂色”效果。
4. 能使用“锐化”滤镜组实现“USM 锐化”效果。

任务分析

金属纹理外观精美、质感强烈、具有现代科技感，在各类设计中常被使用。本任务主要应用滤镜中的“渲染”“模糊”“杂色”“锐化”以及“图层样式”进行金属纹理的制作，最终效果如图 7—1 所示。

相关知识

一、滤镜菜单简介

Photoshop 的滤镜菜单如图 7—2 所示。每一组滤镜的名称后都有一个小的三角形按钮，用来打开该组滤镜下所包含的滤镜子菜单。

二、滤镜的使用方法

图像可以直接应用滤镜效果，基本的操作方法是：先选中需要使用滤镜的图像或者图层，然后在滤镜菜单中选择所需要的滤镜，有些滤镜执行时不弹出对话框，会直接产生滤镜效果；有些滤镜会弹出对话框，在其中设置各项参数。

Photoshop 的滤镜包含“滤镜库”“Camera Raw 滤镜”“3D”“风格化”“模糊”“模糊画廊”“扭曲”“锐化”“视频”“像素化”“渲染”“杂色”“其它”13 组滤镜。

● 图 7—1 最终效果

上次滤镜操作(F)	Alt+Ctrl+F
转换为智能滤镜(S)	
滤镜库(G)...	
自适应广角(A)...	Alt+Shift+Ctrl+A
Camera Raw 滤镜(C)...	Shift+Ctrl+A
镜头校正(R)...	Shift+Ctrl+R
液化(L)...	Shift+Ctrl+X
消失点(V)...	Alt+Ctrl+V
3D	▸
风格化	▸
模糊	▸
模糊画廊	▸
扭曲	▸
锐化	▸
视频	▸
像素化	▸
渲染	▸
杂色	▸
其它	▸
浏览联机滤镜...	

● 图 7—2 Photoshop 的滤镜菜单

三、渲染

在 Photoshop 滤镜中，“渲染”滤镜组包括“云彩”“光照效果”“分层云彩”“镜头光晕”“纤维”5 种滤镜，用于在图像中创建云彩、模拟光线和折射等各种效果。

本次案例将使用“云彩”滤镜将前景色和背景色融合，能随机生成云彩的图案，填充到当前图层或选区中，如图 7—3 所示。

“分层云彩”与“云彩”滤镜类似，使用前景色和背景色随机产生图案。不同的是“云彩”滤镜生成的云彩图案会替换原图，而“分层云彩”滤镜则不会替换原图，如图 7—4 所示。

● 图 7—3 “云彩”滤镜效果

● 图 7—4 “分层云彩”滤镜效果

四、杂色

在 Photoshop 滤镜中，“杂色”滤镜组包括了“中间值”“减少杂色”“祛斑”“添加杂色”“蒙尘与划痕”五种类型，可以通过改变参数以达到想要的效果。“添加杂色”对话框如图 7—5 所示，其中各参数含义如下。

1. 数量

数量用于设置杂色的数量，数值越大效果越明显。

2. 分布

分布有两种方式，选择“平均分布”颜色杂点统一平均分布；选择“高斯分布”颜色杂点按高斯曲线分布。

3. 单色

单色用于设置颜色杂点是否为单色。

五、模糊

在 Photoshop 滤镜中，“模糊”滤镜组包括“表面模糊”“动感模糊”“方框模糊”“高斯模糊”“进一步模糊”“径向模糊”“镜头模糊”“模糊”“平均”“特殊模糊”“形状模糊”等，如图 7—6 所示。“高斯模糊”滤镜根据高斯曲线调节像素色值，其作用是使图像变得模糊且平滑，通常用它来减少图像噪声以及降低细节层次。

● 图 7—5 “添加杂色”对话框

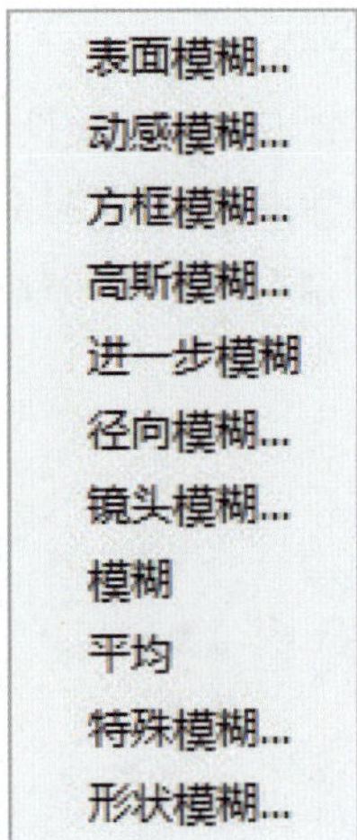

● 图 7—6 “模糊”滤镜组菜单

六、锐化

在 Photoshop 滤镜中，“锐化滤镜组”包括“USM 锐化”“防抖”“进一步锐化”“锐化”“锐化边缘”“智能锐化”，用于在图像中创建云彩、模拟光线和折射等各种效果。“USM 锐化”对话框如图 7—7 所示，其中各参数含义如下。

● 图 7—7 “USM 锐化”对话框

1. 数量

数量表示对图像进行锐化的程度。值越高产生的锐化效果越明显。

2. 半径

半径表示被锐化的边缘的宽度。较小的数值产生清晰的边缘效果。较大的数值产生高对比和更宽的边缘效果。

3. 阈值

阈值表示相邻像素色调的反差，从而确定锐化的边界，超过此反差的做锐化处理，低于此反差的不锐化。

任务实施

1. 新建文件，设置图像宽度和高度均为 500 像素，分辨率为 72 像素 / 英寸，颜色

模式为 RGB 模式。

2. 新建“图层 1”，按 D 键将前景色和背景色恢复成默认的黑色和白色，执行“滤镜”→“渲染”→“云彩”命令，效果如图 7—3 所示。

3. 执行“滤镜”→“模糊”→“高斯模糊”命令，参数如图 7—8 所示。

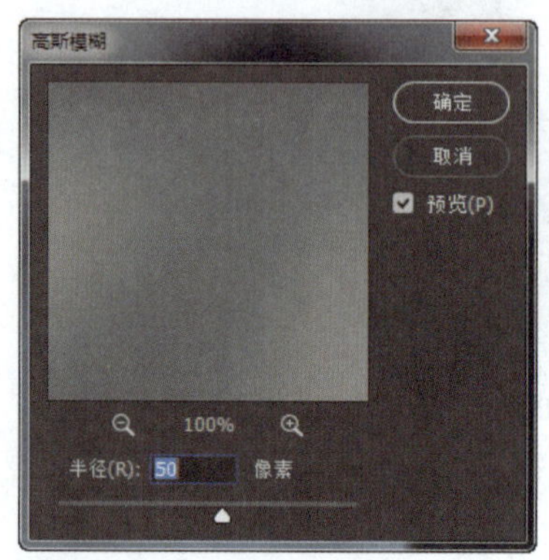

图 7—8 “高斯模糊”对话框

4. 执行“滤镜”→“杂色”→“添加杂色”命令，设置参数如图 7—9 所示。

5. 执行“滤镜”→“模糊”→“径向模糊”命令，设置参数如图 7—10 所示，效果如图 7—11 所示。

图 7—9 “添加杂色”对话框

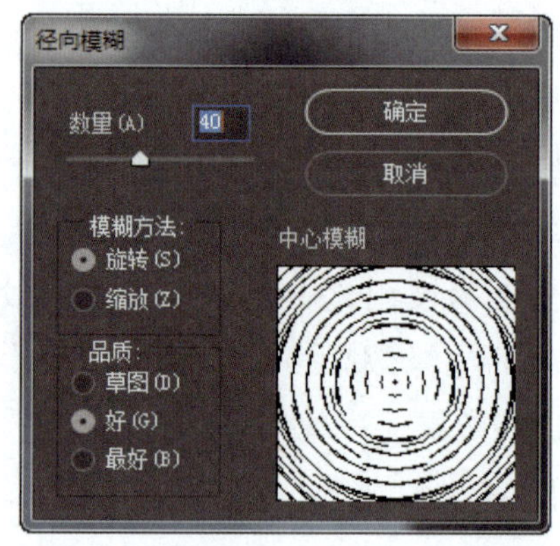

图 7—10 “径向模糊”参数设置

6. 执行“滤镜”→“锐化”→“USM 锐化”命令，参数设置为数量 66%、半径 36 像素、阈值 1 色阶，效果如图 7—12 所示。

7. 双击“背景”，“背景”转为“图层 0”，右击，在菜单中选择“混合选项”，在弹出的下拉列表中勾选“渐变叠加”，设置参数如图 7—13 所示；“渐变编辑器”设置参数如图 7—14 所示。最终效果如图 7—1 所示。

图 7—11 “径向模糊”效果

图 7—12 “USM 锐化”效果

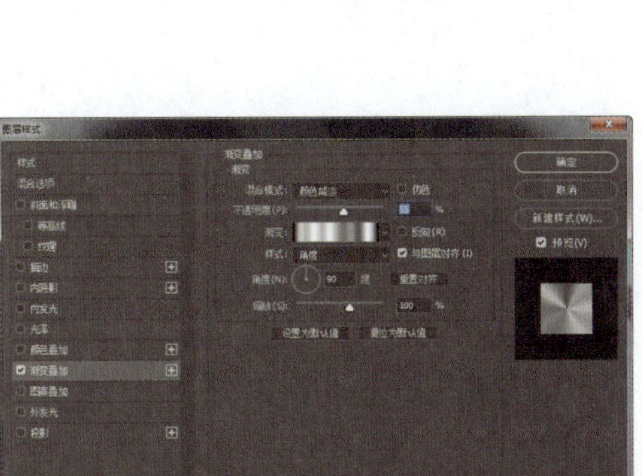

图 7—13 “渐变叠加”参数设置

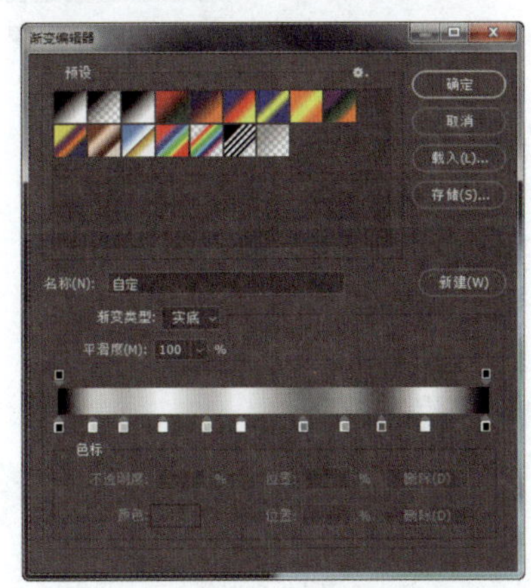

图 7—14 “渐变编辑器”参数设置

任务 2 抽象视觉效果

学习目标

1. 能使用“渲染”滤镜组实现“云彩”效果。
2. 能使用“像素化”滤镜组实现“铜版雕刻”效果。
3. 能使用“扭曲”滤镜组实现“旋转扭曲”效果。

任务分析

在计算机桌面上放一幅变化丰富的抽象视觉图片，会带给人无限的想象空间；播

放器也经常运用抽象视觉效果来增加动感魅力。本任务运用滤镜中的“渲染”“像素化”“径向模糊”“旋转扭曲”等工具制作出图 7—15 所示的视觉效果。

图 7—15　最终效果

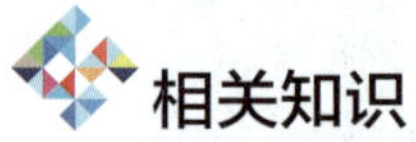

相关知识

一、像素化

“像素化”滤镜组包括“彩块化”“彩色半调”“晶格化”“点状化”“碎片”“铜版雕刻”“马赛克”，只有“彩块化”和“碎片”滤镜没有对应的参数设置对话框，其他滤镜均可以设置各种参数。本任务将运用“铜版雕刻”滤镜。“铜版雕刻”滤镜的作用是将图像转换为黑白区域的随机图案或彩色图像的全饱和颜色随机图案。

二、径向模糊

“模糊”滤镜组中的“径向模糊”能制作各种柔和的模糊效果。

三、旋转扭曲

“旋转扭曲”能使图像产生中心位置比边缘位置更强烈的扭曲效果。“旋转扭曲”对话框中，“角度”为正值时，图像顺时针旋转；为负值时，图像逆时针旋转。

任务实施

1. 新建文件，设置图像宽度和高度为 750 像素 ×450 像素，分辨率为 72 像素 / 英

寸，颜色模式为 RGB 颜色，背景内容为白色，按 D 键恢复默认的前景色和背景色。

2. 执行“滤镜”→“渲染”→“云彩”命令。

3. 执行“滤镜”→“像素化”→“铜版雕刻”命令，设置“中长描边”，如图 7—16 所示。

4. 执行“滤镜”→“模糊”→“径向模糊”命令，参数设置如图 7—17 所示，按 Ctrl+F 键可重复使用上一次滤镜，按两次 Ctrl+F 键加强“径向模糊”滤镜效果，如图 7—18 所示。

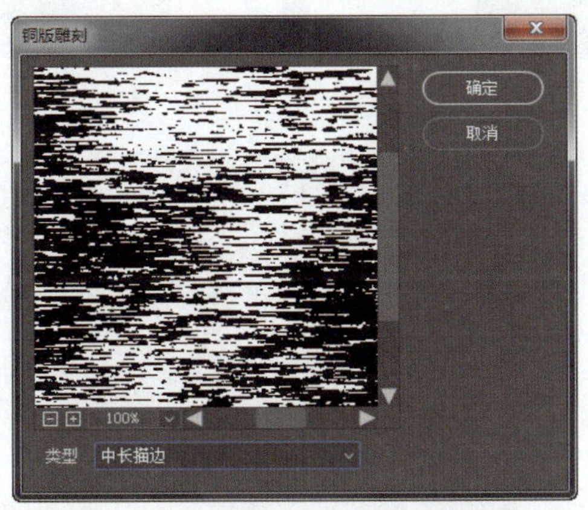

图 7—16 “铜版雕刻”对话框

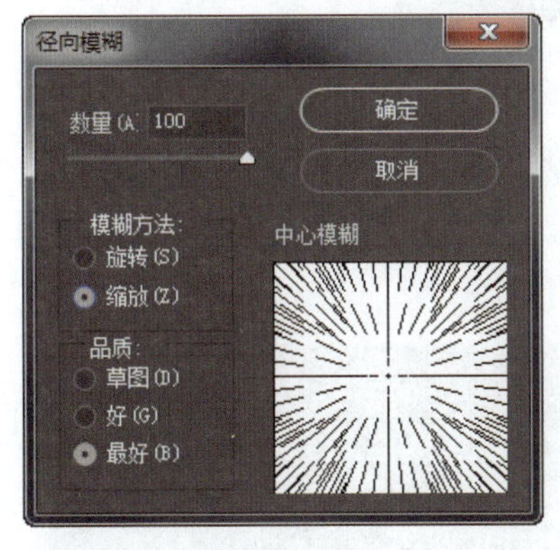

图 7—17 “径向模糊”参数设置

图 7—18 执行两次“径向模糊”滤镜后的效果

5. 执行“滤镜”→“扭曲”→“旋转扭曲”命令，参数设置如图 7—19 所示。

6. 选中“背景”图层，右击，在弹出的快捷菜单中选择“复制图层”，生成“背景 拷贝”图层，如图 7—20 所示；选中“背景 拷贝”图层，执行“滤镜”→“扭曲”→“旋转扭曲”命令，设置角度为 708 度，如图 7—21 所示。

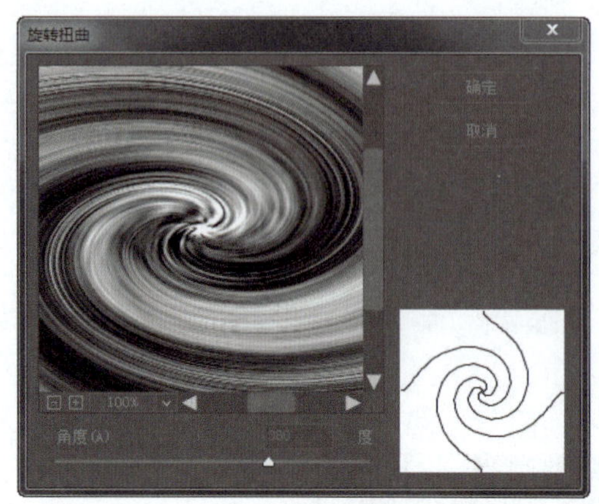

● 图 7—19 “旋转扭曲”参数设置

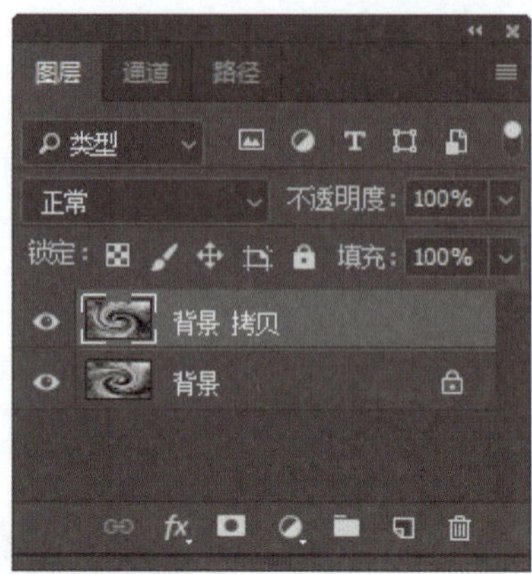

● 图 7—20 “背景 拷贝”图层

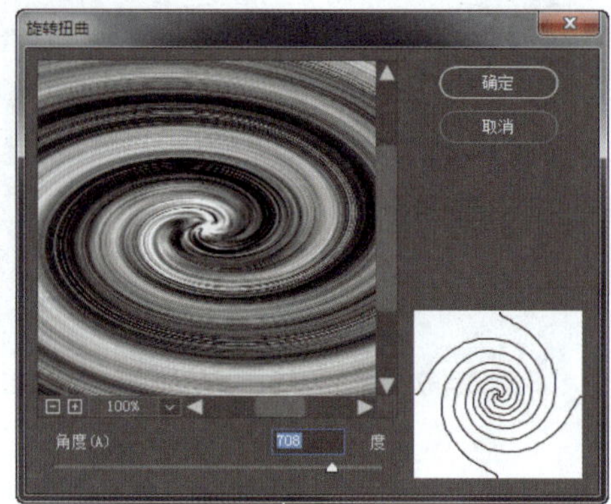

● 图 7—21 “旋转扭曲”参数设置

7. 将“背景 拷贝”图层的混合模式设为“变亮”，如图 7—22 所示。

8. 按 Ctrl+U 键弹出“色相 / 饱和度”对话框，勾选“着色”选项，参数设置如图 7—23 所示，单击“确定”按钮。最终效果如图 7—15 所示。

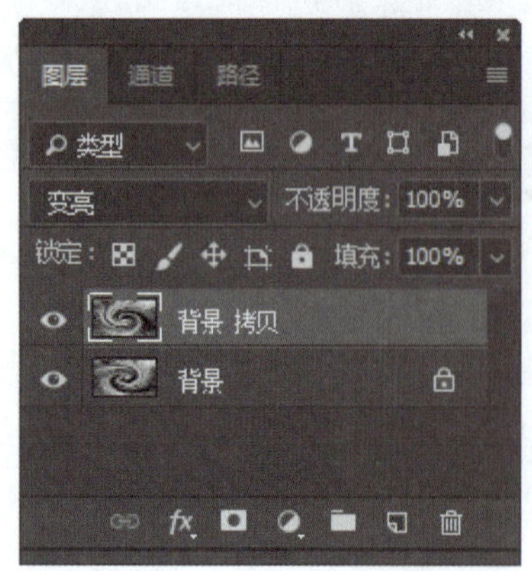

● 图 7—22 选择图层混合模式

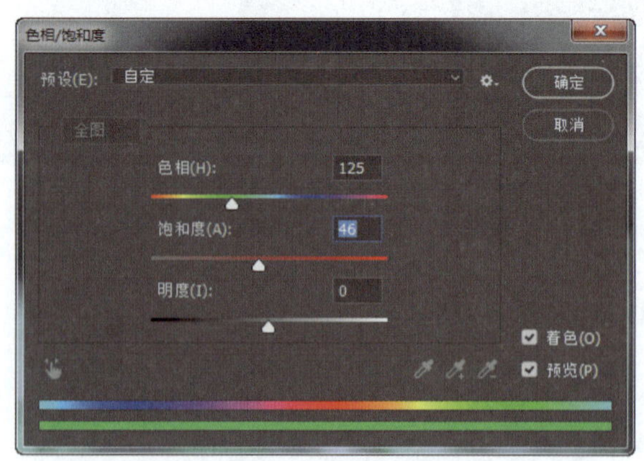

● 图 7—23 “色相 / 饱和度”参数设置

任务 3　燃烧的文字

学习目标

1. 能使用“风格化”滤镜组实现“风”效果。

2. 能使用“液化”滤镜实现“液化”效果。

任务分析

图 7—24　最终效果

滤镜中的“风格化”和“液化”在图像中配合使用能带来很有动感的特殊效果，本任务主要使用滤镜功能配合图层混合模式制作文字燃烧的效果，如图 7—24 所示。

相关知识

一、风格化

“风格化”滤镜组主要有“凸出”“扩散”“拼贴”“曝光过度”“查找边缘”“浮雕效果”“照亮边缘”“等高线”“风”，主要是通过移动和置换图像的像素并提高像素的对比度，产生不同风格化的效果。其中“风”滤镜在图像中通过创建比较细小的水平线以模拟风的动感效果。

二、液化工具

“液化工具”能在液化滤镜中通过设置参数对图像做收缩、推拉、扭曲、旋转等变形处理，可以涂抹出变化丰富的效果。

任务实施

1. 新建文件，设置图像宽度和高度为 500 像素 ×500 像素，分辨率 72 像素 / 英寸，颜色模式为 RGB 颜色，背景颜色为黑色。

2. 输入文字“火焰”，设置字体为“宋体”，大小为“145”，颜色为“ffffff”，效果

如图 7—25 所示。

● 图 7—25　为“图层 1”输入文字“火焰”

3. 按 Ctrl+Alt+Shift+E 键盖印图层，如图 7—26 所示。执行“图像”→“图像旋转”→“逆时针 90 度”命令，效果如图 7—27 所示。

4. 执行“滤镜”→“风格化”→“风”命令，参数设置如图 7—28 所示，按 Ctrl+Alt+F 键重复两次“风”滤镜，效果如图 7—29 所示。

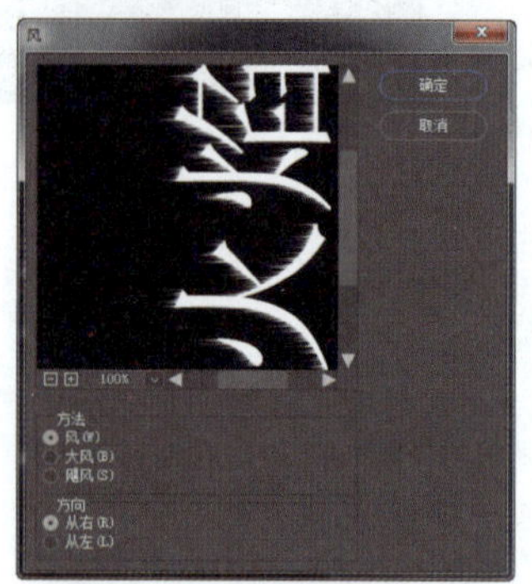

● 图 7—26　盖印图层

● 图 7—27　逆时针 90 度

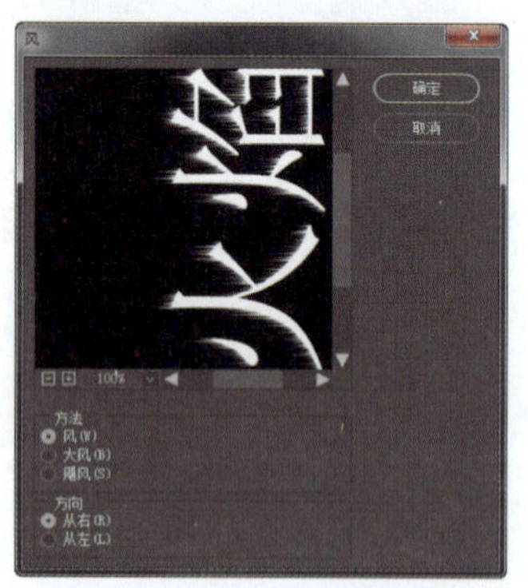

● 图 7—28　“风”对话框

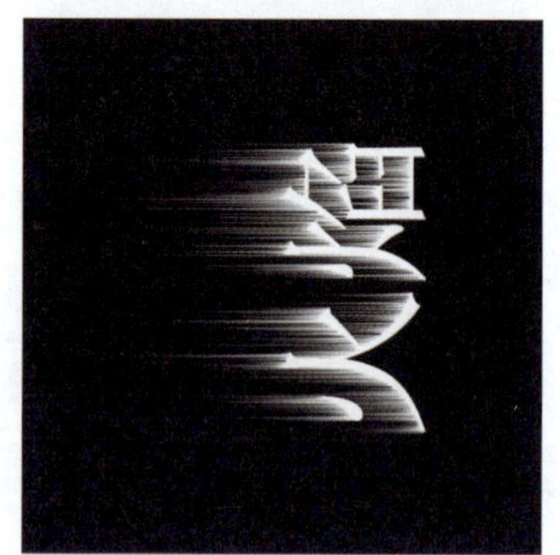

● 图 7—29　执行“风”滤镜共 3 次后的效果

5. 执行“图像”→“图像旋转”→“顺时针 90 度”命令，然后执行“滤镜”→“模糊”→“高斯模糊”命令，参数设置如图 7—30 所示。

6. 按 Clrt+U 键，弹出“色相 / 饱和度”对话框，勾选“着色”选项，设置色相为 40，饱和度为 100，效果如图 7—31 所示。

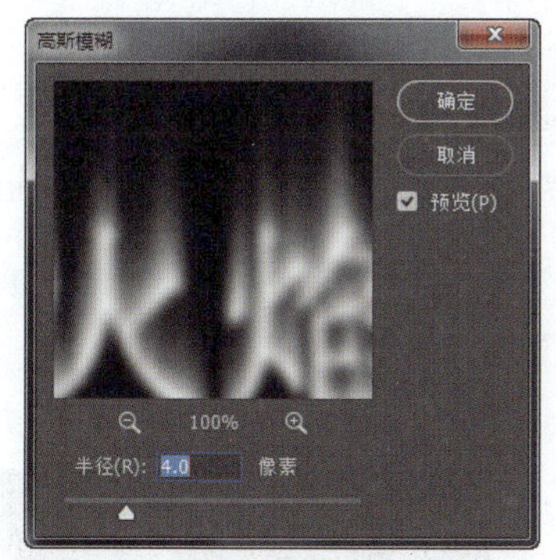

● 图 7—30 “高斯模糊”对话框

● 图 7—31 “图层 1”“着色”效果

7. 拷贝“图层 1”至上方，按 Clrt+U 键，弹出“色相 / 饱和度”对话框，勾选“着色”选项，设置色相为 -40，饱和度为 100，效果如图 7—32 所示。

8. 将“图层 1 副本”的图层模式调整为“线性减淡”，选择“图层 1 副本”向下合并，效果如图 7—33 所示。

9. 执行“滤镜”→“液化”命令，在弹出的“液化”编辑窗口中按图 7—34 所示效果进行涂抹，涂抹过程中需要不断调整参数，以达到所需变换效果。

● 图 7—32 “图层 1 副本”“着色”效果

● 图 7—33 图层模式“线性减淡”效果

● 图 7—34 “液化”编辑窗口

10. 拷贝“图层 1”至上方，如图 7—35 所示，将图层的混合模式调整为“颜色减淡”，并将不透明度调整为“50%”，效果如图 7—36 所示。

11. 将文字图层“火焰”移放到“图层 1”上面，将文字颜色设置为“000000”，然后在该图层菜单下方单击“添加蒙版”按钮，如图 7—37 所示，为其添加矢量蒙版，在蒙版上使用“画笔工具”选择“ffffff”颜色绘制填充，文字效果如图 7—38 所示。

图 7—35　拷贝“图层 1”

图 7—36　“颜色减淡”并调整不透明度效果

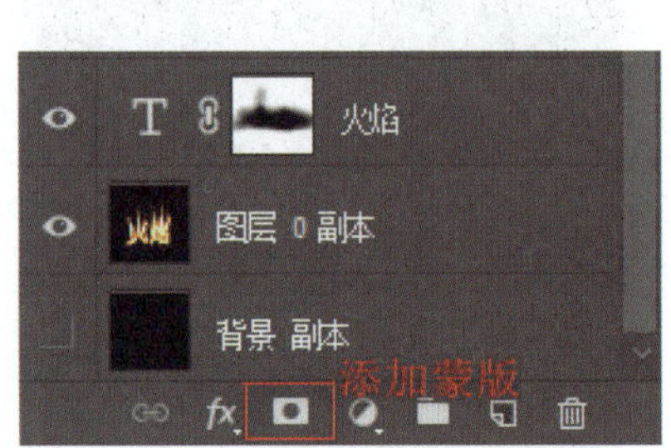

图 7—37　为文字添加“矢量蒙版”

图 7—38　文字效果

提示

画笔在蒙版上绘制白色的部分，则该图层内容为透明，相反，在蒙版上绘制黑色的部分，则该图层内容为显示，通过这一原理可以制作该图层内容显示至透明的过渡效果。

12. 再次选择所有图层，按 Ctrl+Alt+Shift+E 键盖印图层，图层的不透明度调整为 25%，如图 7—39 所示，再按 Ctrl+T 变换选区，将盖印好的图层向下拉伸，效果如图 7—40 所示。最终效果如图 7—24 所示。

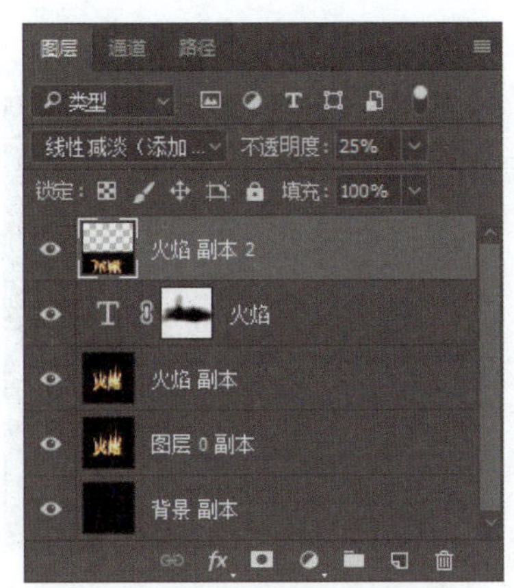

● 图 7—39　盖印图层不透明度 25%

● 图 7—40　变换“拉伸”效果

任务 4　水波纹效果

学习目标

1. 能使用“渲染”滤镜组实现“镜头光晕”效果。
2. 能使用“扭曲”滤镜组实现“水波”效果。
3. 能使用“滤镜库”中的“素描”滤镜组实现“铬黄渐变”效果。

任务分析

在一些广告海报中经常可以看到晶莹剔透的水波纹效果，很有视觉冲击力。本任务继续运用滤镜命令制作水波纹效果，如图 7—41 所示。

相关知识

一、镜头光晕

“镜头光晕”是渲染滤镜组的命令，用于模拟光线照射在镜头上的效果，产生折射纹理，如同摄像机镜头的炫光效果，如图 7—42 所示。

二、波纹

“波纹”是扭曲滤镜组的命令，产生类似于投石入水面的波纹效果，常用于制作水

面的纹理波动效果，如图 7—43 所示。

● 图 7—41　最终效果

● 图 7—42　“镜头光晕”效果

● 图 7—43　“波纹”效果

三、素描

在 Photoshop 滤镜中，“素描”滤镜组包括“半调图案”“便条纸”“铬黄渐变”“粉笔和炭笔”“绘图笔”“基底凸现”“石膏效果”“水彩效果”“撕边”“炭笔”“炭精笔”“图案”“网状”“影印”等各种效果。本任务将使用“铬黄渐变”滤镜，该滤镜能使图像产生磨光铬表面的效果。在反射表面中，高光为亮点，暗调为暗点。经过该滤镜处理的效果就像被抛光的通透表面，如图 7—44 所示。

● 图 7—44　“铬黄渐变”效果

任务实施

1. 新建文件，设置图像宽度和高度为 500 像素 ×500 像素，分辨率 72 像素 / 英寸，颜色模式为 RGB 颜色，背景内容为黑色。

2. 执行“滤镜”→“渲染”→“镜头光晕”命令，如图 7—45 所示。

3. 执行“滤镜”→“扭曲”→“水波”命令，如图 7—46 所示。

● 图 7—45 “镜头光晕”对话框

● 图 7—46 “水波”对话框

4. 执行“滤镜”→“滤镜库”→“素描”→“铬黄渐变”命令，弹出窗口设置参数如图 7—47 所示。

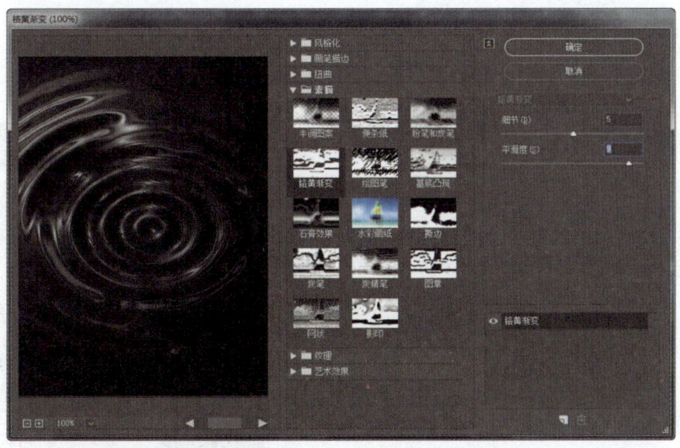

● 图 7—47 “铬黄渐变”对话框

5. 在背景图层上新建一个图层，如图 7—48 所示；然后选择前景色颜色为 2b85ff，按 Ctrl+Delete 键填充图层，图层的混合模式选择“叠加”，如图 7—49 所示，最终效果如图 7—42 所示。

图 7—48 新建“图层 1”

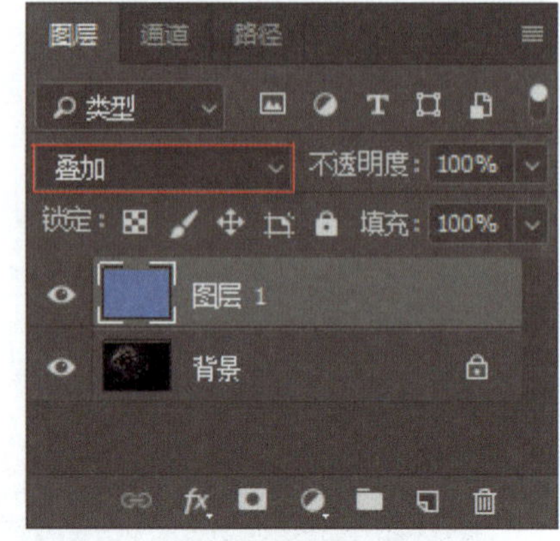

图 7—49 图层混合模式“叠加”

巩固训练 1 火星球

一、案例分析

使用滤镜可以制作出绚丽的抽象视觉效果，本案例使用多种滤镜绘制火星球体的效果。制作思路如下：先用“分层云彩”滤镜制作黑白纹理背景，然后用“锐化”和“扭曲”以及“杂色”滤镜做出火星球体的质感，再使用调色工具和图层混合模式完成最终效果，如图 7—50 所示。

二、操作步骤

1. 新建文件，设置图像宽度和高度为 500 像素 ×500 像素，分辨率 72 像素 / 英寸，颜色模式为 RGB 颜色，背景为黑色。

2. 新建“图层 1”。按住 Shift 键，用椭圆工具创建圆形选区，然后填充黑色，如图 7—51 所示。

3. 执行“滤镜”→“渲染”→“分层云彩”命令，按 Ctrl+F 快捷键，重复两次分层云彩滤镜，效果如图 7—52 所示。

图 7—50 最终效果

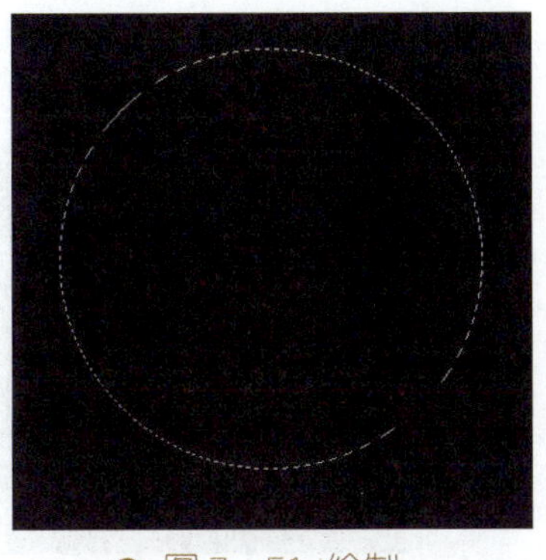

● 图 7—51 绘制

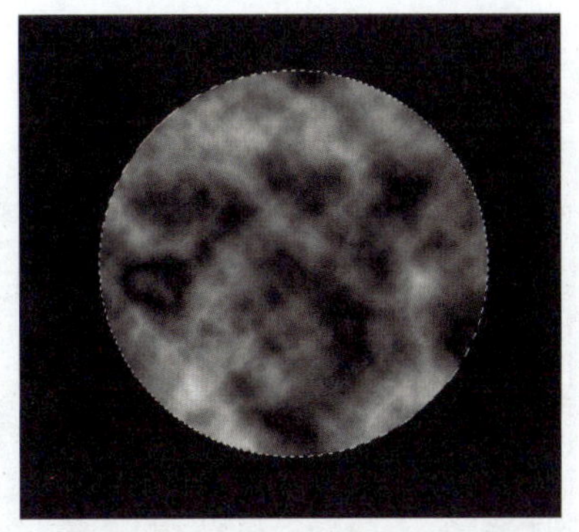

● 图 7—52 “分层云彩”

4. 按 Ctrl+Alt+L 快捷键，打开“色阶”对话框，参数设置如图 7—53 所示。

5. 执行“滤镜”→“锐化”→“USM 锐化”命令，参数设置如图 7—54 所示，效果如图 7—55 所示。

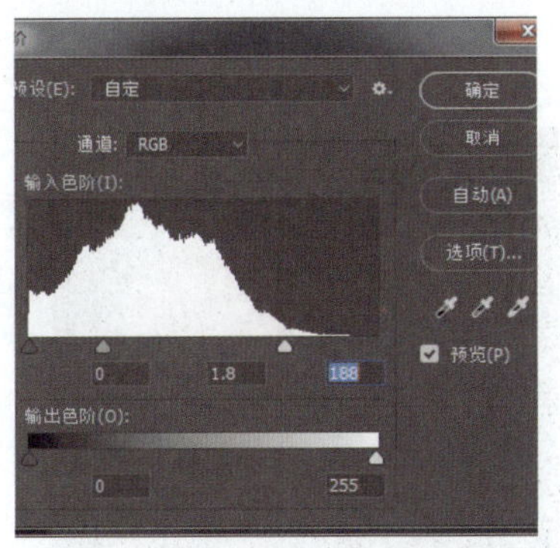

● 图 7—53 “色阶”参数

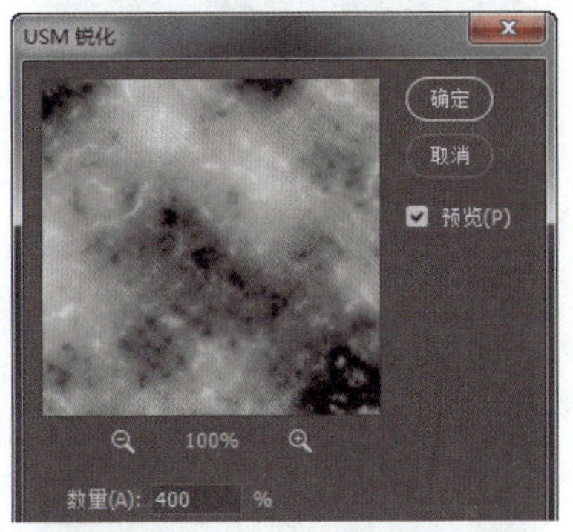

● 图 7—54 “USM 锐化”参数 1

6. 执行“滤镜”→“扭曲”→“球面化”命令，参数设置如图 7—56 所示。再执行一次球面化，参数设置数量为 50%，效果如图 7—57 所示。

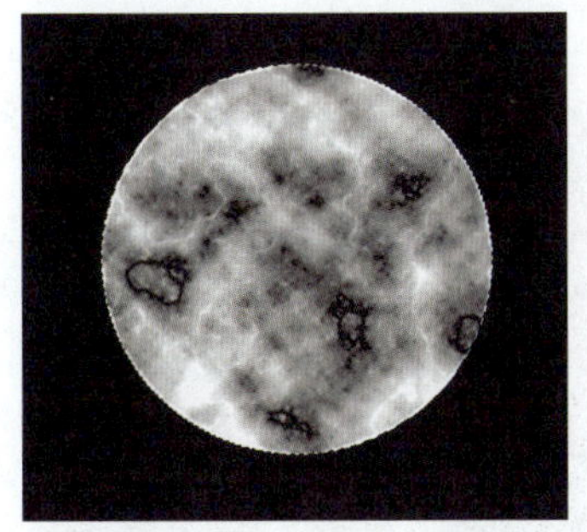

● 图 7—55 “USM 锐化”效果

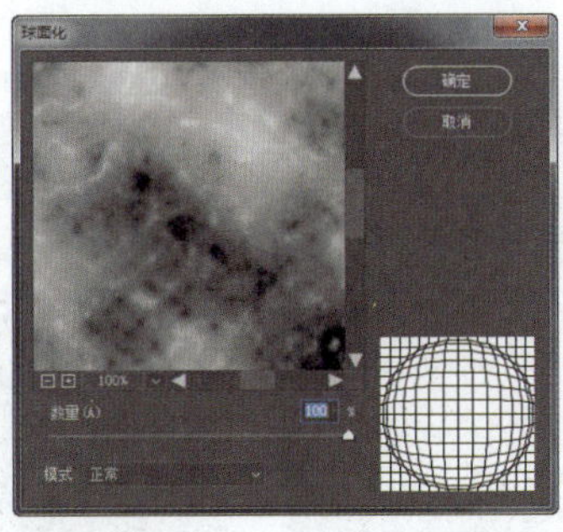

● 图 7—56 “球面化”参数

● 图 7—57 “球面化”效果

7. 按 Ctrl+B 快捷键，打开“色彩平衡”对话框，如图 7—58 所示，设置阴影参数

为 +84、-34、-52，中间调为 +61、0、-74，高光为 +100、0、-14，效果如图 7—59 所示。

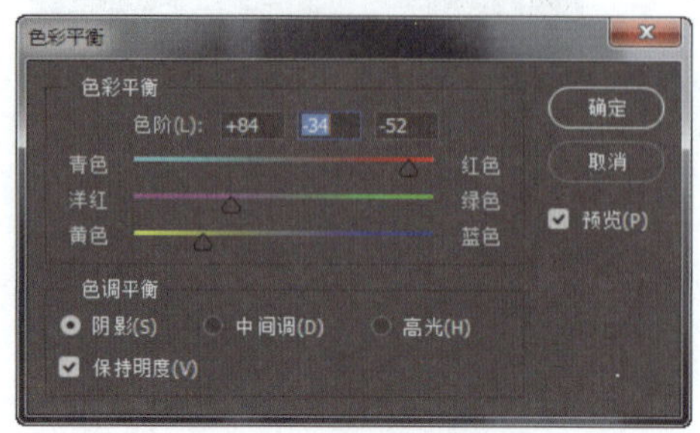

● 图 7—58 “色彩平衡”对话框

● 图 7—59 “色彩平衡”调整

8. 再次执行“滤镜”→“锐化”→“USM 锐化”命令，参数设置如图 7—60 所示。

9. 为球体添加背景素材“星空”，效果如图 7—61 所示。

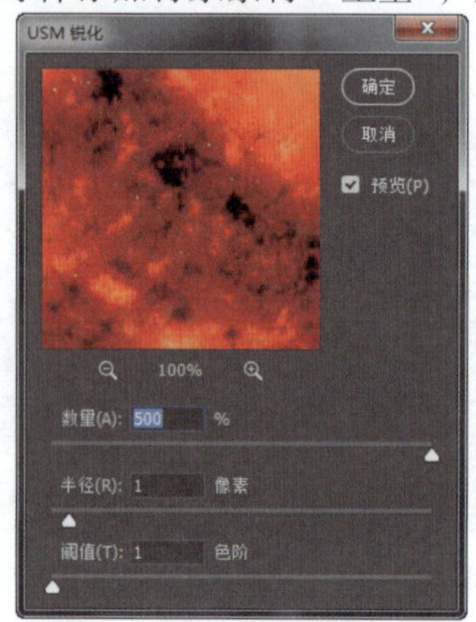

● 图 7—60 “USM 锐化”参数 2

● 图 7—61 添加“星空”素材效果

10. 选择球体图层添加图层样式，参数设置如图 7—62 所示。“拾色器（外发光颜色）”设置如图 7—63 所示。最终效果如图 7—50 所示。

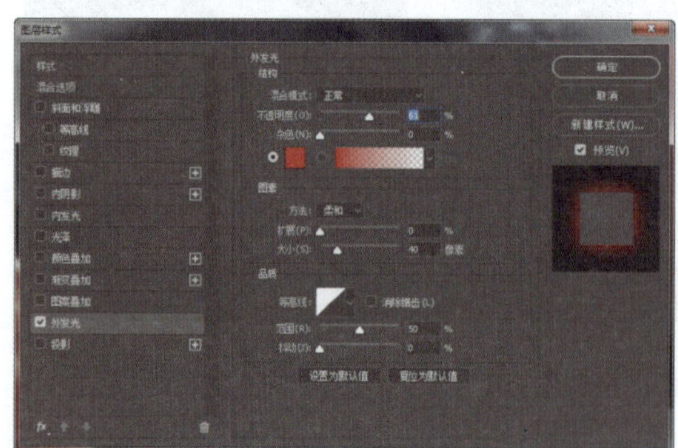

● 图 7—62 “外发光”参数设置

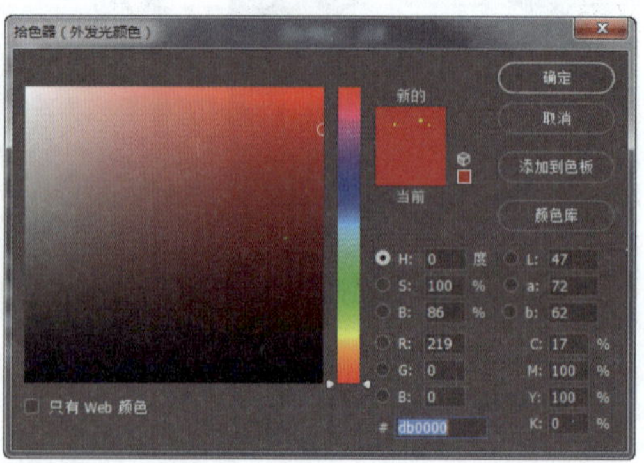

● 图 7—63 “拾色器（外发光颜色）”参数设置

巩固训练 2　文字波纹

一、案例分析

本案例通过制作一个具有电流动感特效的文字波纹，进一步巩固滤镜的使用，主要应用的滤镜有“风”“波浪”等。最终效果如图 7—64 所示。

● 图 7—64　最终效果

二、操作步骤

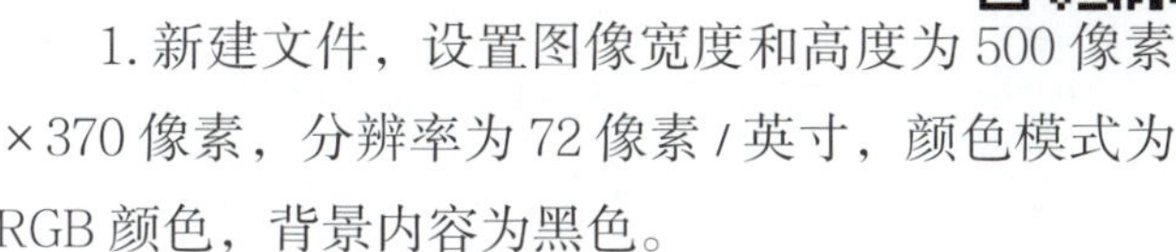

1. 新建文件，设置图像宽度和高度为 500 像素 ×370 像素，分辨率为 72 像素 / 英寸，颜色模式为 RGB 颜色，背景内容为黑色。

2. 输入文字“Music”，字体为“impact”，字号为 110 点，填充白色，如图 7—65 所示。

3. 选择文字图层，右击，在弹出的快捷菜单中依次选择“栅格化文字”“复制图层”，得到“Music 拷贝 ”图层，将“Music 拷贝”图层隐藏，如图 7—66 所示。

● 图 7—65　输入“Music”

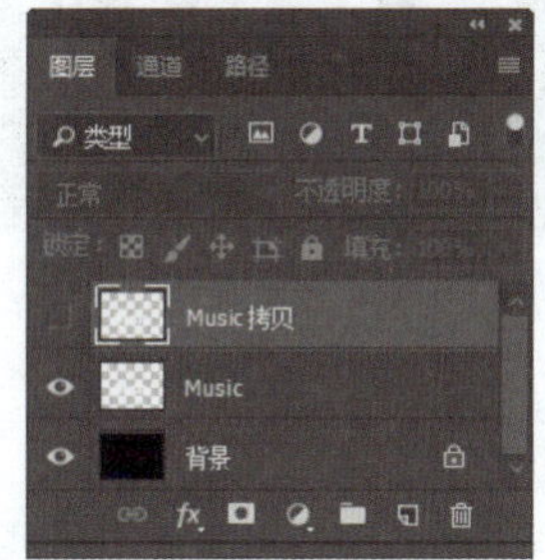

● 图 7—66　隐藏“Music 拷贝”图层

4. 选择“Music”图层，执行“图像”→“图像旋转”→“顺时针 90 度”命令，如图 7—67 所示。

5. 执行“滤镜”→“风格化”→“风”命令，风的方向设为“向左”，按 Ctrl+F 键重复两次“风”滤镜；再次执行“滤镜”→“风格化”→“风”命令，改变风的方向为“向右”，按 Ctrl+F 键重复两次“风”滤镜，效果如图 7—68 所示。

● 图 7—67 顺时针旋转 90 度

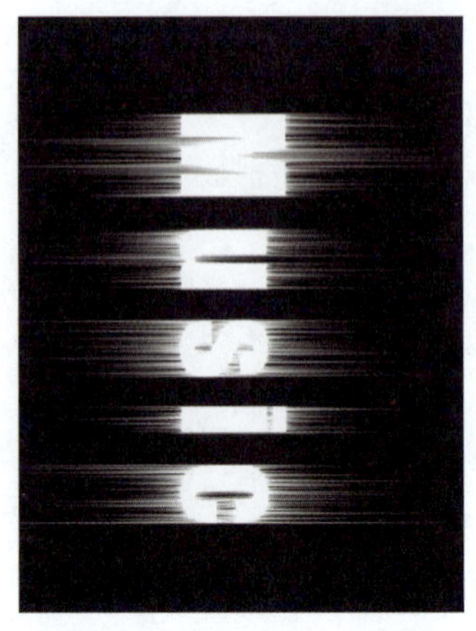

● 图 7—68 “风”效果 1

6. 执行“图像”→“图像旋转”→“逆时针 90 度”命令，如图 7—69 所示。

7. 执行“滤镜”→“风格化”→“风”命令，方向为“从左”，按 Ctrl+F 键重复一次“风”滤镜；再次执行“滤镜”→“风格化”→“风”命令，改变风的方向为“从右”，按 Ctrl+F 键重复一次“风”滤镜，效果如图 7—70 所示。

● 图 7—69 逆时针旋转 90 度

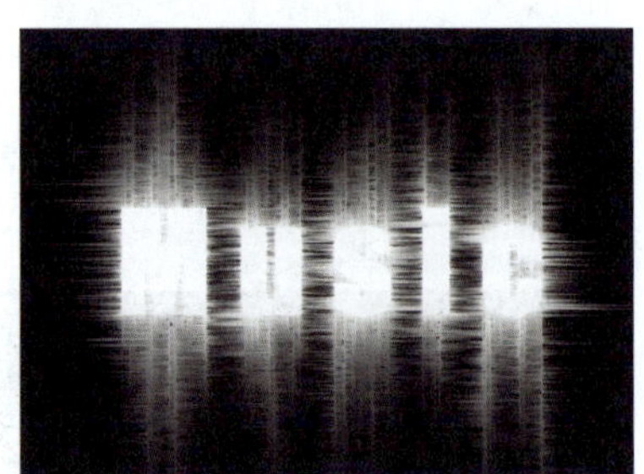

● 图 7—70 “风”效果 2

8. 执行“滤镜”→“扭曲”→“波纹”命令，参数设置如图 7—71 所示。

9. 按 Ctrl+U 键弹出“色相 / 饱和度”对话框，勾选“着色”选项，参数设置如图 7—72 所示。

● 图 7—71 “波纹”参数设置

● 图 7—72 “色相 / 饱和度”参数设置

10. 隐藏“Music 拷贝”图层，按 Ctrl 键载入选区，执行“选择”→“修改”→“收缩”命令，收缩 2 像素，填充黑色。最终效果如图 7—64 所示。

提示

还可以通过按住 Ctrl 键，单击所要选择图层的缩略图，将图层作为选区载入。

项目八 颜色调整

日常生活中用手机、数码相机等设备拍摄的照片，由于设备、光线、角度等方方面面的问题，其色彩常常不能达到令人满意的效果。这时，可使用 Photoshop 对照片的颜色进行调整，增强照片色彩方面的表现力。本项目通过“山谷里的小村庄”“毕业留念”“城市一角”等任务实例，学习对颜色进行调整的基本方法。

任务 1　山谷里的小村庄

学习目标

1. 能通过“亮度 / 对比度”“色相 / 饱和度”“自然饱和度”的设置调整图像的相应参数。

2. 能通过“曲线”对图像进行颜色调整。

3. 能使用“调整图层”对图像进行颜色调整。

任务分析

本任务给出的照片（图 8—1）是使用普通数码相机拍摄的，画面缺少层次感，景深不够，色彩也不够丰富饱满，而且画面中有多余的部分，需要进行裁剪。要解决上述问题，需要用到的工具有“色相 / 饱和度”命令、“亮度 / 对比度”命令和“曲线”命令。最终效果如图 8—2 所示。

图 8—1 素材

图 8—2 最终效果

相关知识

一、色彩的产生

我们在中学时都学过三棱镜折射日光的实验，透过三棱镜，无色的日光最终展现出了红、橙、黄、绿、青、蓝、紫七种颜色。实际上，光的本质是具有一定波长的电磁波，人眼之所以能看到不同的颜色，是因为人眼对不同波长的光线产生的感觉不同，因此，发光物体会表现出不同的色彩。那么，一些不发光的物体为什么也有各自的颜色呢？例如，树叶为什么是绿色的？西红柿为什么是红色的？这些物体本身不发光，当外界存在光源的情况下，物体会吸收一部分特定波长的光线，剩余的光线被反射回来进入人眼，就是人眼所看到的颜色。例如，树叶吸收了大部分光线，只剩下“绿色”所对应波长的光线，因此人眼看到树叶就是绿色的。

二、颜色的三个属性

颜色具有三个属性，分别是色相、饱和度和明度。

1. 色相

色相就是颜色的“相貌”，是区分不同颜色的重要指标，如红色、青色、蓝色、紫色和黄色等，通常人眼能分辨出来的颜色大概有 180 种。在不同的颜色模式下，颜色的范围和数量也是不同的，RGB 颜色比 CMYK 颜色的色域更宽，色彩更丰富。

提示

黑色、白色和灰色是没有色相的。对于 RGB 颜色，当 R、G、B 三个数值都是 0 时，相当于没有任何颜色，将得到黑色；当 R、G、B 三个数值都是 255 时，将得到白色；当 R、G、B 三个数值相等时，将得到灰色，三个数值越趋近于 255，灰色的亮度越高，三个数值越趋近于 0，灰色的亮度越低。

2. 饱和度

饱和度是指颜色的鲜艳程度，即颜色的纯度。饱和度的高低取决于该色相与消色成分（黑、白或灰）的比例，消色成分的比例越低，饱和度越高。

3. 明度

明度指颜色的明暗程度，即亮度。明度的高低取决于该种颜色中白色的比例，比例越高，明度越高；反之，则明度越低。

三、色相 / 饱和度

执行“图像”→“调整”→“色相 / 饱和度”命令，或按 Ctrl+U 键，弹出“色相 / 饱和度”对话框，如图 8—3 所示。

1. 调整色相

拖动色相滑块所产生的数值表示颜色较原来的颜色变化的角度，范围为 -180° ~ 180°，对话框底部第一条色带代表原色，第二条色带代表变化之后的颜色。

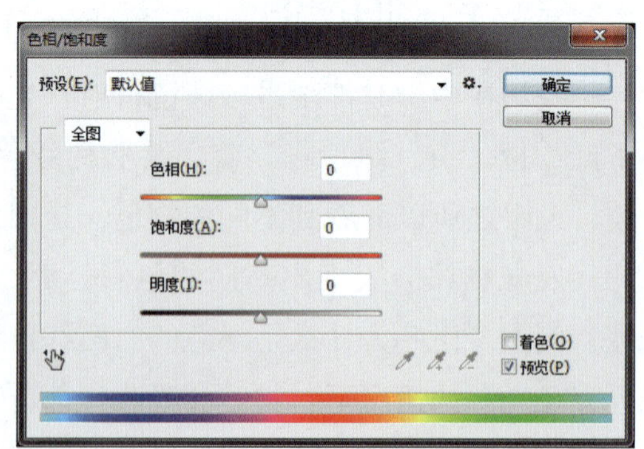

图 8—3 “色相 / 饱和度”对话框

默认状态下，颜色调整范围为“全图”，也可以选择其中的某一种颜色进行调整。

当选择“着色”选项时，原图中所

有色相被替换为当前的前景色，饱和度和明度不变。

2. 调整饱和度

拖动饱和度滑块所产生的数值表示颜色的丰富程度，范围为 -100 ~ 100。

3. 调整明度

拖动明度滑块所产生的数值表示颜色的明暗程度，范围为 -100 ~ 100。

打开本任务素材“雨伞 .jpg”文件（图 8—4），按 Ctrl+U 键调出“色相 / 饱和度”对话框，调节“色相”滑块（图 8—5），即可使雨伞变为红色。

● 图 8—4　雨伞

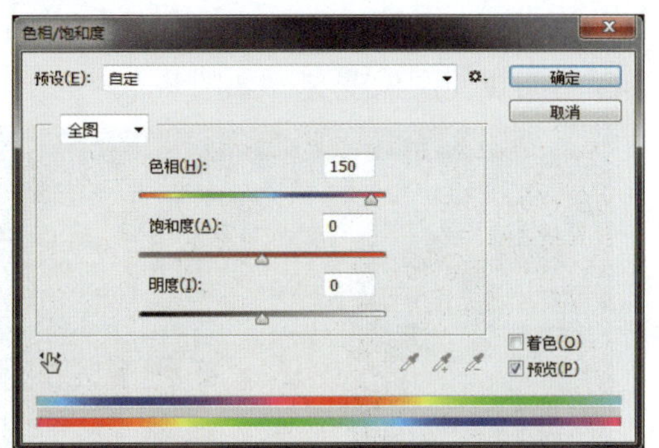

● 图 8—5　调节“色相”滑块

四、亮度 / 对比度

执行“图像”→“调整”→“亮度 / 对比度”命令，弹出“亮度 / 对比度”对话框，如图 8—6 所示。

拖动亮度滑块改变图像的亮度，拖动对比度滑块改变图像的对比度。“亮度 / 对比度”命令使用方法简单，适合对图像进行简单的调整。

● 图 8—6　“亮度 / 对比度”对话框

五、曲线

执行“图像”→“调整”→“曲线”命令，或按 Ctrl+U 键，弹出“曲线”对话框，如图 8—7 所示。

“曲线”命令的使用方法灵活多变，是常用的调色命令。“曲线”命令输入和输出值范围是 0 ~ 255；横轴代表图像原来的亮度，纵轴代表图像调整后的亮度，曲线表示图像调整的轨迹，其中，曲线的左下角表示图像的暗调，右上角表示图像的亮调，中间部分

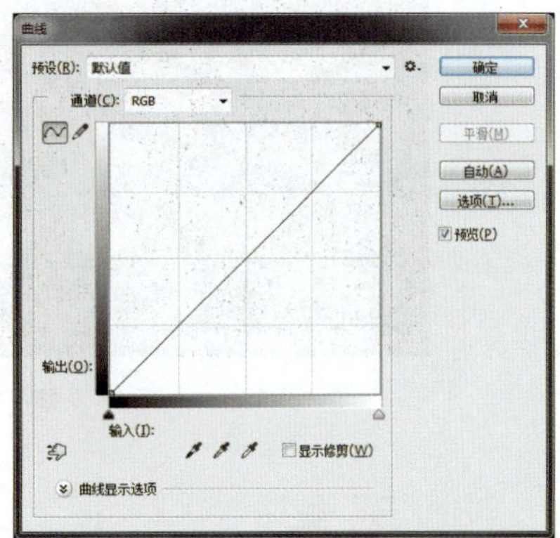

● 图 8—7　“曲线”对话框

● 图 8—8　花朵

表示图像的中间调。在曲线上单击可添加一个调节点，移动调节点可改变曲线的形态，即对图像进行调整，将调节点移动到左下角或右上角可将该点删除。下面通过案例介绍几种典型的曲线形态。

打开本任务素材“花朵 .jpg”文件，如图 8—8 所示，分别将“曲线”调节成如下几种形态。

1. 凸起型

凸起型曲线使图像变亮，如图 8—9 所示。

● 图 8—9　凸起型曲线及其效果

2. 凹下型

凹下型曲线使图像变暗，如图 8—10 所示。

● 图 8—10　凹下型曲线及其效果

3. “S” 型

“S” 型曲线增加对比度，如图 8—11 所示。

4. 反“S”型

反“S”型曲线降低对比度，如图 8—12 所示。

当然，除了添加调节点外，也可以直接拖动曲线的起点和终点进行调节，如图 8—13 所示的曲线增加了图像的对比度。

● 图 8—11 “S”型曲线及其效果

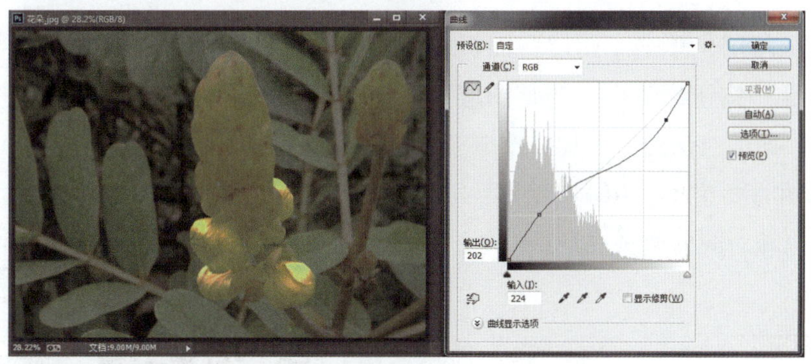

● 图 8—12 反“S”型曲线及其效果

● 图 8—13 直接拖动曲线的起点和终点进行对比度调节

默认状态下，“曲线”命令对复合通道进行调整，也可以选择其中的一个通道进行调整。

六、自然饱和度

执行“图像”→“调整”→“自然饱和度”命令，弹出“自然饱和度”对话框，如图 8—14 所示。

“自然饱和度”对话框中有自然饱和度和饱和度两个滑块。其中，拖动自然饱和度滑块可进行非线性调整，即在增加饱和度过程中，对饱和度较高的颜色调整得少，对饱和度较低的颜色调整得多；反之亦然。该命令比较适合人像等图片的调整。拖动饱和度滑块可进行线性调整，即在调整饱和度过程中对整幅图像均匀地调整，但对于一些饱和度过高或过低的像素容易造成失真。该命令适合设计类图像整体色调的调整。

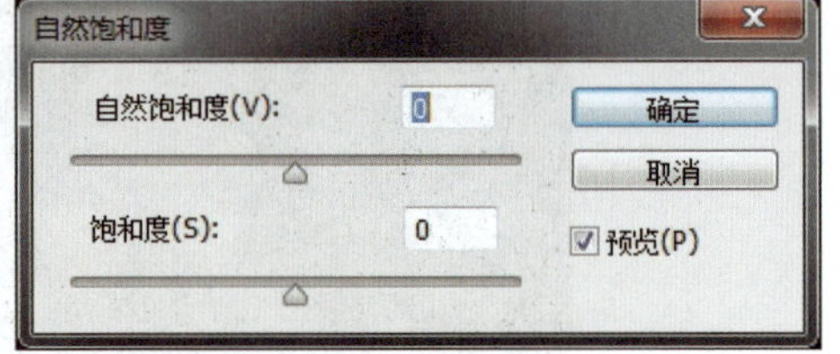

● 图 8—14 “自然饱和度”对话框

七、调整图层

选择某一图层，单击“图层”面板上的“创建新的填充或调整图层”按钮，弹出“调整图层”快捷菜单，选择相应的命令，即可对该图层添加一个调整图层，如图 8—15 所示。在作图时要善于使用调整图层，这样既不用改变原图层，又可以随时改变调整图层的参数。

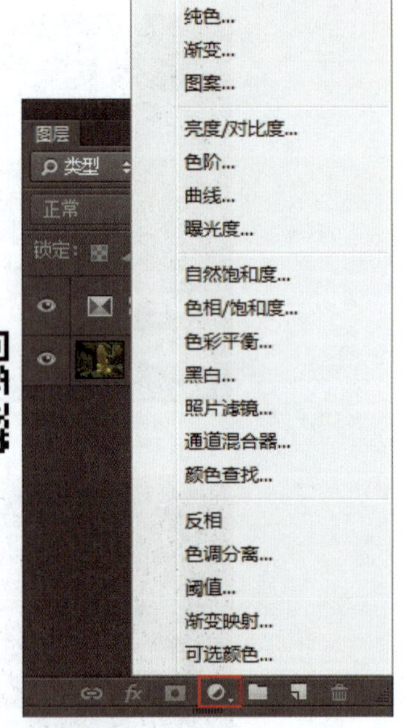

● 图 8—15 调整图层

任务实施

1. 打开本任务“素材.jpg”文件。使用“裁剪工具”对图像进行裁剪，去掉栏杆等杂物，裁剪后的效果如图 8—16 所示。

2. 选择“背景”图层，单击图层面板上的“创建新的填充或调整图层”按钮，选择“曲线”命令，如图 8—17 所示。为了突出画面的层次感，需要将暗调部分调暗，将亮调部分调亮。在曲线上暗调部分单击添加一个锚点，将暗调部分调暗；在亮调部分单击添加第二个锚点，将亮调部分调亮，曲线形态如图 8—18 所示。

图 8—16　裁剪后的效果

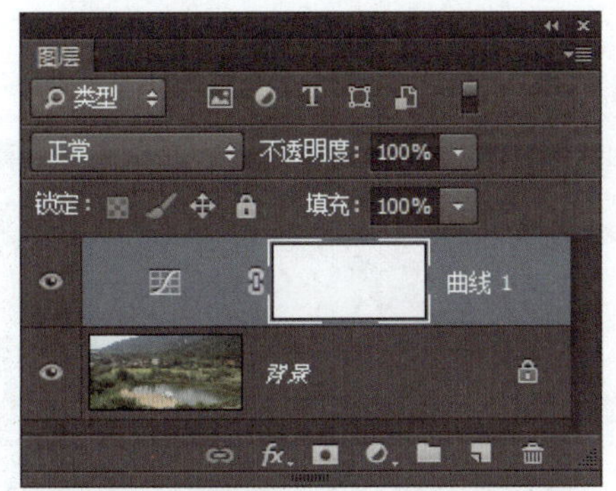

图 8—17　添加“曲线”调整图层

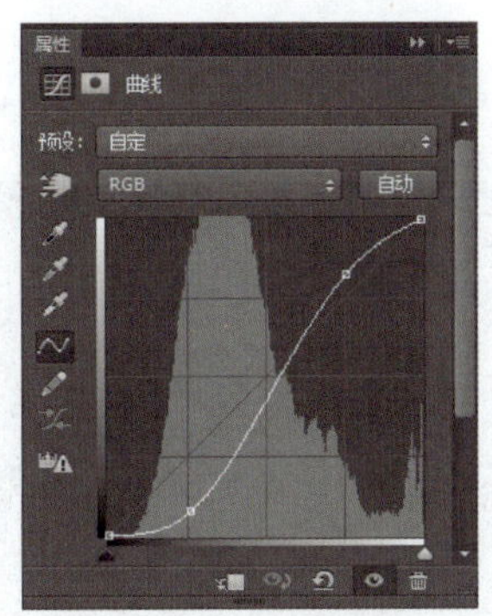

图 8—18　曲线形态 1

3. 经过“曲线”调整后的画面虽然具有了一定的层次感，但颜色还不够丰富，需要提升饱和度。添加“自然饱和度”调整图层，调整“自然饱和度”数值至 96。

4. 添加“亮度 / 对比度”调整图层，参数设置如图 8—19 所示，单击“亮度 / 对比度”调整图层的蒙版，将蒙版填充为黑色。选择“画笔工具”，设置前景色为 #ffffff，一边观察图像一边对蒙版进行涂抹，蒙版编辑状态如图 8—20 所示。编辑蒙版的目的是使部分山体和树木变亮，表现出多云天气下阳光不均匀地照射的效果。调整后画面效果如图 8—21 所示。

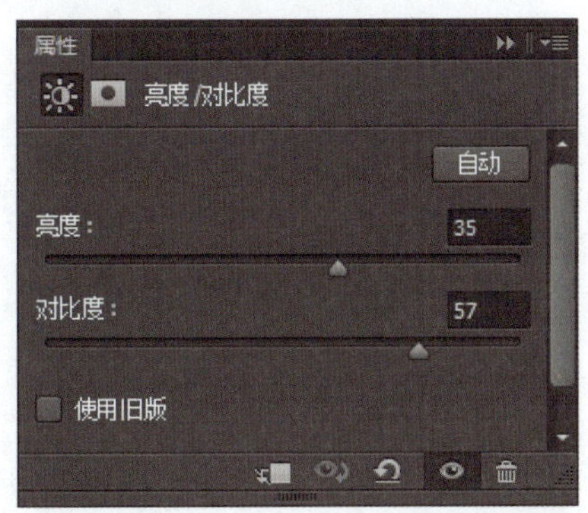

图 8—19　“亮度 / 对比度”参数设置

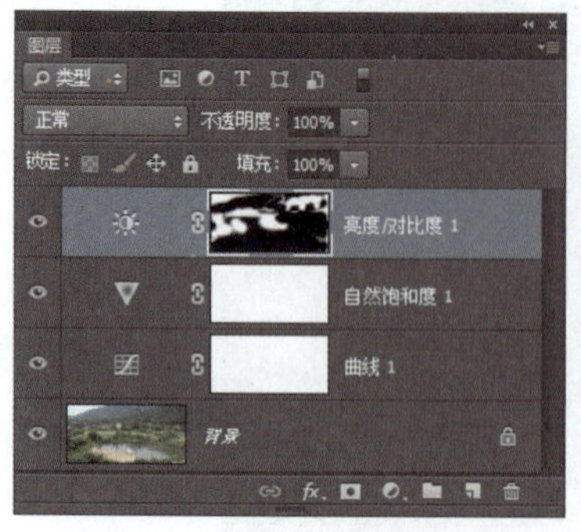

图 8—20　蒙版编辑状态 1

图 8—21　添加不均匀的阳光效果

5. 为了突出主体，用“曲线”调整图层压暗画面四角。添加“曲线”调整图层，曲线形态如图 8—22 所示。选择“曲线”调整图层蒙版，选择“画笔工具”，设置前景色为 #000000，编辑蒙版如图 8—23 所示。最终效果如图 8—2 所示。

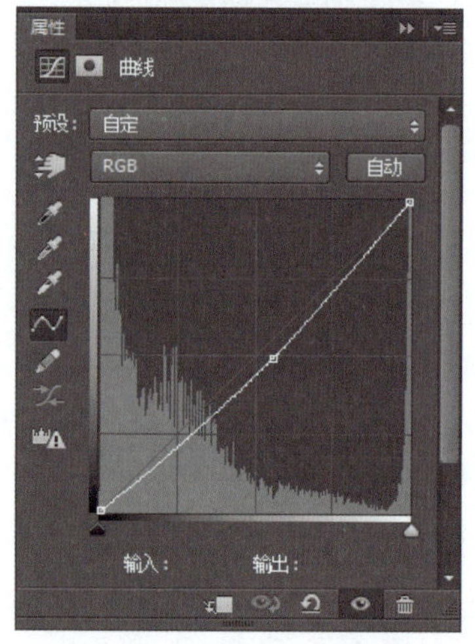

图 8—22　曲线形态 2

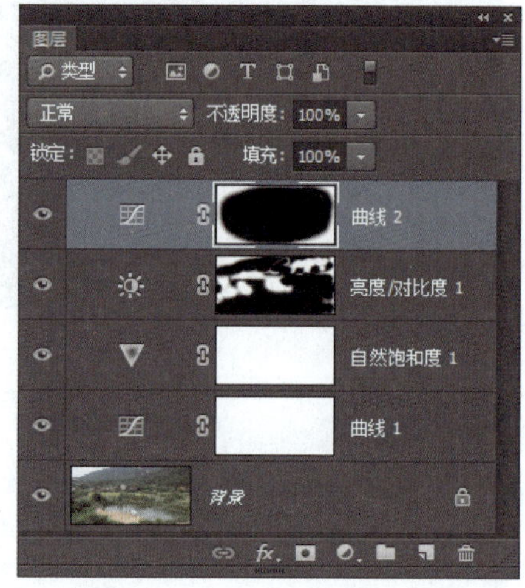

图 8—23　蒙版编辑状态 2

任务 2　毕业留念

学习目标

1. 能使用“色阶”对图像进行颜色调整。

2. 能使用“色彩平衡”对图像进行颜色调整。

任务分析

日常拍摄的照片中经常会出现偏色，有时也会出现画面不够清晰的情况，本任务中将使用“色阶”和“色彩平衡”两个命令对照片色调进行调整，它们都是重要且有效的调色工具。素材和最终效果如图 8—24 和图 8—25 所示。

● 图 8—24 素材

● 图 8—25 最终效果

相关知识

一、色阶

“色阶”命令主要用于调整图像的亮度和对比度。

执行“图像”→“调整”→“色阶”命令，或按 Ctrl+L 键，弹出“色阶”对话框，如图 8—26 所示。

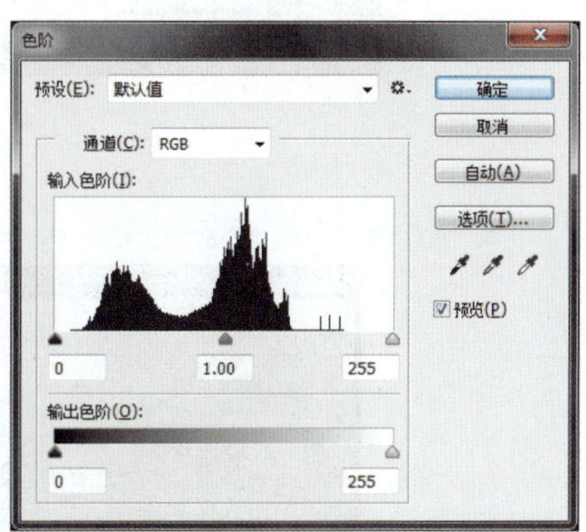

● 图 8—26 “色阶”对话框

在输入色阶中显示有直方图信息，直方图的横轴代表亮度值范围为 0 ~ 255，横轴上的三个滑块由左至右分别代表暗调、中间调和亮调；纵轴代表现在图像中某个亮度的像素的分布数量。如果像素在暗调部分分布较多，可视为图像偏暗；如果像素在亮调部分分布较多，可视为图像偏亮。当然，不排除有特殊构图的可能性。分析图 8—26 中直方图可知，该图像亮调区域无像素分布，初步判断为图像曝光不足，可以通

过调节输入色阶中横轴上的三个滑块来调整图像。

在输出色阶中，横轴代表图像调整后的亮度值，范围为 0 ~ 255，横轴上只有暗调和亮调两个滑块，分别代表图像调整后的最暗值和最亮值，因此，输出色阶只能减小图像的对比度，不能增大对比度。

与“曲线”命令类似，“色阶”命令不仅可以对复合通道进行调整，还可以对单个通道进行调整。

下面通过实例介绍“色阶”命令的几种典型的调整方法。

打开本任务素材“山水.jpg”文件，如图 8—27 所示，分别按以下几种方法调整“色阶”命令。

● 图 8—27 “山水”素材

1. 增大对比度，效果如图 8—28 所示。

● 图 8—28 增大对比度

2. 减小对比度，效果如图 8—29 所示。

● 图 8—29 减小对比度

3. 扩大亮调范围，效果如图 8—30 所示。

● 图 8—30 扩大亮调范围

4. 扩大暗调范围，效果如图 8—31 所示。

● 图 8—31 扩大暗调范围

5. 保持暗调和亮调不变，中间调变亮，效果如图 8—32 所示。

● 图 8—32 中间调变亮

6. 保持暗调和亮调不变，中间调变暗，效果如图 8—33 所示。

● 图 8—33 中间调变暗

默认状态下，“色阶”命令对复合通道进行调整，也可以选择其中的一个通道进行调整。色阶的使用并不局限于上述六种调整方法，可根据具体情况具体分析。

二、色彩平衡

执行“图像”→“调整”→“色彩平衡”命令，或按 Ctrl+B 键，弹出“色彩平衡”对话框，如图 8—34 所示。

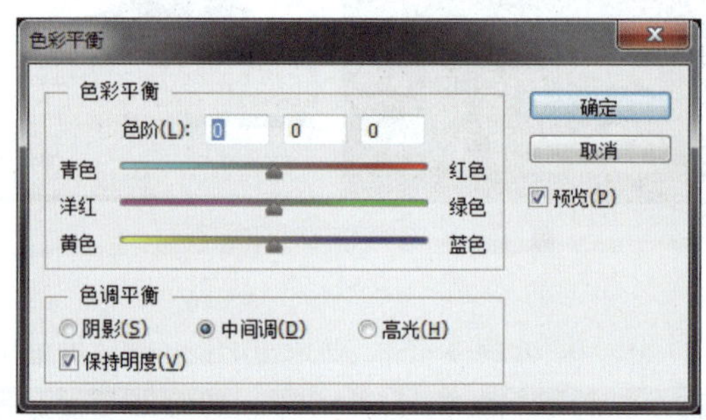

● 图 8—34 “色彩平衡”对话框

“色彩平衡”命令的调整范围包括“阴影”“中间调”和“高光”。

每个颜色调整滑块两端的颜色互为反色，拖动滑块向左时，左边的颜色增加，右边的颜色减少；拖动滑块向右时，右边的颜色增加，左边的颜色减少。

例如，打开本任务素材“杨梅 .jpg”文件，如图 8—35a 所示，使用“快速选择工具”分别选中不同的杨梅，使用“色彩平衡”命令可将红色的杨梅调整成五彩的杨梅，调整后的效果如图 8—35b 所示。

提示

“色彩平衡”命令不能对单个通道进行调整，只对复合通道有效。

a）

b）

图 8—35　杨梅

a）红色的杨梅　b）五彩的杨梅

任务实施

1. 打开本任务“素材 1.jpg”文件，选择“背景”图层，单击图层面板上的“创建新的填充或调整图层”按钮，选择“色阶”命令，调整“色阶”命令增加画面对比度，参数设置如图 8—36 所示，调整后的效果如图 8—37 所示。

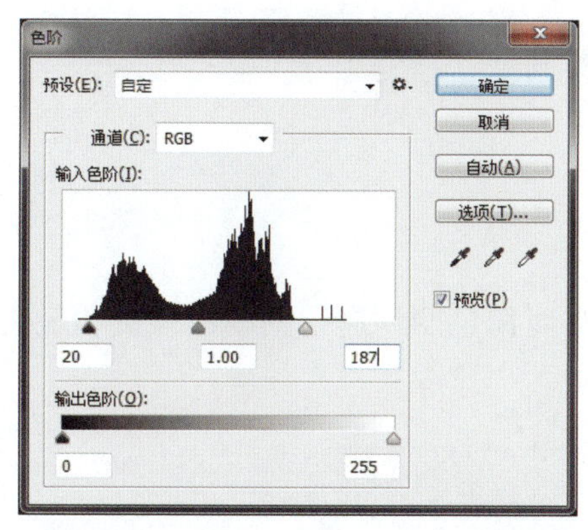

图 8—36　“色阶”参数设置

图 8—37　使用“色阶”增加对比度的效果

2. 上述操作后，虽然对比度增加了，但图像明显偏蓝色，需使用“色彩平衡”命令进行调整。选择“背景”图层，单击图层面板上的“创建新的填充或调整图层”按钮，选择“色彩平衡”命令，调整“色彩平衡”命令减少蓝色，参数设置如图 8—38 所示。最终效果如图 8—25 所示。

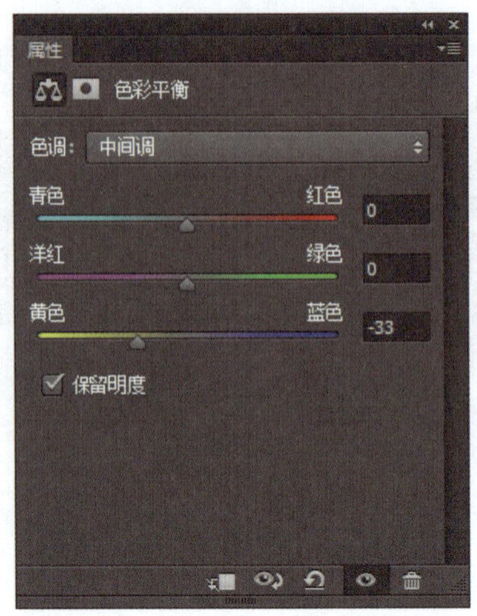

● 图 8—38 “色彩平衡”参数设置

任务 3　城市一角

学习目标

能使用“可选颜色”对图像中的某种颜色进行调整。

任务分析

本任务使用“可选颜色”命令和“曲线”命令对偏色照片进行调整，素材和最终效果如图 8—39 和图 8—40 所示。

● 图 8—39　素材

● 图 8—40　最终效果

相关知识

只要具备了必要的色彩基础，“可选颜色”命令的使用方法并不难掌握，但要熟练运用却需要进行大量的实践。

执行“图像”→“调整”→“可选颜色”命令，弹出“可选颜色”对话框，如图8—41所示。使用“可选颜色”命令可以有选择地修改某种颜色而保持其他颜色不变。

“可选颜色”中可选择的颜色共有九种，分别是RGB颜色中的红色、绿色、蓝色，CMYK颜色中的青色、洋红、黄色，以及白色、中性色和黑色，如图8—42所示，可以选择其中的一种颜色进行调整，而其他颜色暂时保留。

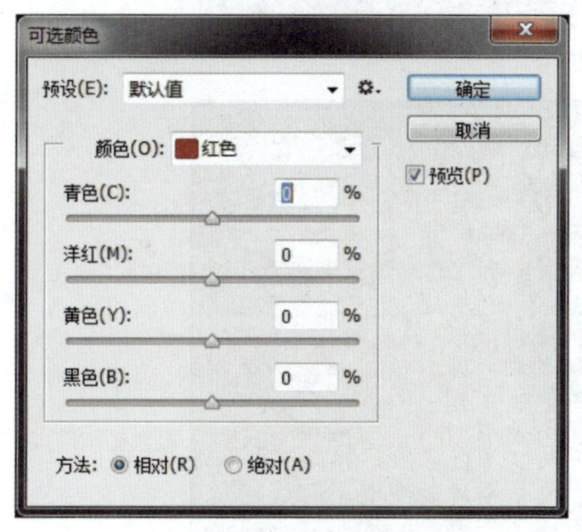

图8—41 “可选颜色”对话框

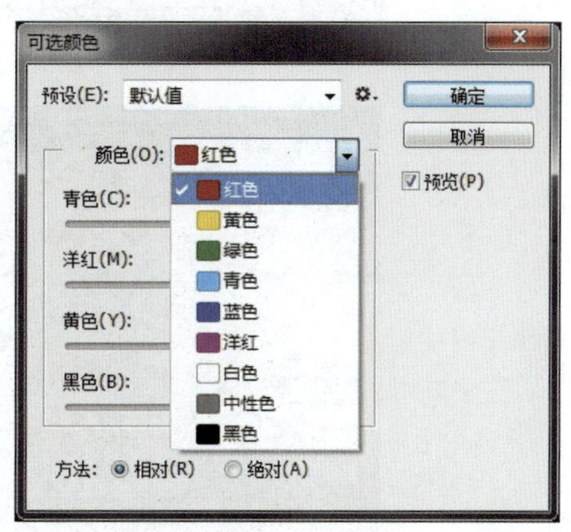

图8—42 “可选颜色”中的九种颜色

对于图像中的某一种被选择的颜色来说，有八种颜色可供调和，每组中的两种颜色互为反色，分别是青色和红色、洋红和绿色、黄色和蓝色、黑色和白色。拖动滑块向左，则左边的颜色增加，右边的颜色减少；拖动滑块向右，则右边的颜色增加，左边的颜色减少。

任务实施

1. 打开本任务“素材1.jpg”文件，选择“背景”图层，单击图层面板上的“创建新的填充或调整图层”按钮，选择“可选颜色”命令，分别选择中性色、白色、蓝色和黄色进行调整，参数设置如图8—43所示，调整后的效果如图8—44所示。

2. 提高画面的对比度。选择“背景”图层，单击图层面板上的“创建新的填充或调

整图层”按钮，选择“曲线”命令，调整曲线形态如图 8—45 所示。最终效果如图 8—40 所示。

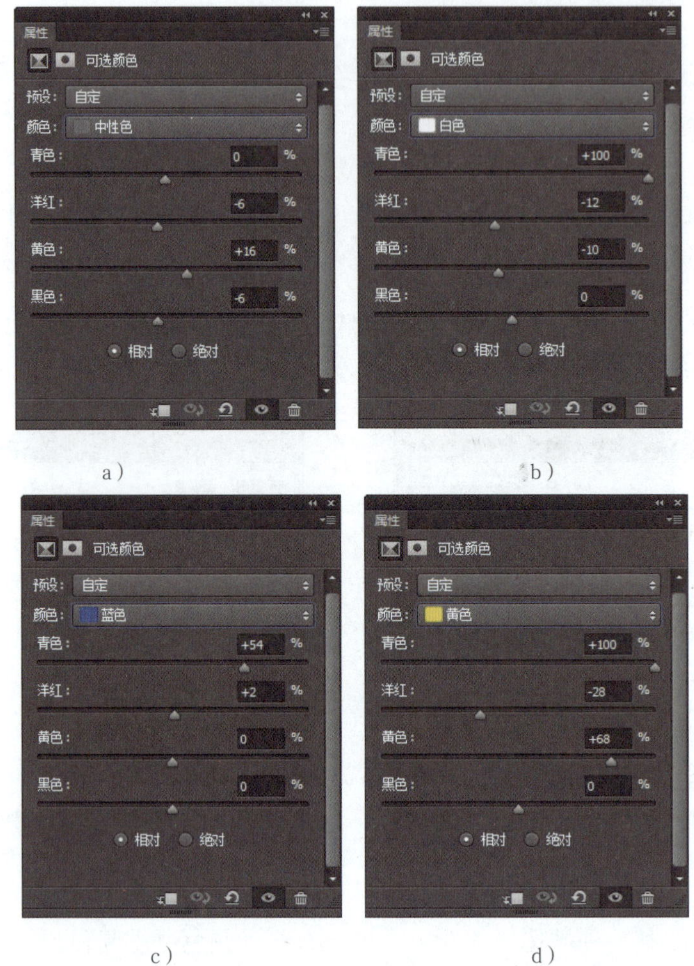

图 8—43 “可选颜色”参数设置

图 8—44 使用“可选颜色”命令调整后的效果

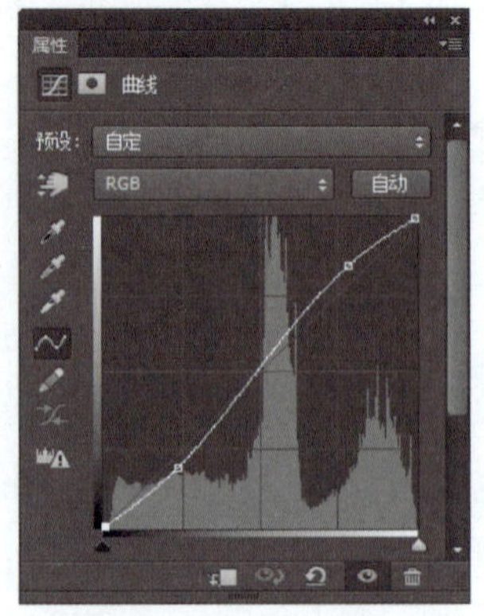

图 8—45 曲线形态

巩固训练 1　房间一角

一、案例分析

日常生活中，在暗室内拍照光线不理想时经常会出现照片偏色的现象，以偏蓝和偏黄的情况居多。本案例（图 8—46）的照片颜色偏黄，需要减少黄色或补充蓝色，最终效果如图 8—47 所示。

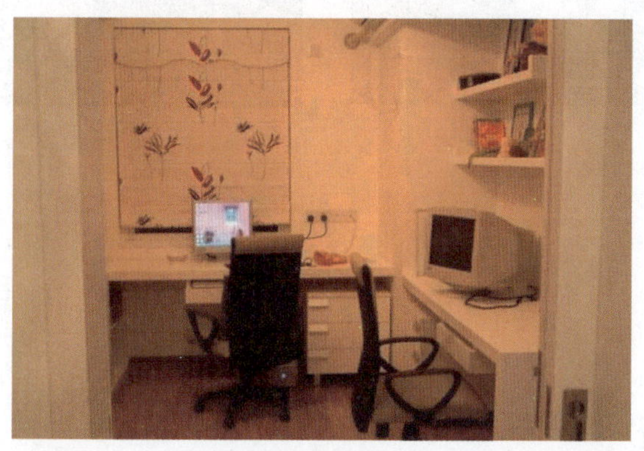

图 8—46　素材

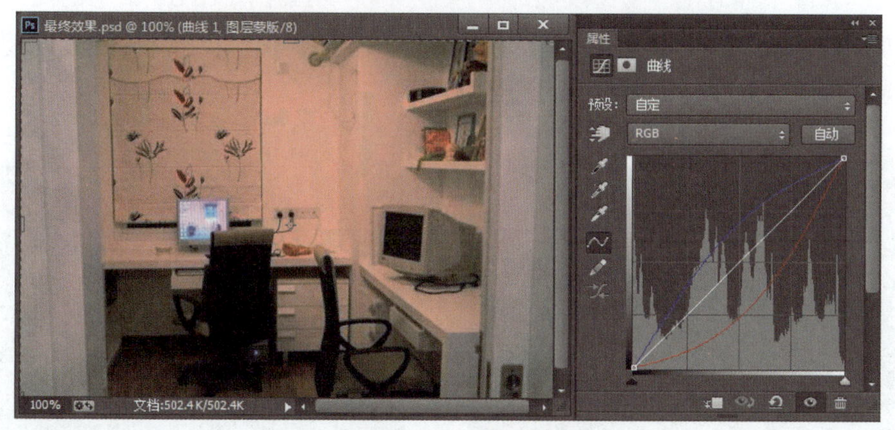

图 8—47　最终效果

二、操作步骤

1. 打开巩固训练 1 “素材 .jpg” 文件，如图 8—46 所示。

2. 选择 “背景” 图层，单击图层面板上的 “创建新的填充或调整图层” 按钮，选择 “曲线” 命令，选择 “蓝色” 通道，调整曲线形态如图 8—48 所示。调整后发现黄色消

失，但红色偏多，再选择“红色”通道，调整曲线形态如图 8—49 所示。最终效果如图 8—47 所示。

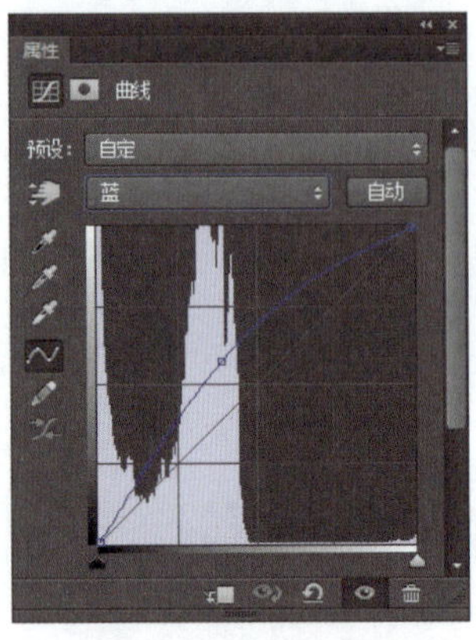

图 8—48　曲线形态 1

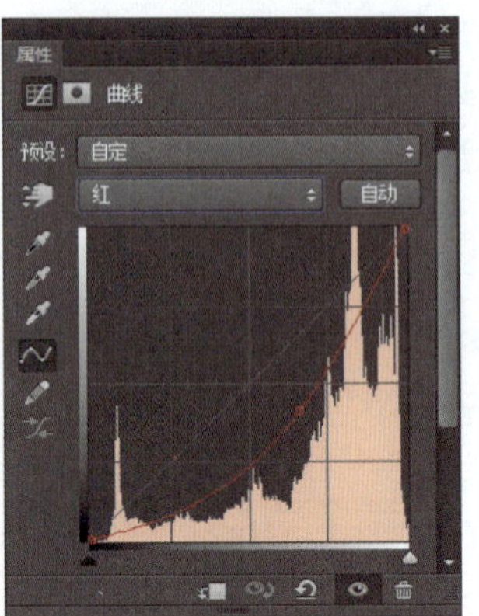

图 8—49　曲线形态 2

巩固训练 2　荷塘“偏”色

一、案例分析

在天气状况不佳时也容易出现照片偏色的现象。本案例（图 8—50）的照片颜色偏红，荷塘颜色泛黄，画面不通透，对比度低，需要先解决偏色再解决对比度问题，最终效果如图 8—51 所示。

图 8—50　素材

图 8—51　最终效果

二、操作步骤

1. 打开巩固训练 2“素材 .jpg”文件，如图 8—50 所示。

2. 选择“背景”图层，单击图层面板上的“创建新的填充或调整图层”按钮，选择“色彩平衡”命令，对“阴影”“中间调”“高光”分别进行调整，参数设置如图 8—52 所示，效果如图 8—53 所示。

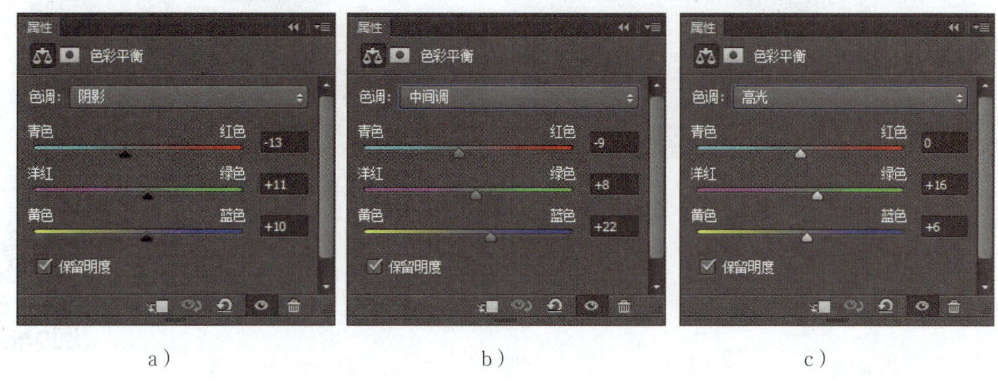

● 图 8—52 “色彩平衡”参数设置

3. 画面颜色校正后，还存在通透性较差的问题，通常使用“曲线”命令来增加对比度。选择“背景”图层，单击图层面板上的“创建新的填充或调整图层”按钮，调整曲线形态如图 8—54 所示。最终效果如图 8—51 所示。

● 图 8—53 使用“色彩平衡”命令调整后的效果

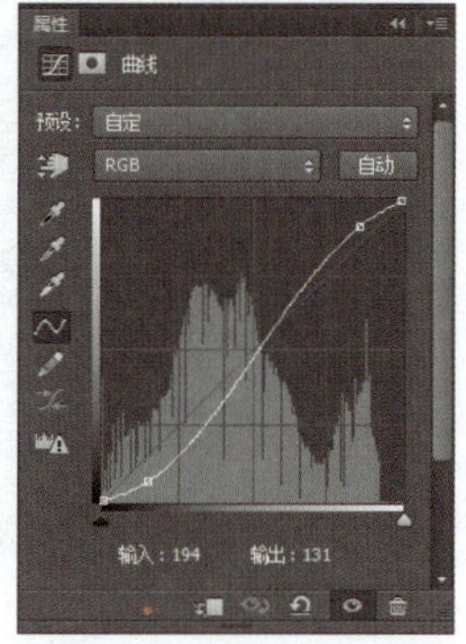

● 图 8—54 曲线形态

巩固训练 3 天安门

一、案例分析

本案例中的照片（图 8—55）颜色不够饱满，稍微偏红，而且由于拍摄的时间在秋冬季节，整幅照片缺乏生机，需要选择“可选颜色”命令对照片中的颜色分别进行调整，最终效果如图 8—56 所示。

图 8—55 素材

图 8—56 最终效果

二、操作步骤

1. 打开巩固训练 3“素材 .jpg”文件，如图 8—55 所示。

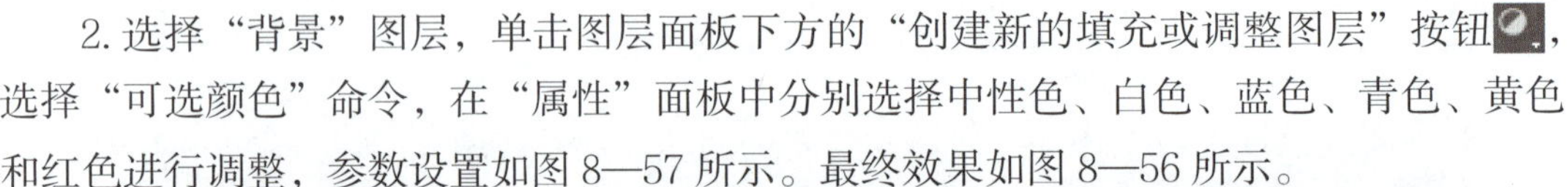

2. 选择“背景”图层，单击图层面板下方的“创建新的填充或调整图层”按钮，选择“可选颜色”命令，在“属性”面板中分别选择中性色、白色、蓝色、青色、黄色和红色进行调整，参数设置如图 8—57 所示。最终效果如图 8—56 所示。

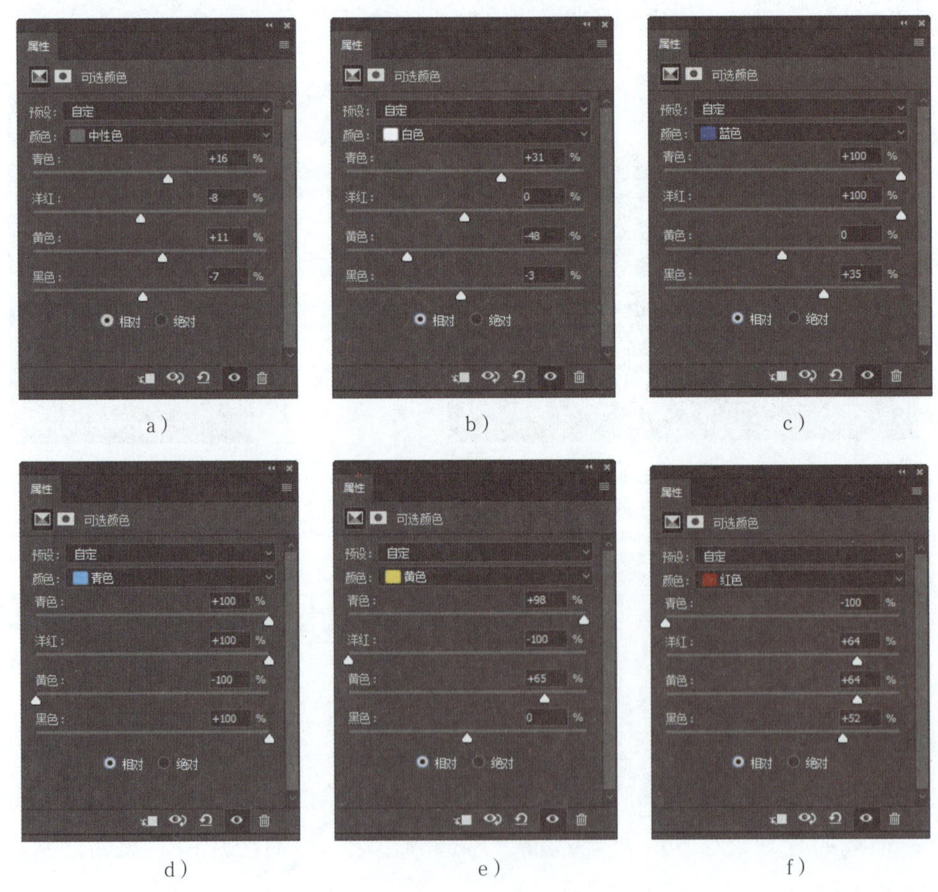

图 8—57 “可选颜色”参数设置

巩固训练 4 拥抱春天

一、案例分析

本案例中照片（图 8—58）的校正需要综合运用“色彩平衡”“色相 / 饱和度”“可选颜色”“曲线”等多个颜色调整命令，调整过程分两步，分别调整背景和人物，最终效果如图 8—59 所示。

● 图 8—58 素材

● 图 8—59 最终效果

二、操作步骤

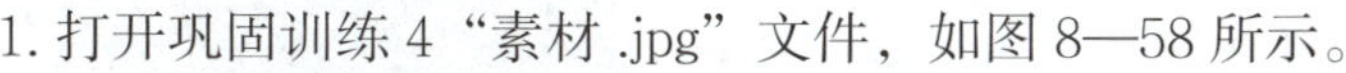

1. 打开巩固训练 4 “素材 .jpg” 文件，如图 8—58 所示。

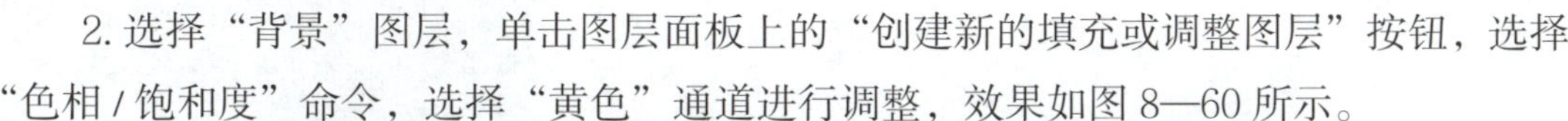

2. 选择“背景”图层，单击图层面板上的“创建新的填充或调整图层”按钮，选择“色相 / 饱和度”命令，选择“黄色”通道进行调整，效果如图 8—60 所示。

● 图 8—60 使用“色相 / 饱和度”调整“黄色”通道

3. 选择“背景”图层，单击图层面板上的“创建新的填充或调整图层”按钮，选择“可选颜色”命令，分别选择青色、绿色和黄色进行调整，参数设置如图 8—61 所示。

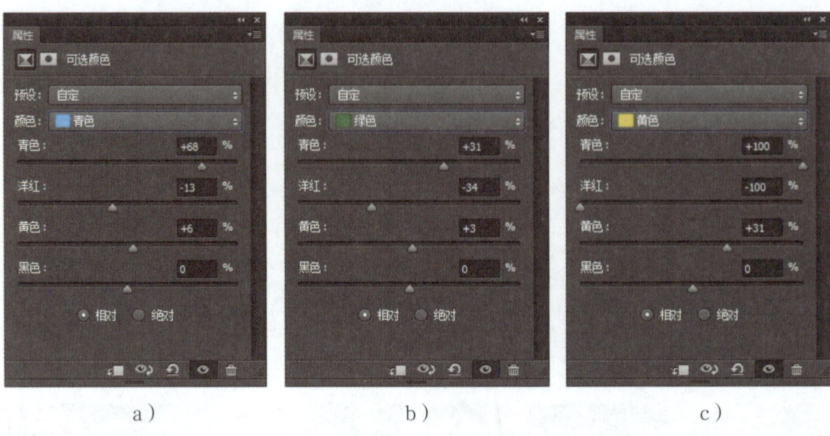

a）　　b）　　c）

● 图 8—61 “可选颜色”参数设置

4. 经过以上步骤后可以看到，背景仍然不够绿，需要使用“色彩平衡”命令进行调整。选择“背景”图层，单击图层面板上的“创建新的填充或调整图层”按钮，选择“色彩平衡”命令，对“中间调”进行调整，参数设置如图 8—62 所示。

5. 背景颜色已经达到了预期效果，下面开始调整人物部分的颜色。选择“背景”图层，绘制出人物选区，按 Ctrl+J 键复制得到“图层 2”，按 Ctrl+Shift+］键将“图层 2”移动到最上层，选择“图层 2”的混合模式为“滤色”，不透明度为 51%，效果如图 8—63 所示。

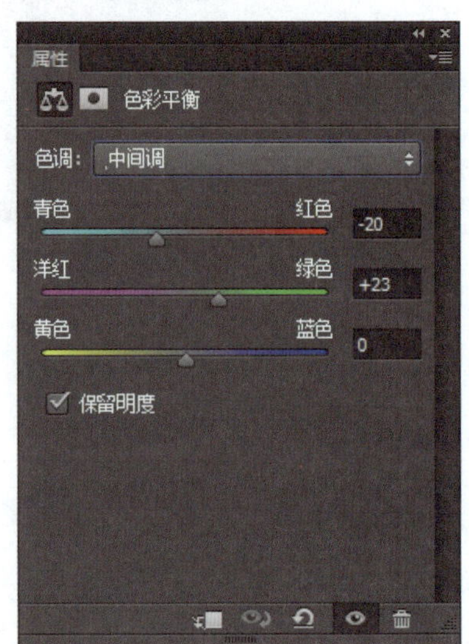

● 图 8—62 “色彩平衡”参数设置

● 图 8—63 复制人物

6. 选择“图层 2”，单击图层面板上的“创建新的填充或调整图层”按钮，选择“色相 / 饱和度”命令，对全图进行调整，参数设置如图 8—64 所示。

7. 单击图层面板上的“创建新的填充或调整图层”按钮，选择“色彩平衡”命令，分别对“阴影”“中间调”“高光”进行调整，参数设置如图 8—65 所示。

8. 单击图层面板上的“创建新的填充或调整图层”按钮，选择“曲线”命令，将人物亮调部分适当调暗，将暗调部分适当调亮，曲线形态如图 8—66 所示。最终效果如图 8—59 所示。

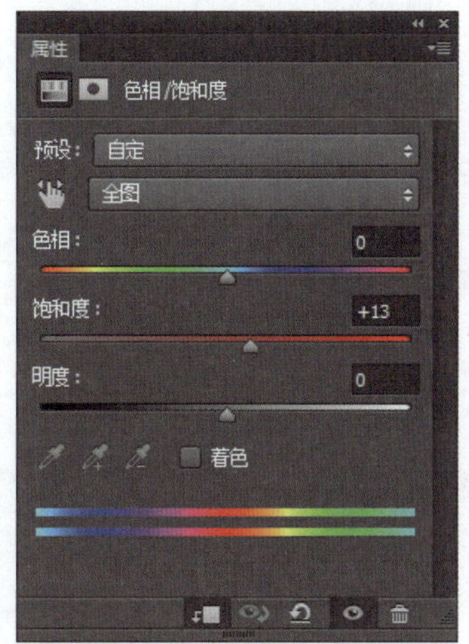

图 8—64 “色相 / 饱和度”参数设置

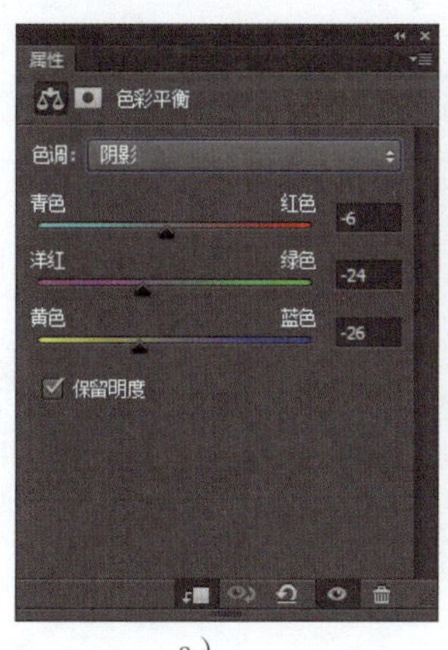

a）

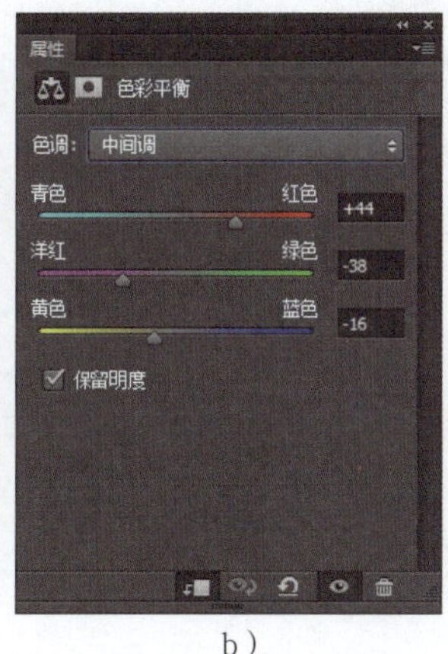

b）

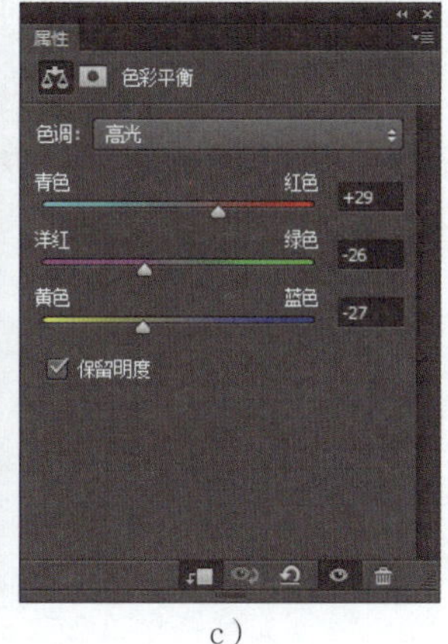

c）

图 8—65 “色彩平衡”参数设置

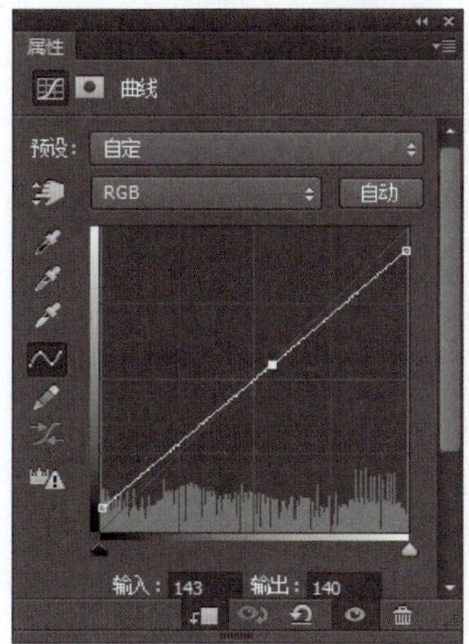

图 8—66 曲线形态

项目九
综合项目训练二

综合前面各项目所学的各种“选区工具”“变换工具”“绘图工具”“文字工具”，配合路径、蒙版和滤镜的使用，即可完成海报设计、包装设计等实际工作中常见的综合性工作任务。本项目通过“以书换书海报”“圣诞海报”“包装设计”三个任务完成相关技能的综合运用练习。

任务1　以书换书海报

学习目标

能综合运用图层、路径、蒙版、“渐变工具”、“画笔工具”、“文字工具”等完成图像的编辑制作。

任务分析

本任务利用“天空”“读书男孩”“读书女孩”和“几何背景”四个素材，通过有机地组合，搭配文字效果，设计一幅图书交换活动的艺术海报。相关素材如图9—1～图9—4所示，最终效果如图9—5所示。

● 图 9—1 天空

● 图 9—2 读书男孩

● 图 9—3 读书女孩

● 图 9—4 几何背景

任务实施

一、制作背景

背景制作效果如图 9—6 所示。

● 图 9—5 最终效果

● 图 9—6 背景制作效果

1. 执行“文件”→“新建”命令，新建文件，设置图像宽度和高度为 90 厘米 ×110 厘米，分辨率为 120 像素 / 英寸，颜色模式为 CMYK，背景为白色，名称为“以书换书”。

2. 插入素材“天空”，如图 9—7 所示。

● 图 9—7　插入素材“天空”

3. 为“天空”图层添加“图层蒙版”，选择“渐变工具”，打开“渐变编辑器”面板，调整“前景色到背景色渐变”为白色到黑色，如图 9—8、图 9—9 所示。

● 图 9—8　为图层添加图层蒙版图

● 图 9—9　调整“渐变编辑器”

4. 在蒙版上进行从上到下的渐变，使草地部分被隐藏，如图 9—10 所示；选择“天空”图层，并复制该图层为“天空 拷贝”，如图 9—11 所示。

● 图 9—10　图层蒙版

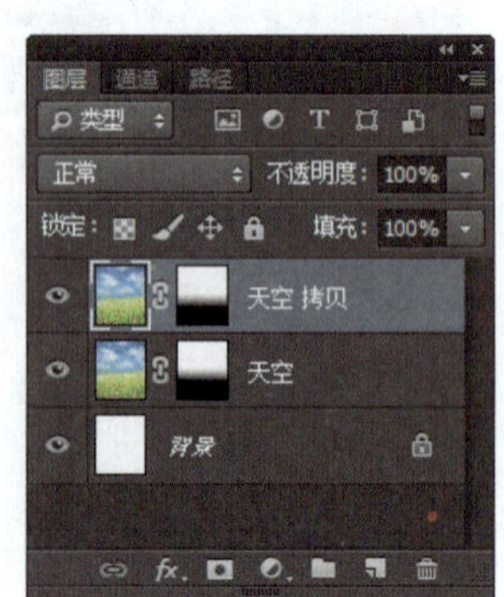

● 图 9—11　复制蒙版图层

5. 为“天空 拷贝”图层做蒙版。选中“天空 拷贝”图层的蒙版，打开“渐变编辑器”，调整颜色为黑色白色黑色的顺序，如图 9—12 所示；在“天空 拷贝”图层上从上到下拖动鼠标，把该图层的上下部分隐藏，图层如图 9—13 所示。处理好的天空效果如图 9—14 所示。

● 图 9—12 渐变设置

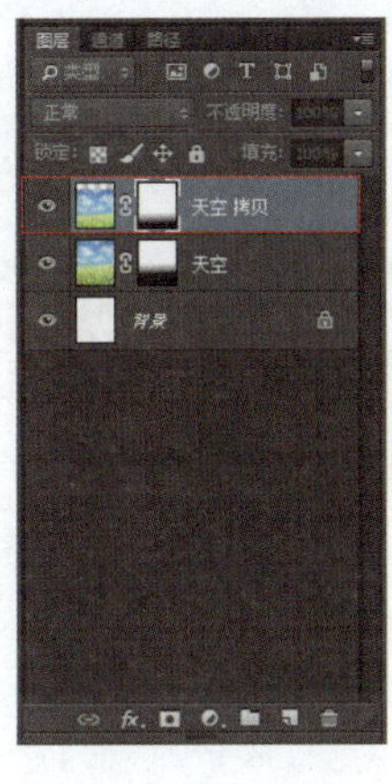

● 图 9—13 添加蒙版

● 图 9—14 处理好的天空效果

6. 打开素材“读书男孩”，并拖动到文件中来，摆放到合适位置，如图 9-15 所示。

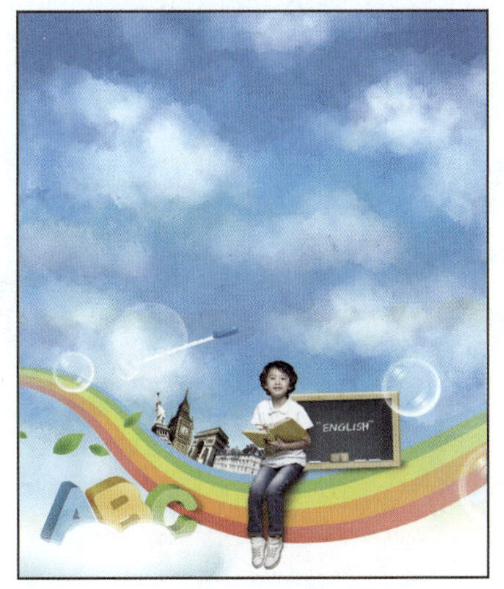

● 图 9—15 加入“读书男孩”素材的效果

7. 设置前景色为黑色，使用“画笔工具” ，在“天空 拷贝”图层的蒙版上进行涂抹，使左侧气泡显示出来，如图 9—16 所示。

● 图 9—16　调整云朵与气泡的效果

8. 打开素材“读书女孩”，拖动到文件中来，并调整其位置及大小。至此背景图制作完成，如图 9—17 所示。

● 图 9—17　加入“读书女孩”素材的效果

二、制作主题文字效果

1. 选择“横排文字工具” ，字体设为“方正粗圆简体”，输入文字“以书换书 本本精彩”。对文字进行“栅格化”，并将其分为两个图层（方便后期效果处理），使用“矩形选框工具” 选中要移动的字体，使用“移动工具” 进行位置移动，按 Ctrl+T 键自由变换来调整文字大小，调整后如图 9—18 所示。

● 图 9—18 文字调整效果

2. 打开素材“几何背景”，先调整素材的透明度为半透明，方便查看文字所在的位置，复制“几何背景”，隐藏“几何背景 拷贝”图层备用。继续复制“几何背景”，按 Ctrl+T 键，右击选择水平翻转，摆放合适的位置后按 Ctrl+E 键合并“几何背景”和“几何背景 拷贝 2”，效果如图 9—19 所示。

● 图 9—19 几何背景设置效果 1

3. 按住 Ctrl 键，单击“以书换书”文字图层，生成选区。选中“几何背景”图层，按 Ctrl+J 键进行复制图层，删除“几何背景”图层，调整新复制的图层透明度为 100，合并这两个图层，名称设为“以书换书”，如图 9—20 所示。

图 9—20　文字添加几何背景效果

4. 取消隐藏“几何背景 拷贝”图层，并复制一个新图层，然后按 Ctrl+T 键水平翻转，将翻转的新图层放置在拷贝图层的左边，中间设为玫红色效果。“本本精彩”文字图层具体操作与上一步相同，如图 9—21 所示。

图 9—21　几何背景设置效果 2

5. 双击图层（或在该图层上右击，选择混合选项打开图层样式），打开“图层样式”对话框，进行描边和投影效果设置，具体参数如图 9—22、图 9—23 所示，单击“确定”按钮，效果如图 9—24 所示。

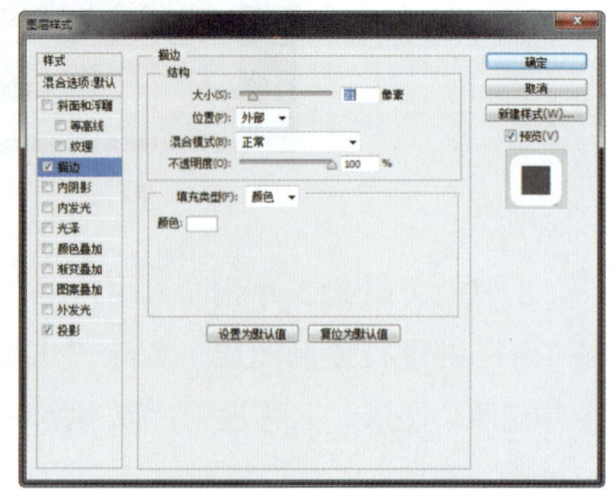

图 9—22　混合选项描边参数设置

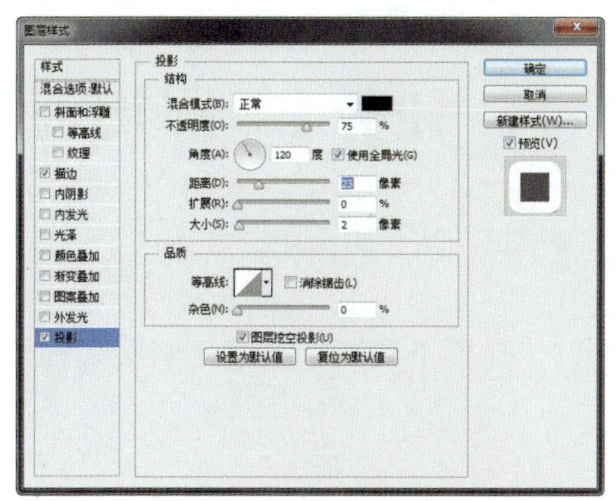

● 图 9—23 混合选项投影参数设置

● 图 9—24 文字最终效果 1

三、为海报配上文字

1. 选择“横排文字工具” T，使用“迷你简少儿”字体，设置颜色为 C75、Y100 的绿色，并设置大小为 38 的白色外部描边，输入“漫画 小说 童话 古诗 样样精通”文字内容；设置颜色为 M75 的粉色，设置大小为 10 的白色描边，输入“阅读使人充实！读书是最好的学习！”等文字内容，具体方法同“二、制作主题文字效果”，然后对这三行文字进行居中排版，效果如图 9—25 所示。

● 图 9—25 文字最终效果 2

2. 使用“椭圆选框工具”，绘制正圆，颜色依次为（C75 Y100），（C60 Y100），（M100 Y100），（M70 Y100），（M100 Y38），（C90 M65），（M40 Y95），（M80 Y60）。然后输入黑体白色字体，效果如图 9—26 所示。海报最终效果如图 9—5 所示。

● 图 9—26 圆形文字效果

任务 2　圣诞海报

学习目标

能综合运用图层、路径、蒙版、“钢笔工具”、“画笔工具”、“文字工具”等完成图像的编辑制作。

任务分析

本任务利用“铃铛”“红色礼盒”“红色背景”“金色背景”等素材，通过有机地组合，搭配文字效果，设计一张圣诞氛围的海报。相关素材如图 9—27 ~ 图 9—30 所示，最终效果如图 9—31 所示。

● 图 9—27　铃铛

● 图 9—28　红色礼盒

● 图 9—29　红色背景

● 图 9—30　金色背景

● 图 9—31　最终效果

任务实施

一、制作标志

标志的效果如图 9—32 所示。

图 9—32　标志效果

1. 执行“文件”→“新建”命令，新建文件，设置图像宽度和高度为 12 厘米 ×12 厘米，分辨率为 300 像素 / 英寸，颜色模式为 CMYK，背景为白色。

2. 选择“横排文字工具”，选择“Berlin Sans FB Demi”字体，设置颜色为 C60、M100、Y100、K60，文字大小为 43.5，输入“CRISPYSHARK”文字内容，字符间距为 10；继续使用“横排文字工具”，设置字体为“综艺体”，文字大小为 28，输入“脆脆鲨”文字内容，字符间距为 25。效果如图 9—33 所示。

3. 新建“图层 1”，选取“钢笔工具”，绘制出一条封闭的路径，如图 9—34 所示。在绘制路径过程中，可以通过 Alt 键和 Ctrl 键进行调整。

4. 选择“画笔工具”，设置画笔的参数值如图 9—35 所示。选择路径面板底部“用画笔描边路径”，如图 9—36 所示。单击路径面板灰色区域隐藏路径，描边效果如图 9—37 所示。

CRISPYSHARK
脆脆鲨

图 9—33　文字效果

● 图 9—34　路径

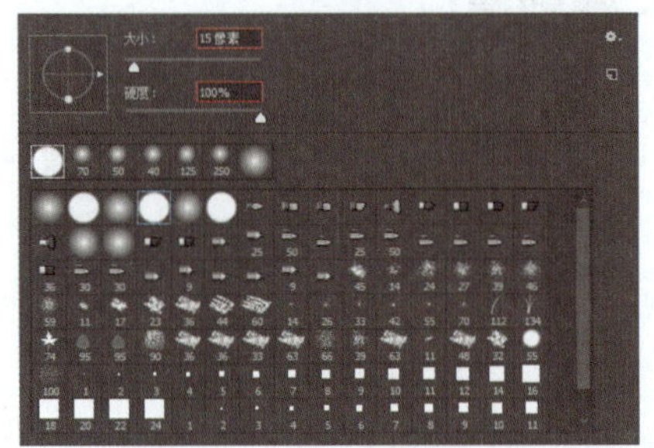

● 图 9—35　画笔面板

● 图 9—36　画笔描边路径

● 图 9—37　描边效果

5. 新建“图层 2”，选取“钢笔工具”，绘制出一条鲨鱼头外形单条路径，然后进行描边，设置与步骤 4 相同。效果如图 9—38、图 9—39 所示。

● 图 9—38　路径

● 图 9—39　描边后效果

6. 隐藏“图层 2”，打开路径面板，激活鲨鱼头路径。使用“钢笔工具”，按住 Ctrl 键，调整该路径为一条闭合的路径，如图 9—40 所示。取消“图层 2”的隐藏，按 Ctrl+Enter 键路径转选区，按 Alt+Delete 键填充前景色，按 Ctrl+D 键取消选区，使用“钢笔工具”绘制眼睛并填充，鲨鱼头效果如图 9—41 所示。

● 图 9—40　封闭路径

● 图 9—41　鲨鱼头效果

7. 新建“图层 3”，使用“画笔工具”，设置大小 32 像素，硬度为 0，前景色为白色，在文字和图像上进行高光绘制，然后调整该图层的透明度为 11%。至此标志制作完成，最终效果如图 9—32 所示。

二、海报主题背景制作

1. 新建 A4 大小文件，分辨率为 300 dpi，CMYK 模式，命名为“圣诞海报”。

2. 打开素材“金色背景”，把图片拖动到“圣诞海报”文件中来，更改图层名称为“金色背景”。素材较小，使用 Ctrl+T 键进行调整大小，图片放大之后不清晰，所以为其添加“高斯模糊”滤镜效果，如图 9—42、图 9—43 所示。

● 图 9—42 高斯模糊

● 图 9—43 模糊效果

3. 打开素材“红色背景”，把图片拖动到“圣诞海报”文件中来，更改图层名称为“红色背景”。素材较小，使用 Ctrl+T 键进行调整大小。使用“魔棒工具”选取画面中的白色鹿，容差设为 40（若在选取过程中有部分区域没选中，可以按住 Shift 键在未选中区域单击，添加到选区里面），按 Ctrl+Shift+J 键进行剪切粘贴，放到合适位置。选择“仿制图章工具”，按住 Alt 键吸取红色区域，在原来鹿的位置进行涂抹，效果如图 9—44 所示。然后把“红色背景”和“鹿”图层的混合模式设置为“柔光”。柔光效果如图 9—45 所示。

● 图 9—44 鹿的效果

4. 插入“金色背景”素材，更改图层名称为“金色礼盒”。为该图层添加“图层蒙版”，选择“画笔工具”，设置画笔硬度为 0，前景色为黑色（黑色表示透明），在礼盒以外的区域进行涂抹，效果如图 9—46 所示。

5. 打开“红色礼盒”素材，选择“魔棒工具”，单击红色礼盒的白色区域生成选区，按 Ctrl+Shift+I 键反选，拖动红色礼盒到文件中，然后复制 2 个，调整位置，并添加投影，效果如图 9—47 所示。使用相同方法添加铃铛素材，并添加投影效果，放置合适位置。在红色背景层上用套索工具圈出一个雪花，然后选择图层混合模式为“滤色”，并添加“图层蒙版”处理周边，效果如图 9—48 所示。最终效果如图 9—49 所示。

图 9—45　柔光效果

图 9—46　金色礼盒效果

图 9—47　红色礼盒效果

图 9—48　雪花效果

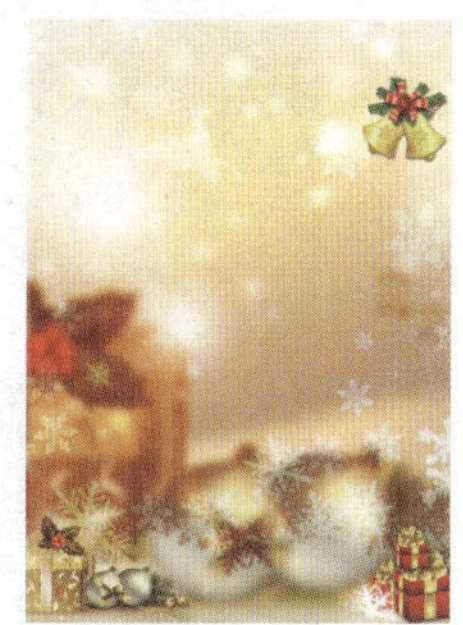

图 9—49　最终效果

6. 设置前景色为 C60、M90、Y100、K52，字体为“Arial Black”，选择“横排文字工具”，输入英文文字。选择“画笔工具”中的“硬边圆”，大小设为 10，硬度设为 100，使用该前景色绘制线条；选择“自定形状工具”中的雪花，选 2 个相同大小的，摆放到合适的位置。选择“横排文字工具”，色彩设为 Y100，选择“经典特宋简”字体输入主题文字，并设置相应效果，参数如图 9—50 ~ 图 9—52 所示，效果如图 9—53 所示。

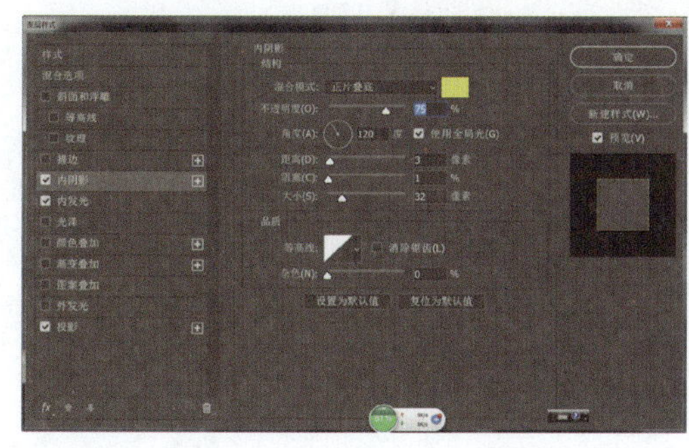

图 9—50　内阴影参数

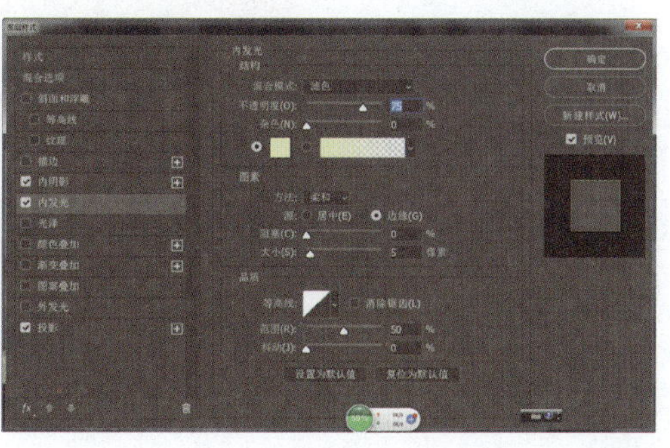

图 9—51　内发光参数

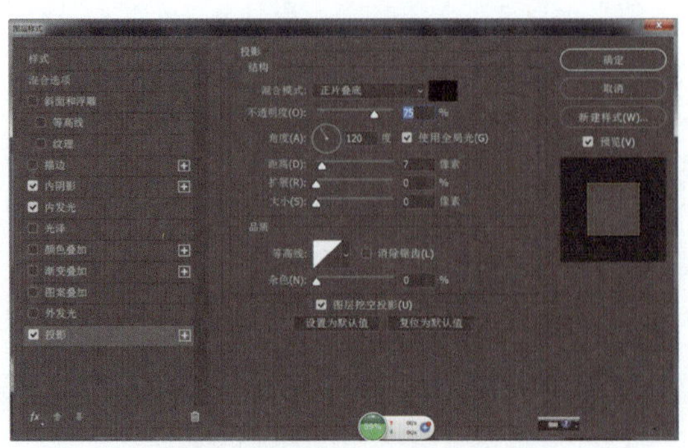

● 图 9—52 投影参数

● 图 9—53 中英文字体

7. 新建图层命名为“雪”，选择“画笔工具”，使用白色绘制雪造型，并为雪添加“斜面和浮雕”效果，参数设置如图 9—54 所示，效果如图 9—55 所示。

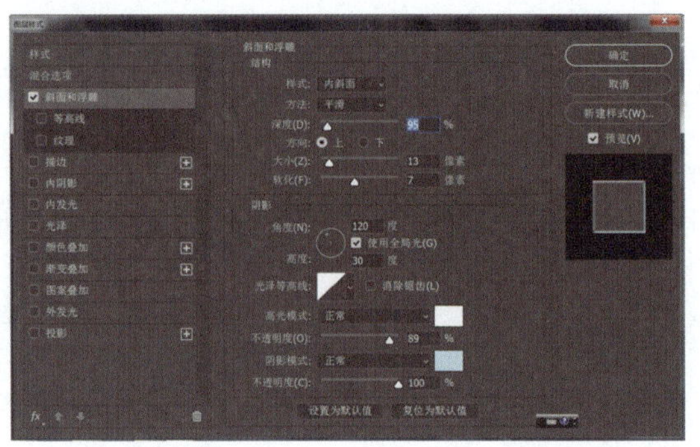

● 图 9—54 “斜面和浮雕”参数设置

● 图 9—55 雪效果

8. 按步骤 7 的方法重绘其他文字上的雪或复制“雪”图层，移动到合适位置，通过添加“图层蒙版”来处理大小的问题。效果如图 9—56 所示。

● 图 9—56 所有雪效果

9. 新建“组”并命名为“标志”，将前面做好的标志图层拖动到该文件中。海报最终效果如图 9—31 所示。

任务 3　包装设计

学习目标

能综合运用图层、路径、蒙版、“钢笔工具”、“画笔工具”、“文字工具”、“自由变换工具”等完成图像的编辑制作。

任务分析

本任务利用“印张”“食品”“山”等素材，通过有机地组合，搭配文字效果和立体效果，设计一个产品包装效果图。相关素材如图 9—57 ~ 图 9—59 所示，最终效果如图 9—60 所示。

● 图 9—57　印章

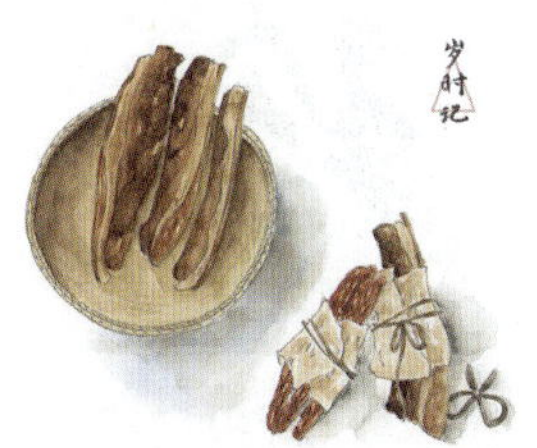

● 图 9—58　食品

● 图 9—59　山

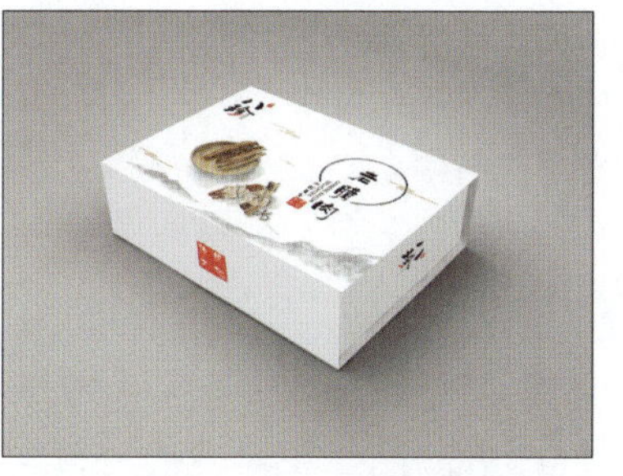

● 图 9—60　最终效果

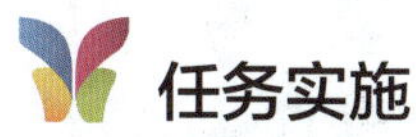

任务实施

一、制作标志

标志的效果如图 9—61 所示。

1. 新建文件，设置图像宽度和高度为 12 厘米 ×12 厘米，分辨率为 300 像素 / 英寸，颜色模式为 CMYK，背景为白色。

● 图 9—61 标志效果

2. 选择"直排文字工具" ，设置颜色为 C100、M100、Y100、K100，选择"叶根友毛笔行书 2.0 版"字体，文字大小为 100 点，输入"八"文字内容，选择"经典行楷繁"，文字大小设为 126 点，输入"珍"文字内容，栅格化"珍"文字图层，效果如图 9—62 所示，图层如图 9—63 所示。

● 图 9—62 文字效果

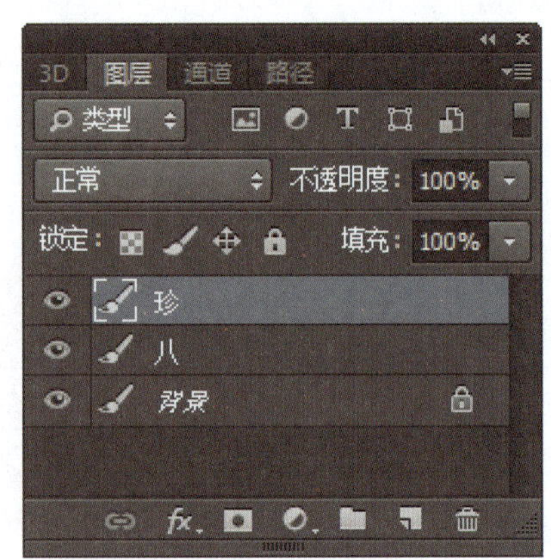

● 图 9—63 图层

3. 选择"珍"图层，使用"多边形套索工具" 把"珍"字的最后一笔选中，按 Ctrl+Shift+J 键进行剪切，让这笔"撇"与字体分开为新的图层"撇"，并将其填充为 M100、Y100 的红色，效果如图 9—64 所示。选中"珍"图层，按住 Ctrl 键单击图层生成选区，去掉左边"王"字旁选区，只保留"人"字部分，删除选区内的内容，选择"路径面板"底部的"从选区生成工作路径"，然后使用"钢笔工具"对该路径进行调整，把调整好的路径生成选区，进行填充，效果如图 9—65 所示。

● 图 9—64 红色部分效果

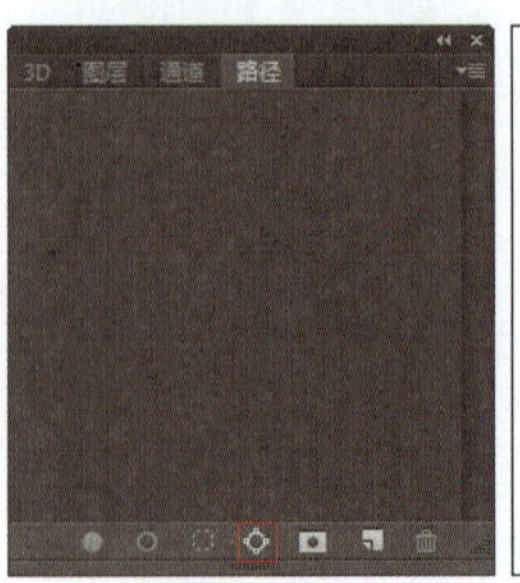

● 图 9—65 调整路径后效果

4. 选择“画笔工具”，设置画笔的参数值如图 9—66 所示，绘制一条直线；选择“横排文字工具” T，输入英文文字，Ctrl+T 键自由变换，右击，选择“顺时针旋转 90°”选项，摆放到合适位置。打开“印章”素材，选取需要的印章素材拖动到合适位置，标志效果如图 9—61 所示。

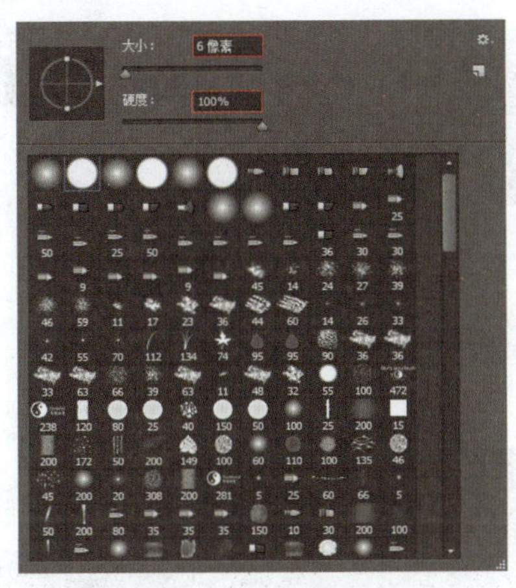

图 9—66　画笔设置

二、制作平面图

1. 新建文件，设置图像宽度和高度为 26 厘米 ×22 厘米、300 dpi、CMYK 模式。按 Ctrl+R 键打开标尺，选择移动工具，在标尺左边位置分别向右拖动建立 6 条纵向参考线，位置为 1 厘米、3.6 厘米、11.2 厘米、13.8 厘米、21.4 厘米、24 厘米；同样方法建立 4 条横向参考线，位置为 1 厘米、3.6 厘米、9.8 厘米、12.4 厘米；新建图层，填充出盒子造型。效果如图 9—67 所示。

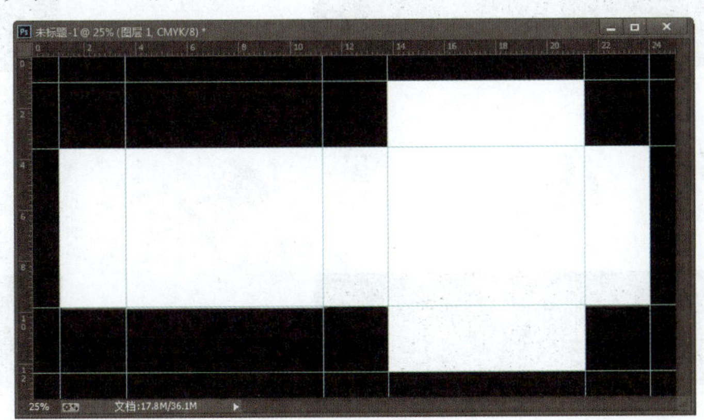

图 9—67　参考线效果

2. 打开上一环节做好的标志文件，选中除背景以外的图层，按 Ctrl+E 键合并选中

的图层，将图层重命名为“标志”，拖动该图层到平面图中来，并复制“标志”图层，摆放到合适的位置；打开“食品”素材，拖动到文件中来，放置在“标志”图层下方，调整大小并为该图层添加“图层蒙版”处理掉食品周围的背景和文字，效果如图 9—68 所示。

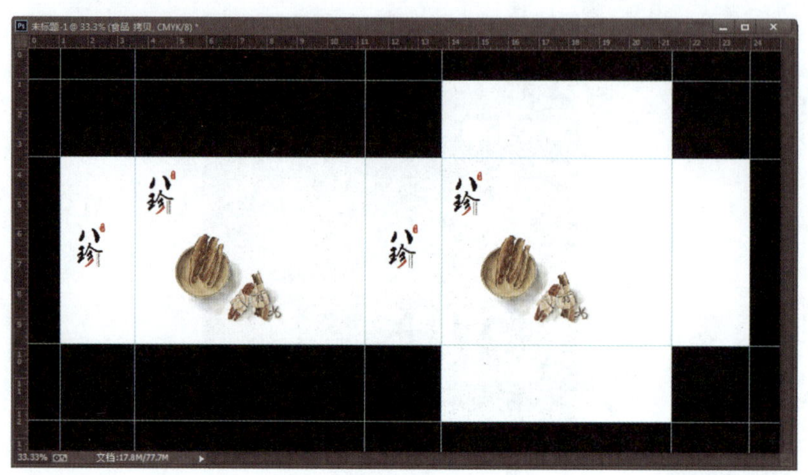

● 图 9—68 添加素材效果

3. 打开“山”素材，移动到文件中放置食品下层，调整大小摆放到合适位置。单击“图层 1”生成选区，选中“山”图层，按 Ctrl+Shift+I 键反选，删除“图层 1”以外的部分，并为该图层添加“图层蒙版”，然后复制一个副本放置在另一侧。最终效果如图 9—69 所示。

● 图 9—69 标志效果

4. 新建“图层 2”，选择“椭圆选框工具”，按住 Shift 键绘制一个正圆。设置前景色为黑色，按 3 像素为选区描边，取消选区。选择“直排文字工具”，设置文字颜色为黑色、大小为 25 点、字距为 75、字体为“迷你简柏青”，输入“老腊肉”。采用“一、制作标志”中步骤 4 的方法输入其余的英文文字。使用“迷你简柏青”字体输入“中国美食”，并用选区工具删除文字部分的圆形线条。文字最终效果如图 9—70 所示。

图 9—70 文字最终效果

5. 打开“印章”素材，拖动需要的印章到文件中，并放到合适的位置。选中主题包含文字的全部图层，复制一份摆放到平面图背面，效果如图 9—71 所示。

图 9—71 主题效果

6. 选择“钢笔工具”，绘制云纹，设置前景色为 C30、M50、Y80，新建“图层 5”，设置画笔大小为 2 像素、硬度为 100%，选择“路径面板”底部的“用画笔描边路径”，隐藏路径，复制图层，并进行大小、翻转、剪切等调整，使图像到合适的位置。平面图最终效果如图 9—72 所示。

图 9—72 平面图最终效果

三、制作立体效果

1. 打开“礼盒”素材，复制一个“平面图文件”的副本，保留源文件备用，然后按 Ctrl+E 键合并除背景以外的图层。选择“矩形选框工具” ，框选平面图中礼盒的正面部分，使用“移动工具” 将“礼盒”拖到文件中来，用同样方法拖动其他面到文件中来。

2. 将三个面放置到礼盒的点上，便于透视调整，隐藏其他两个图层，只保留正面效果，如图 9—73、图 9—74 所示。

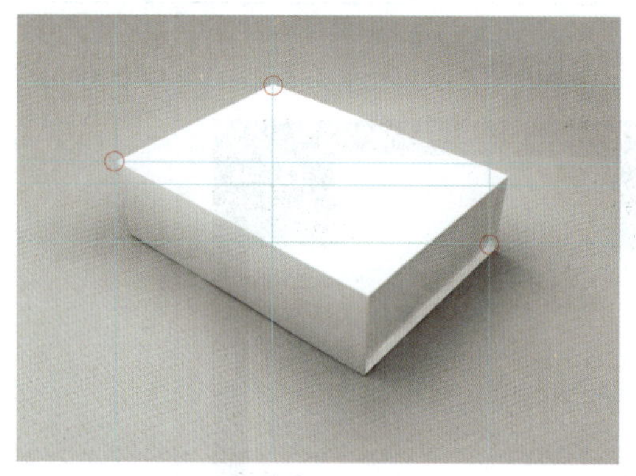

图 9—73　定位点

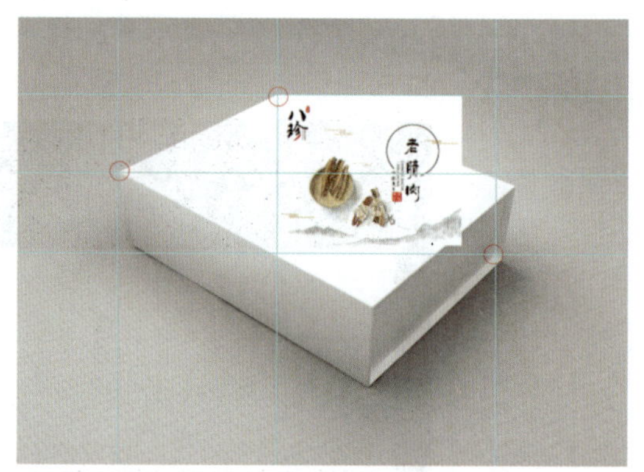

图 9—74　正面放置位置

3. 选择正面图层，按 Ctrl+T 键自由变换，按住 Ctrl 键，拖动 1、2、3 点到相应的位置上，效果如图 9—75、图 9—76 所示。

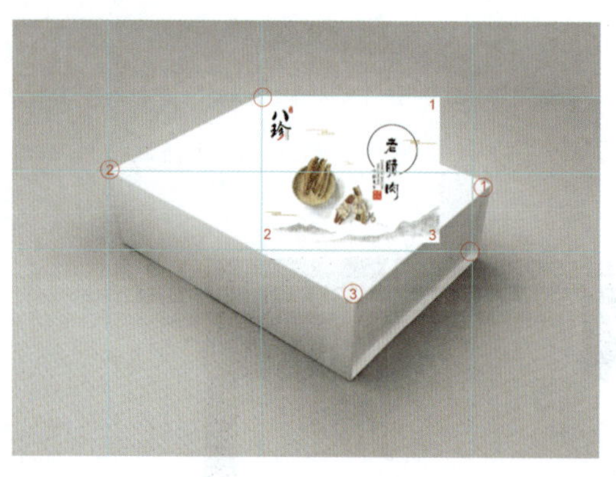

图 9—75　对应的点

图 9—76　透视后效果

4. 使用同样方法对其他两个面进行透视调整。按住 Ctrl 键单击前侧面“图层 2”，生成选区，新建“图层 4”，填充浅灰色；选中前侧面中的白色部分，按 Ctrl+Shift+I 键反选，选择“图层 4”，按 Delete 键删除，效果如图 9—77 所示。用同样方法对“图层

3”进行处理，最终效果如图 9—60 所示。

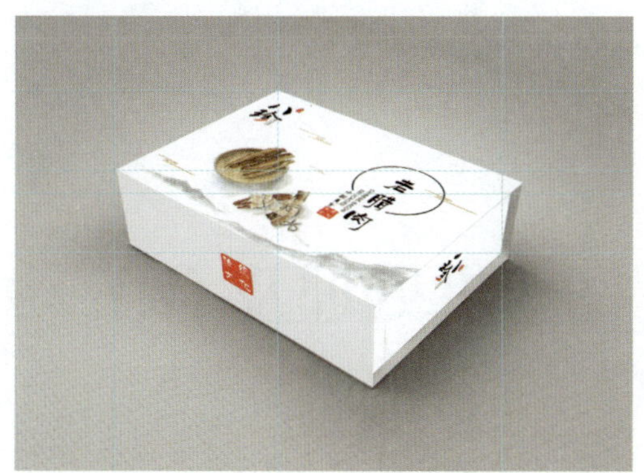

图 9—77 侧面效果

项目十 通道的应用、图像批处理及 GIF 动画的制作

本项目主要学习通道的应用、图像批处理及 GIF 动画的制作三项 Photoshop 的常用功能。一幅图像根据不同的颜色模式，利用“通道”可以分离出相应的颜色效果，常用于选取复杂图像的选区（常称为“抠图”）和颜色调整等。对于需要用同一过程处理的批量图片，使用批处理功能可以高效地完成，避免重复劳动。除了静态的图片，Photoshop 还支持目前在互联网上广泛流行的 GIF 动画的制作。本项目通过“含苞待放”“夕阳人像”“小狗和树”“秋天来了”等任务学习通道的使用；通过“图片水印”任务学习批处理功能的使用；通过“流汗的小狮子”任务学习 GIF 动画制作的基本方法。

任务 1　含苞待放

学习目标

1. 理解颜色模式和通道的概念、类型和作用。
2. 理解颜色模式和通道的关系。
3. 能更改图像的颜色模式。
4. 能利用通道对图像进行颜色调整。

任务分析

很多图片都有这种效果：在一片单调的怀旧色中突然有一抹彩色存在，非常亮眼而且突出主题。本任务利用颜色模式的转换，用通道将图 10—1 所示图像的颜色进行调整，实现这种效果，如图 10—2 所示。

● 图 10—1　素材

● 图 10—2　最终效果

相关知识

一、颜色模式和通道的概念

颜色模式是将某种颜色表现为数字形式的模型，或者说是一种记录图像颜色的方式。不同的颜色模式通过不同基本元素的各种组合对颜色进行记录。Photoshop 中的颜色模式有 RGB 颜色模式、CMYK 颜色模式、Lab 颜色模式、灰度模式、位图模式、双色调模式、索引颜色模式、多通道模式。

通道是以灰度图像形式存储图片颜色信息和选区的一个载体。在 Photoshop 中，通道可以分为颜色通道、专色通道和 Alpha 通道 3 种。

二、颜色模式

1. RGB 颜色模式

RGB 颜色模式将每种颜色都看作红（R）、绿（G）、蓝（B）三个分量的组合，为每个分量分别分配一个强度值。通过三个分量不同强度值的组合，即可记录不同的颜色。RGB 颜色模式下还有 8 位 / 通道、16 位 / 通道、32 位 / 通道三种选择，位数越高，

每个分量的强度值划分越多，可记录的颜色就越多。在 8 位 / 通道的图像中，彩色图像中每个分量的强度值的范围为 0 到 255。

新建的 Photoshop 图像的默认模式为 RGB 颜色模式，计算机显示器使用 RGB 颜色模式显示颜色。

2. CMYK 颜色模式

CMYK 颜色模式将每种颜色都看作青色（C）、洋红色（M）、黄色（Y）、黑色（K）四个分量的组合，每个分量用百分比记录，百分比越高，颜色越深。CMYK 颜色模式常用于印刷，四个分量实际对应四种颜色的油墨。

3. Lab 颜色模式

Lab 颜色模式基于人对颜色的感觉，是与设备无关的颜色模型。Lab 颜色模式包括亮度分量（L）、a 分量（绿色 – 红色轴）和 b 分量（蓝色 – 黄色轴）。其中亮度分量用于记录颜色的亮度信息，即颜色的深浅，范围是 0 ~ 100；a、b 两个分量用于记录相应的颜色信息，范围是 −128 ~ +127。

4. 灰度模式

灰度模式仅记录图像中不同的灰度等级，不包括其他颜色的信息。转换为灰度模式后，将只能保留不同深浅的灰色，最浅为白色，最深为黑色，其他颜色信息将丢失。

5. 位图模式

位图模式仅使用黑色或白色两种颜色值之一表示图像中的像素。

6. 双色调模式

双色调模式通过一至四种用户自定颜色的组合记录颜色信息，即可创建单色调、双色调（两种颜色）、三色调（三种颜色）和四色调（四种颜色）的图像。

7. 索引颜色模式

当图像转换为索引颜色时，Photoshop 将构建一个颜色查找表，用以存放并索引当前图像中的颜色。添加新颜色时，如果某种颜色没有出现在该表中，则程序将选取最接近的一种，或使用仿色以表中的颜色来模拟该颜色。

8. 多通道模式

多通道模式图像中可包含多个通道，每个通道中包含 256 个灰阶，可用于特殊打印。

三、通道

在 Photoshop 中，通道可以分为颜色通道、专色通道和 Alpha 通道 3 种。本任务主要学习颜色通道和专色通道，Alpha 通道将在任务 2 中介绍。

1. 颜色通道

颜色通道就是将构成图像的全部颜色信息整理并表现为单色图像的工具。根据图像颜色模式的不同，颜色通道的种类也各异。

每个图像都有一个或多个颜色通道，图像中默认的颜色通道数取决于其颜色模式，即一个图像的颜色模式将决定其颜色通道的数量。在默认情况下，CMYK 图像有 4 个通道；RGB 和 Lab 图像有 3 个通道；位图模式、灰度、双色调和索引颜色图像只有 1 个通道。

每个颜色通道都存放着图像中相应颜色的信息。所有颜色通道中的颜色叠加混合产生图像中像素的颜色。

2. 专色通道

专色通道来源于印刷中的专色油墨。在印刷中，一部分颜色不是靠 CMYK 四色混合出来的，而是需要用一种预先混合好的特定彩色油墨或较特殊的预混油墨才能印刷出来，如明亮的橙色、绿色、荧光色、金属银色、烫金版、凹凸版、局部光油版等。专色通道就是用来记录这些专色信息的。但在 Photoshop 的实际应用中，专色通道并不局限于印刷用途。

按住 Ctrl 键单击“图层”面板中的创建新通道按钮，可新建一个专色通道。

将其他模式的图像转换为多通道模式时，原始图像中的颜色通道在转换后的图像中将变为专色通道。将 CMYK 图像转换为多通道模式，可以创建青色、洋红、黄色和黑色专色通道。将 RGB 图像转换为多通道模式，可以创建青色、洋红和黄色专色通道。从 RGB、CMYK 或 Lab 图像中删除一个通道，可以自动将图像转换为多通道模式，从而拼合图层。

3. 通道的显示和编辑

在颜色通道或专色通道中，通过不同的灰度值显示和记录该颜色分量的强度。灰度越深、越接近黑色的位置，该颜色分量的强度越低（可理解为该颜色“被遮住”）；灰度越浅、越接近白色的位置，该颜色分量的强度越高。

因此，编辑通道中灰度的深浅，即可设置该位置相应颜色分量的强度。例如，想去掉某区域中的红色成分，则在红色通道中将该区域涂为黑色即可。

Photoshop CC 还支持以彩色模式来显示通道，使用户观察更直观，可通过选择菜单“编辑”→“首选项”→“界面”命令，在对话框中勾选或取消勾选“用彩色显示通道”选项来设置。

任务实施

1. 执行“文件”→“打开”命令，打开本任务“素材.jpg”文件，观察通道，如图10—3所示。

● 图10—3 观察通道

2. 执行“图像”→“模式”→“CMYK颜色”命令，观察通道，如图10—4所示。

● 图10—4 转换为CMYK模式

3. 执行“图像”→“模式”→“多通道”命令，观察通道，如图10—5所示。

4. 执行“图像”→“模式”→“灰度”命令，将“青色”通道转换为“灰色”通道，如图10—6所示。

5. 在“通道”调版中选择“黑色”通道，执行“图像”→“调整”→“色阶”命令，增加图像的对比度，参数设置如图10—7所示。

● 图 10—5　转换为多通道模式

● 图 10—6　转换为灰度模式

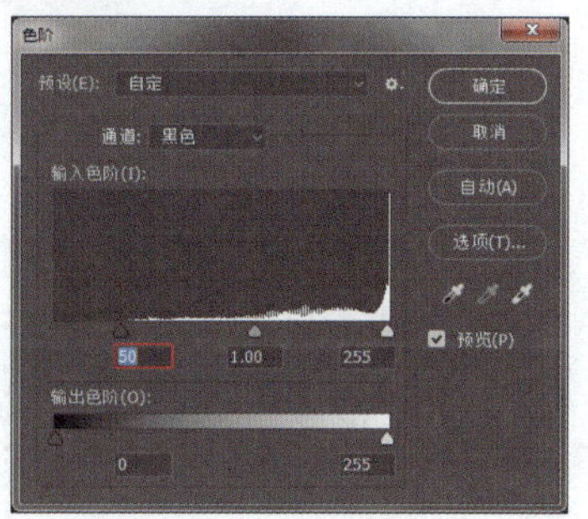

● 图 10—7　“色阶”参数设置

6. 双击“洋红”通道，设置“油墨特性”颜色为 #610639，将鲜艳的红色调暗，如图 10—8 所示。

7. 执行“图像”→“模式”→“RGB 颜色”命令，按住 Shift 键，选中全部通道，单击“通道”面板的扩展按钮，单击“合并专色通道”将转色通道与颜色通道合并（即用 R、G、B 三个通道的参数记录专色通道中的颜色），如图 10—9 所示，合并后效果如图 10—2 所示。

● 图 10—8　设置“油墨特性”颜色

● 图 10—9　合并专色通道

8. 回到“图层”面板，选择“历史记录画笔工具”，将图像中花的颜色还原。

任务 2　夕阳人像

学习目标

1. 理解 Alpha 通道的概念和作用。
2. 理解 Alpha 通道和选取的关系。
3. 能使用 Alpha 通道存储选区。
4. 能使用滤镜编辑通道。

任务分析

本任务利用图 10—10 所示背景素材，为图 10—11 所示夕阳人像照片增加一个画框，首先利用 Alpha 通道存储选区，然后利用滤镜对通道进行编辑，最终效果如图 10—12 所示。

图 10—10　素材 1

图 10—11　素材 2

图 10—12　最终效果

相关知识

一、Alpha 通道的意义

Alpha 通道是一种特殊通道，主要用来创建和存储选区。在 Alpha 通道中，白色代表选区，黑色代表非选区，灰度图像代表有一定羽化效果的选区。

二、Alpha 通道的创建

选定一个选区后，执行“选择”→“存储选区”命令，便可以将这个选区存储为一个永久的 Alpha 通道。此时，“通道”面板中会出现一个新的通道。

三、Alpha 通道面板的使用

在“通道”面板中可以同时显示出图像中的颜色通道、专色通道及 Alpha 通道，每个通道都以一个小图标的形式出现，以便控制。

可以将 Alpha 通道转化为专色通道，它会影响该通道的观察状态。直接在“通道”面板上双击 Alpha 选区通道的图标，或选中 Alpha 通道后，使用“通道”面板菜单中的“通道选项”命令，如图 10—13 所示，均可调出 Alpha 通道的“通道选项”对话框，如图 10—14 所示。

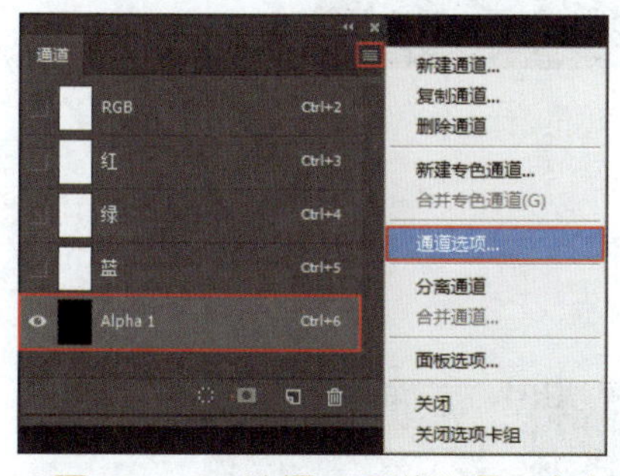

图 10—13　选择“通道选项”命令

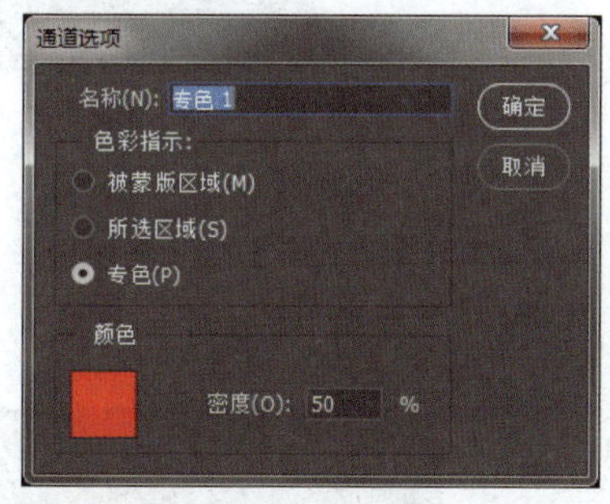

图 10—14　“通道选项”对话框

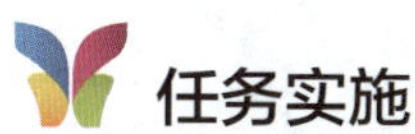

任务实施

1. 打开本任务“素材 1.jpg”和“素材 2.jpg”两个文件。

2. 选择“移动工具”，将“素材 2.jpg”中的图像移动到“素材 1.jpg”中，如图 10—15 所示。

● 图 10—15 移动素材

3. 选择“矩形选框工具”，在选项栏中设置羽化为 20 像素，在图像中绘制一个较大的矩形选区，如图 10—16 所示。

● 图 10—16 绘制矩形选区

4. 选择“通道”面板，单击“将选区存储为通道”按钮，生成“Alpha 1”通道，如图 10—17 所示。

● 图 10—17 将选区存储为通道

5. 按 Ctrl+D 键取消选择，在“通道”面板中选择“Alpha 1”通道，如图 10—18 所示。

6. 按 Ctrl+I 键执行反相操作，效果如图 10—19 所示。

● 图 10—18 选择“Alpha 1”通道

● 图 10—19 执行反相

7. 执行“滤镜”→“像素化”→“晶格化”命令，设置单元格大小为 25，效果如图 10—20 所示。

8. 按 Ctrl+I 键对 Alpha 1 通道执行反相操作，效果如图 10—21 所示。

● 图 10—20 使用滤镜编辑通道

● 图 10—21 执行反相

9. 选择“Alpha 1”通道，执行“选择”→“载入选区”命令，在弹出的对话框中保持默认选项并确认，回到“图层”调板，选择“图层 1”，如图 10—22 所示。

提示

还可以按住 Ctrl 键，单击所要选择通道的缩略图，将通道作为选区载入。

10. 单击“添加图层蒙版”按钮，为“图层 1”添加图层蒙版，如图 10—23 所示。最终效果如图 10—12 所示。

● 图 10—22　将通道作为选区载入

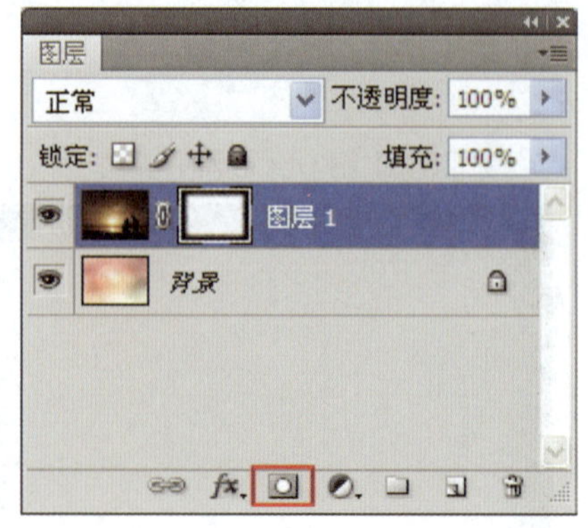

● 图 10—23　添加图层蒙版

任务 3　小狗和树

学习目标

1. 了解常用的抠图方法。
2. 能使用“图像调整工具”“绘图工具”等编辑通道。

任务分析

抠图是 Photoshop 中很常见的操作，就是将一幅图片中的某一部分截取出来，再和另外的图片进行合成。如果遇到需要编辑的物体边缘很多很杂，如动物的毛发或人物的头发，使用普通的抠图工具很难实现抠图，这时可用通道来实现。本任务要求利用通道为毛发较多的宠物狗换背景，素材和最终效果如图 10—24 ~ 图 10—26 所示。

● 图 10—24　素材 1

● 图 10—25　素材 2

● 图 10—26　最终效果

相关知识

一、常见的抠图方法

常见的抠图方法有多种，在前面的项目中已经使用过了一些，现将其适用范围、思路和缺点归纳如下。

1. 磁性套索抠图法

（1）适用范围：图像边界清晰。

（2）思路：磁性索套会自动识别并黏附图像边界。

（3）缺点：完成的选区稍显粗糙，不够精细。

2. 魔棒抠图法

（1）适用范围：图像和背景色色差明显。

（2）思路：通过选择并删除背景色来获取图像。

（3）缺点：不适用于颜色及形状复杂的图像。

3. 色彩范围抠图法

（1）适用范围：图像和背景色色差明显，背景色单一。

（2）思路：通过选择并删除背景色来获取图像。

（3）缺点：不适用于带有复杂背景色的图像。

4. 快速蒙版抠图法

（1）适用范围：图像边界清晰，不复杂。

（2）思路：使用黑色画笔在想要选中的区域外涂抹。

（3）缺点：速度慢，不精细。

5. 路径抠图法

（1）适用范围：图像边界复杂。

（2）思路：逐一放置锚点来抠图。

（3）缺点：过程烦琐，速度慢。

除以上几种方法外，还可以使用本项目所学的“通道”进行抠图，其原理是图像中主体和背景的颜色分离到各个通道后，在不同通道中的差异并不相同，在差异较大的通道中操作，就可以很容易地分辨主体和背景的边界，从而方便地进行抠图。

二、通道与抠图的关系

通道是根据图片的颜色模式进行分离的，通道中不同的颜色形成了不同的选择范

围。在单一通道载入选区时，选择的并不是单一颜色点，而是选择了含有该颜色点的像素点，所以转换为全通道后就可以选择所需要的部分，从而对图像进行选取、剥离，达到抠图的效果。

任务实施

1. 执行“文件”→“打开”命令，打开本任务“素材 1.jpg”文件。

2. 打开“通道”面板，观察不同颜色通道状态下图片的状态，如图 10—27 ~ 图 10—29 所示。

● 图 10—27 “红”通道

● 图 10—28 “绿”通道

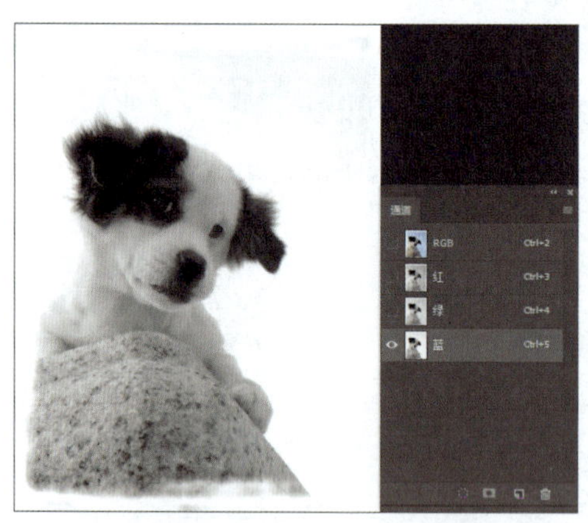

● 图 10—29 “蓝”通道

3. 通过观察可发现，在“蓝”通道状态下图片中的动物和背景颜色差别最大，所以复制“蓝”通道，得到“蓝 拷贝”通道，如图 10—30 所示。

提示

载入选区并复制通道，可拖动需要复制的通道到“创建新通道”按钮上，即可得到一个通道的副本。

4. 执行“图像”→“调整”→“色阶”命令，调出色阶通道，参数设置如图 10—31 所示，其目的是增大图像的对比度。

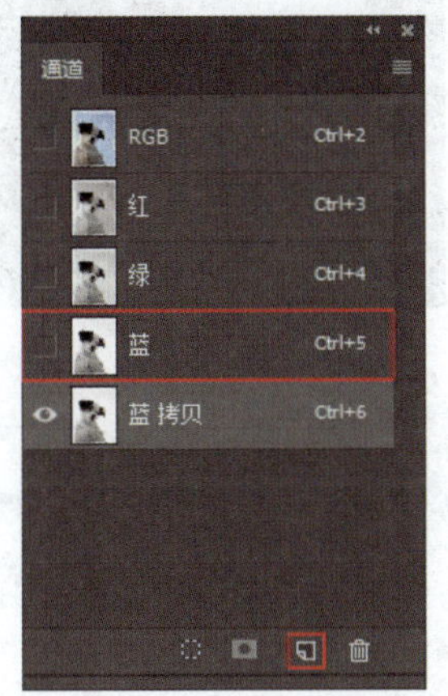

图 10—30 复制“蓝”通道

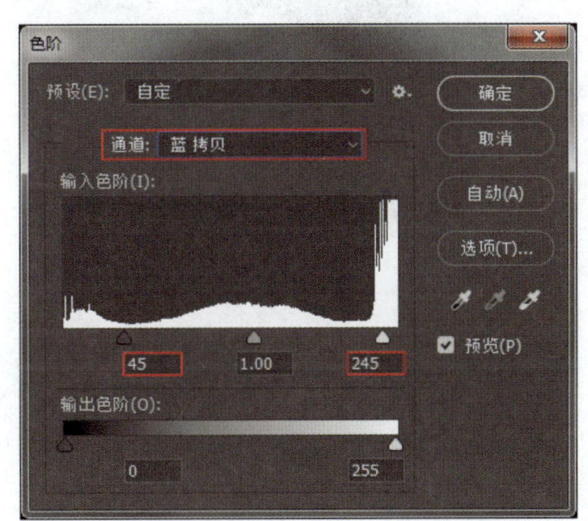

图 10—31 “色阶”参数设置

5. 将前景色设置为黑色，背景色设置为白色。选择“画笔工具”，将小狗涂成黑色，背景涂成白色。

提示

灵活运用 X 键，切换前景色和背景色涂抹图像。

6. 注意边缘毛发的处理。可将“画笔工具”的模式改成“叠加”，画笔笔触选择“柔角”，如图 10—32 所示。在毛发边缘处涂抹时，同一地方涂抹次数不宜多，完成效果如图 10—33 所示。

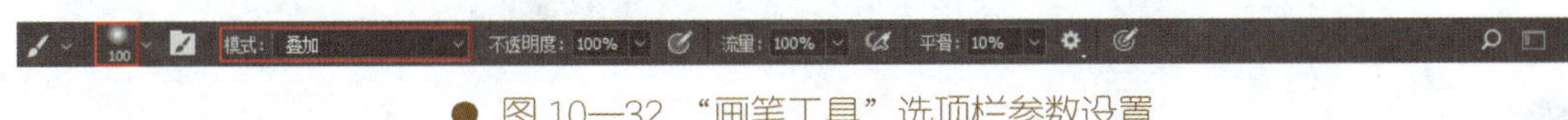

图 10—32 “画笔工具”选项栏参数设置

提示

“画笔工具”模式重点在于区域性的保护。使用“叠加”模式可以在黑白图像状态下只对相似颜色进行叠加，如使用黑色进行涂抹时灰色会被叠加、覆盖，而白色区域不会被黑色影响。

但同一地方涂抹次数过多会使边缘粗糙、像素锐化。

7. 按 Ctrl+I 键反相，继续将小狗和背景处理好，得到的效果如图 10—34 所示。

● 图 10—33 画笔涂抹效果

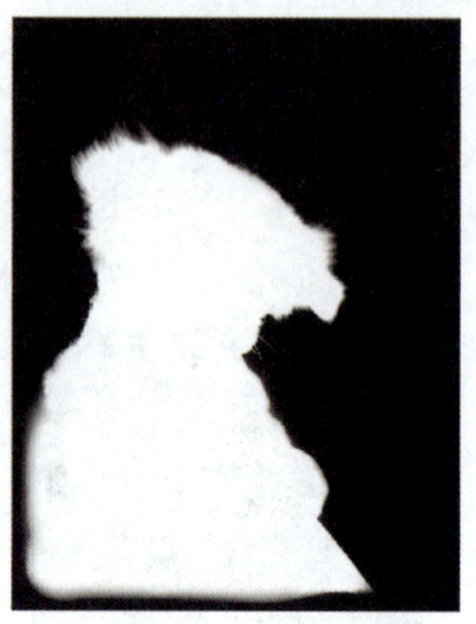

● 图 10—34 反相效果

8. 单击“通道”面板的“将通道作为选区载入”按钮，图像中的白色部分被选中，回到“图层”面板，按 Ctrl+J 键复制图层，刚刚选中的区域就复制到了新的图层中，如图 10—35 所示。

● 图 10—35 复制图层

9. 打开本任务“素材 2.jpg”文件，按 Ctrl+A 键全选，按 Ctrl+C 键复制。回到小狗的文件中，按 Ctrl+V 键粘贴，得到一个新的图层，如图 10—36 所示。

10. 执行“滤镜”→“模糊”→“高斯模糊”命令，设置模糊半径为 2.5 像素，如图 10—37 所示。

11. 调整图层顺序，将“图层 1”放到“图层 2”上面，选择“移动工具”，将“图层 1”的小狗往画面的左下方移动。最终效果如图 10—26 所示。

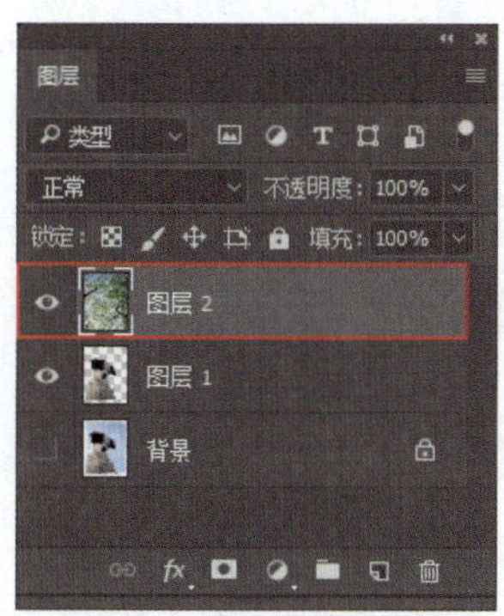

图 10—36　生成新图层

图 10—37　高斯模糊

任务 4　秋天来了

学习目标

1. 理解计算命令的含义。
2. 能利用计算命令编辑通道。

任务分析

现实生活中的春夏秋冬更替不能人为改变，但利用 Photoshop 可以将图片变成想要的季节。本任务将利用计算命令，将图 10—38 所示夏天的照片修改为秋天的效果，即将绿叶变为红叶，如图 10—39 所示。

图 10—38　素材

图 10—39　最终效果

相关知识

选区之间可以有相加、相减、相交的不同算法。Alpha 通道是存储起来的选区，同

样可以利用计算的方法来实现各种复杂的效果，制作出新的选区形状。下面将讲解通道之间的计算。

相对而言，通道间的计算要比通道与选区间的计算复杂得多。在 Photoshop 中，执行“图像”→“计算”命令，直接以不同的 Alpha 通道进行计算，生成一些新的 Alpha 通道，也就是一些新的选区。

在“计算”对话框（图 10—40）中，可以选择计算源、计算使用的混合方式以及计算结果存储的位置。其中，计算源可以是 Alpha 通道，也可以是颜色通道，还可以是图像中所有像素点折算出的灰度值，或者是某个图层中的不透明区域；在混合方式中可以设置透明度的变化，也可以选择一个蒙版通道，使计算局限于图像的某一个局部区域；而单击“确定”按钮后，这个结果会以一个新的 Alpha 通道的形式出现在“通道”面板中，当然，也可将这个新的通道存储在一个新文档中，或使结果以一个选区的形式出现在图像之中。

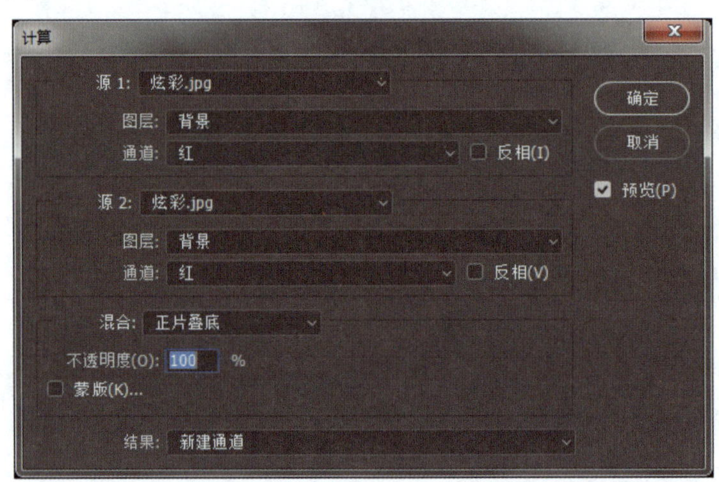

图 10—40 “计算”对话框

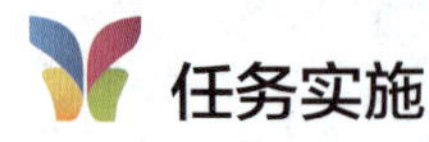

任务实施

1. 打开本任务“素材 .jpg”文件。

2. 想要将绿叶变为红叶，而又基本不改变其他位置的颜色，重点是要准确地确定选区，为树叶增加红色成分。切换不同的颜色模式，观察各通道的状态，可发现在 Lab 颜色模式下，树叶部分在不同通道间的差异较大。在“a”通道中，树叶部分颜色较深（即红色成分较少），在“b”通道中，树叶部分颜色较浅（即黄色成分较多），而图像中其他部分在两个通道中的差距并不很大。因此，若将两通道的信息叠加再将所得选区设置到“a”通道中，即可使“b”通道中黄色成分较多的部位在 a 通道中增加红色成分，从而实现红叶效果，并避免其他位置偏色。将图像转换为 Lab 颜色模式，并复制图层，如图 10—41 所示。

图 10—41　转换颜色模式并复制图层

提示

Lab 中的“明度”通道专门负责整张图的明暗度，“a”通道和“b”通道只负责颜色的多少。“a”通道和“b”通道里的 50% 灰色表示没有颜色，所以越接近灰色说明颜色越少，而且“a”通道和“b”通道的颜色没有亮度。

3. 选择“通道”调板，执行“图像”→“计算”命令，参数设置如图 10—42 所示。

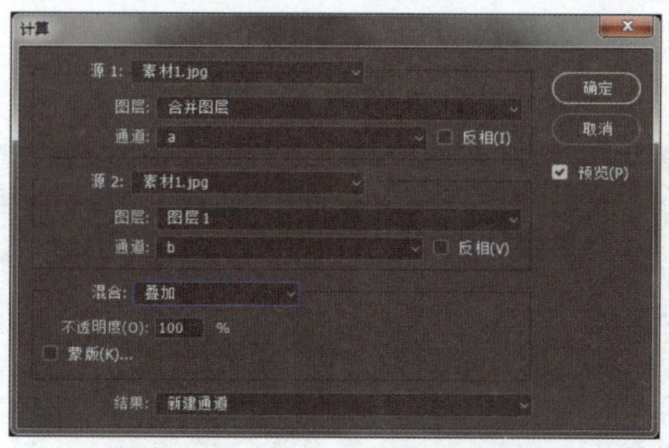

图 10—42　“计算”参数设置

4. 打开“通道”面板，可以发现经过刚才的计算，生成了“Alpha 1”通道，如图 10—43 所示。

5. 按 Ctrl+A 键全选“Alpha 1”通道，按 Ctrl+C 键复制，选择“a”通道，按 Ctrl+V 键粘贴，如图 10—44 所示。

图 10—43 生成“Alpha 1”通道

图 10—44 编辑通道

6. 回到“图层”面板，按 Ctrl+A 键全选图像，执行“图像”→“调整”→“色相/饱和度”命令，参数设置如图 10—45 所示。

7. 为“图层 1”添加图层蒙板，选择“画笔工具”，前景色设置为黑色，在要保留原色的区域涂抹，如图 10—46 所示。

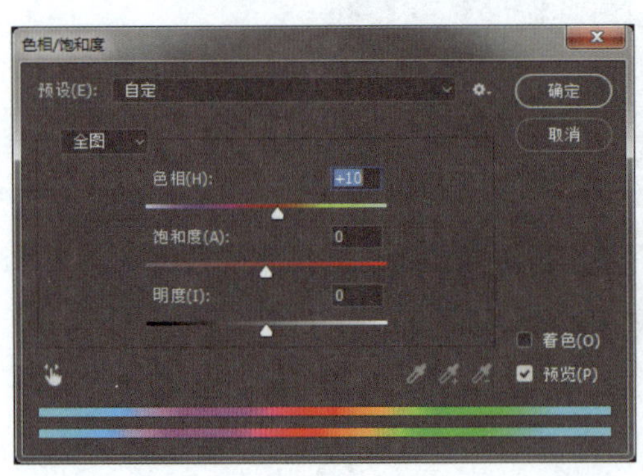

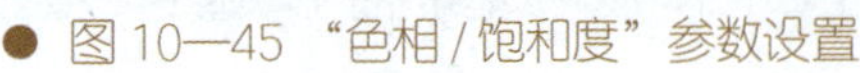

图 10—45 “色相/饱和度”参数设置

图 10—46 添加图层蒙版

8. 合并图层，执行“图像”→“模式”→“RGB 颜色”命令，保存文件。

任务 5　图片水印

学习目标

1. 了解动作的含义。
2. 能创建和修改动作。
3. 能使用批处理命令批量处理图像。

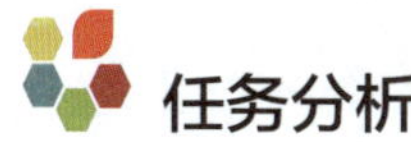

任务分析

在平时作图当中，可能需要对数十张或上百张图片进行处理，如大量图片的裁剪、缩放等。在 Photoshop 中，批处理命令可以同时对数十张、上百张甚至数千张图片进行处理，这样就大大提高了工作效率。在项目一中已初步体验过批处理功能的使用，本任务将进一步深入学习。本任务的内容是给一个文件夹中的图片批量添加水印。

相关知识

一、Photoshop 中的批处理

Photoshop 中的批处理就是对图像进行批量的处理。

二、动作

在 Photoshop 中，所谓“动作”，是指预先设定好的一系列操作。用户可根据实际需要自行定义操作的步骤，并保存在“动作”面板中，这个过程称为“录制”。以后需要对图像进行此类重复操作时，只需选择录制好的动作，单击“播放”按钮，一系列的动作就会应用在新的图像中。

三、“动作”面板

“动作”面板（图 10—47）能在工具栏的“窗口”中找到，其具有以下主要功能：

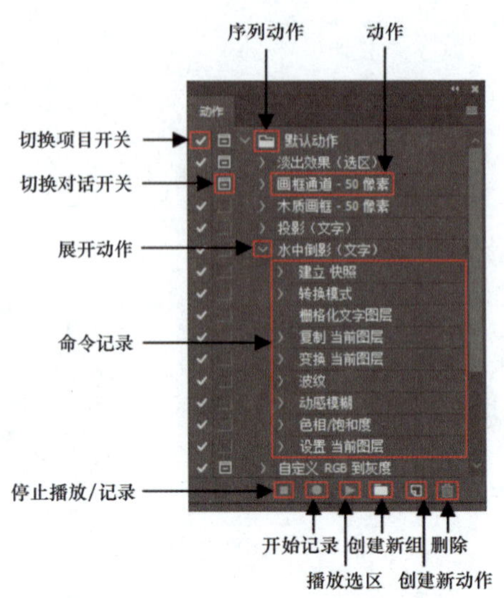

● 图 10—47 “动作”面板

1. 可将一系列命令组合为单个动作，从而使执行任务自动化。

2. 可同时处理批量的图片。

3. 使用“动作”面板可以记录、播放、编辑和删除个别动作，也可以用来存储和载入文件。

 任务实施

1. 执行“窗口”→“动作”命令，调出“动作”面板。

2. 打开本任务“源图”目录中的“素材 1.jpg”文件。

3. 单击“动作”面板上“创建新组”按钮，在弹出的对话框中输入动作组名称“自定义序列”，如图 10—48 所示。

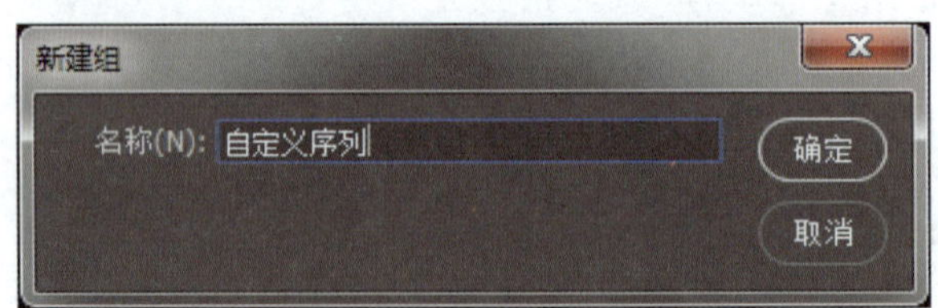

● 图 10—48 创建新组

4. 单击“动作”面板上“创建新动作”按钮，在弹出的对话框中输入动作名称“添加水印”，其他参数使用默认值，如图 10—49 所示。

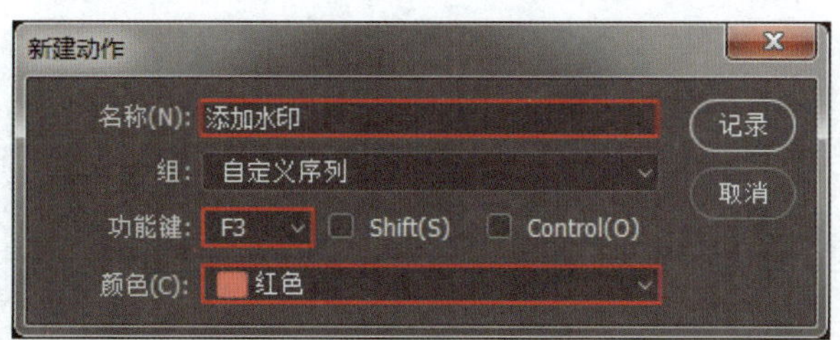

● 图 10—49　创建新动作

5. 单击“停止播放 / 记录”按钮后，“开始记录”按钮自动按下，显示为红色，表示动作已经开始录制，如图 10—50 所示。

6. 选择“横排文字工具”，在图像的右下方单击，输入“魅力花世界”，颜色为白色，参数设置如图 10—51 所示。

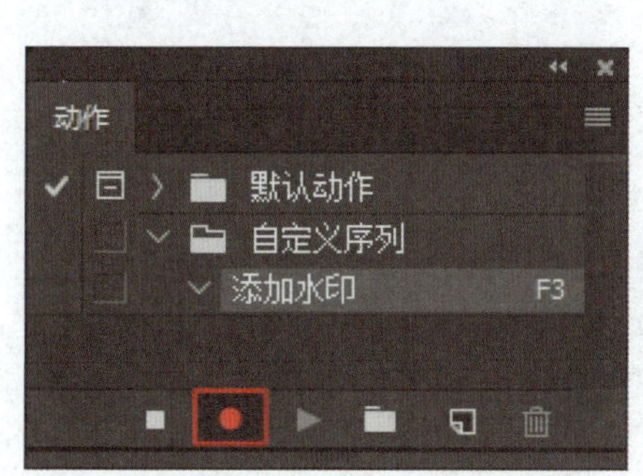

● 图 10—50　开始录制动作

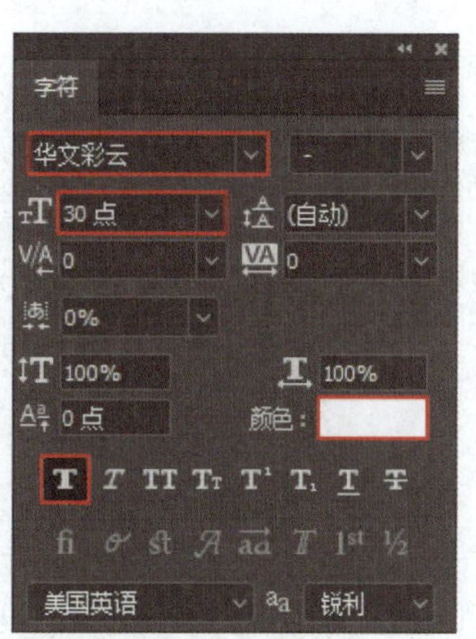

● 图 10—51　“字符”参数设置

提示

在文字编辑状态下按 Ctrl+T 键即可调出“字符”面板。

7. 选择“魅力花世界”文字图层，将图层的不透明度设置为 50%，形成水印效果，如图 10—52 所示。

8. 按 Ctrl+E 键向下合并图层，执行“文件”→“存储为”命令，将文件存到一个新建的目标文件夹下，不需要修改文件名，关闭文件。

9. 单击“动作”面板下方的“停止播放 / 记录”按钮，结束“添加水印”效果动作的录制。

10. 执行“文件”→“自动”→“批处理”命令，弹出“批处理”对话框，选择动作组为“自定义序列”，参数设置如图 10—53 所示，即可完成所有图片的处理。

● 图 10—52 设置图层不透明度

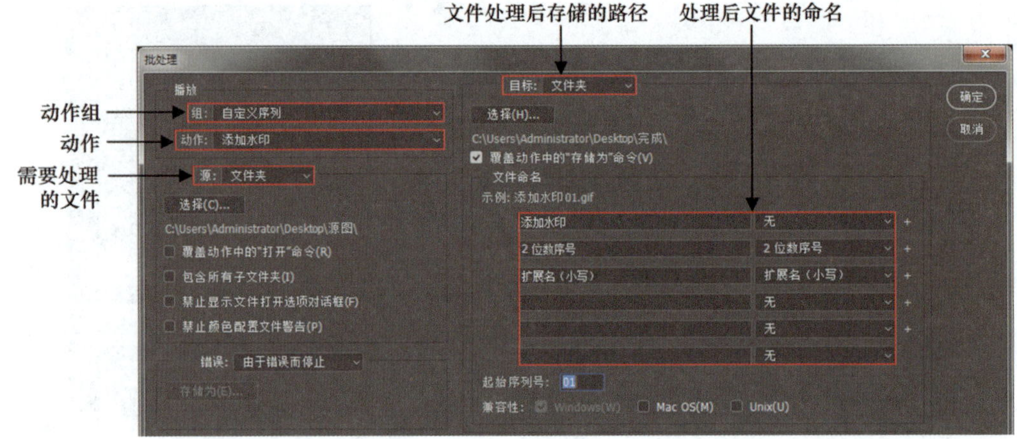

● 图 10—53 “批处理”参数设置

提示

如果某一个步骤在操作中不需要进行，可以将其删除，也可以取消该步骤的勾选，使该步骤不被执行。另外，制作完一张图片保存后，最好将其关闭，因为动作里可能涉及“上一步文档”和“下一步文档”，如果把所有的图片都导入，程序会把文档弄错。

任务 6　流汗的小狮子

学习目标

1. 了解 Photoshop 中的动画。

2. 了解动画的原理。

3. 能制作 GIF 动画。

任务分析

在网页上、通信工具签名档上经常使用活泼生动的 GIF 动画来吸引用户注意力，增加点击率。目前 GIF 动画在网络上十分流行。本任务的内容是利用 Photoshop 制作简单的 GIF 动画。

相关知识

一、动画

动画就是用多幅静止的画面连续播放，利用人类视觉暂留形成连续的影像。

目前在网络上主要的小型动画图像格式是 GIF，因其能直接在网页中显示，应用比较广泛。

二、“时间轴”面板

“时间轴”面板（图 10—54）和其他调板一样能在工具栏的“窗口”中找到，默认是放置在软件的下方。

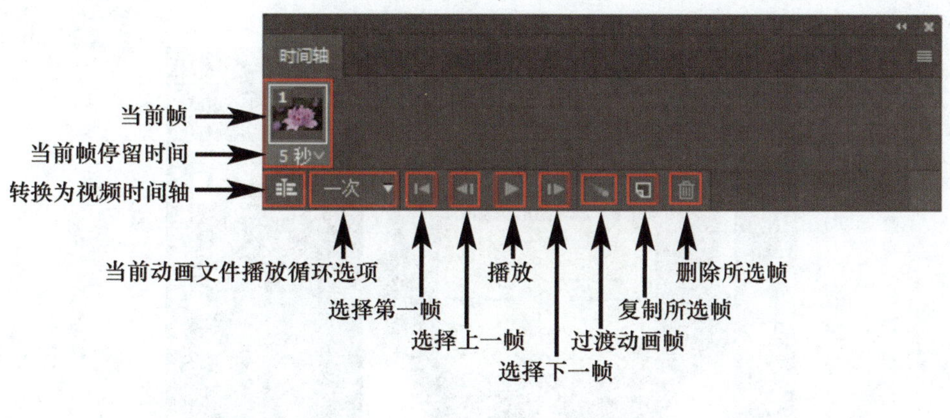

图 10—54 “时间轴”面板

三、“图层”面板中的动画制作选项

当打开“时间轴”面板的同时，在“图层”面板上方也会增加一些关于动画制作的选项，如图 10—55 所示。

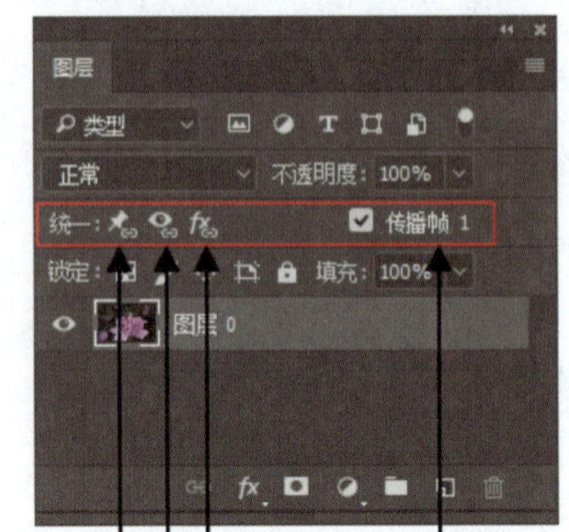

图 10—55 “图层”面板上方增加的选项

任务实施

1. 打开本任务“素材 .psd”文件。

2. 执行“窗口”→“时间轴”命令，调出“时间轴”面板。在“图层”面板中设置仅“图层 0”可见，则“时间轴”面板中将选择“图层 0”为第一帧，如图 10—56 所示。

3. 在“时间轴”面板中单击“复制所选帧”按钮，就会看到新增加了一帧，如图 10—57 所示。

4. 选择第二帧，回到“图层”面板，将“图层 1”设为可见，可发现第二帧的内容变成了“图层 1”的图像，如图 10—58 所示。

提示

把需要制作动画的图片放到同一文档不同图层中，利用图层的可见性来设置不同的帧。

图 10—56 “动画”面板的第一帧

图 10—57 复制所选帧

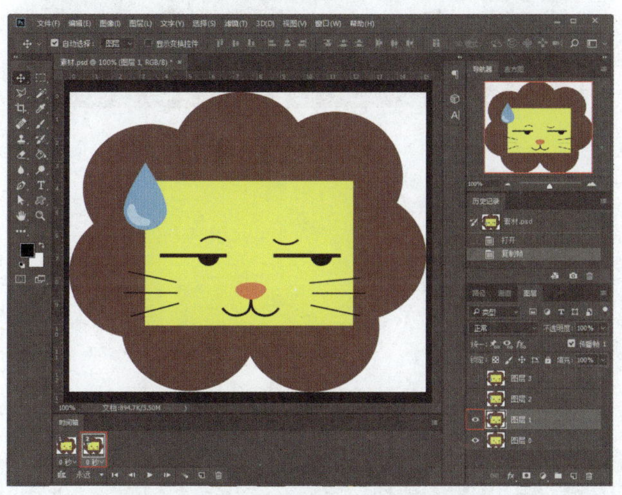

图 10—58 将“图层 1”设为第二帧

5. 利用同样的原理，在“时间轴”面板中再单击两次“复制所选帧”按钮，得到两个帧，在不同的帧分别激活“图层 2”和“图层 3”的可见性，得到的效果如图 10—59 所示。

图 10—59 复制所选帧

6. 默认情况下每一帧的播放时间为 0 秒，根据需要单击“时间轴”调版中帧右下角的三角形，选择当前帧停留的时间，如图 10—60 所示。

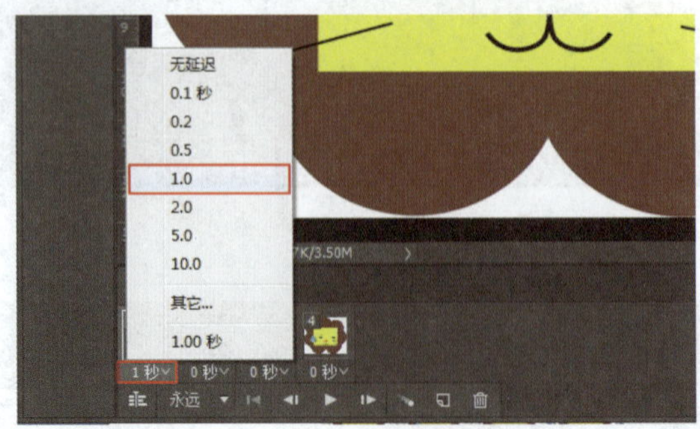

图 10—60　设定帧停留时间

提示

列表中“无延迟”即 0 秒，如果预设选项中没有所需时间，可以选择“其它”后自行输入数值（单位为秒）。

7. 用同样的方法设定其他帧停留的时间，如图 10—61 所示。

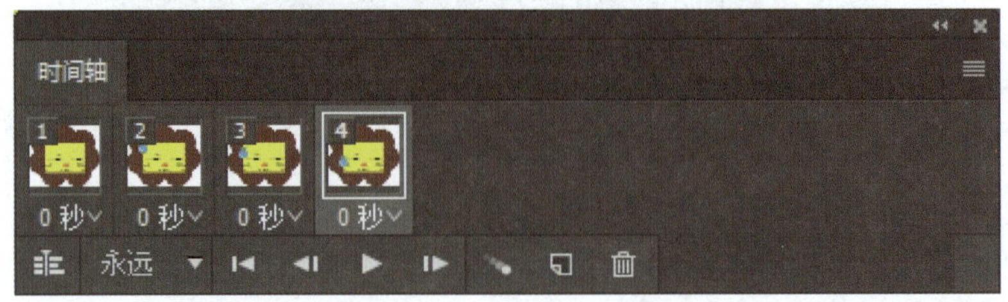

图 10—61　设定帧停留时间

提示

第一帧与最后一帧因视觉停留的原理，所以延迟的时间较长。

8. 执行“文件”→“导出”→“存储为 Web 和设备所用格式（旧版）”命令，选择 GIF 格式，参数设置如图 10—62 所示。

图 10—62 存储为 Web 和设备所用格式

 **提示**

“存储为”“存储为 Web 和设备所用格式”和“导出为”是 Photoshop CC 中三个相近的功能。

“存储为”功能和其他软件中的“另存为”等功能相同，就是通常意义上的文件保存。

“存储为 Web 和设备所用格式”功能针对图片在网页中的应用进行了优化，包括压缩了文件的大小以提高网页加载速度、适配了颜色设置使图片避免偏色、去除了部分不必要的注释信息以保护隐私等。如所编辑的图片是用于网页设计制作的，通常应选择这一选项。

由于“存储为 Web 和设备所用格式”功能是基于早期的 ImageReady 产品构建的，所用代码过于老旧，随着该产品的停用，这一功能也无法进行维护和新功能的开发。因此从 Photoshop CC 2015 开始，Adobe 公司利用新的开发平台重新设计了“导出为”功能。“导出为”进一步提高了图片的压缩比、简化了操作，并支持为图像添加边距以及将形状和路径导出为 SVG 等新功能。

未来“导出为”功能将逐步替代“存储为 Web 和设备所用格式”功能，故 Photoshop CC 2015 及以后的版本在后者的菜单名称中加注了“(旧版)”字样。

巩固训练 1　秋末

一、案例分析

很多时候我们拍的照片因为主观或客观原因都会存在偏色现象，本案例就是利用通道对图像进行调色。

观察图 10—63 中可发现天空整体偏向绿色，应增加画面的红色和蓝色，在 RGB 颜色模式里，直接对“红”“绿”“蓝”三个通道进行调整便可，效果如图 10—64 所示。

二、操作步骤

1. 打开巩固训练 1 素材“秋末 .jpg”文件。

2. 选择“通道”面板，选择“绿”通道，执行“图像”→“调整”→“曲线”命令，参数设置如图 10—65 所示。

3. 选择“红”通道，执行“图像”→“调整”→“曲线”命令，参数设置如图 10—66 所示。

图 10—63　素材

图 10—64　最终效果

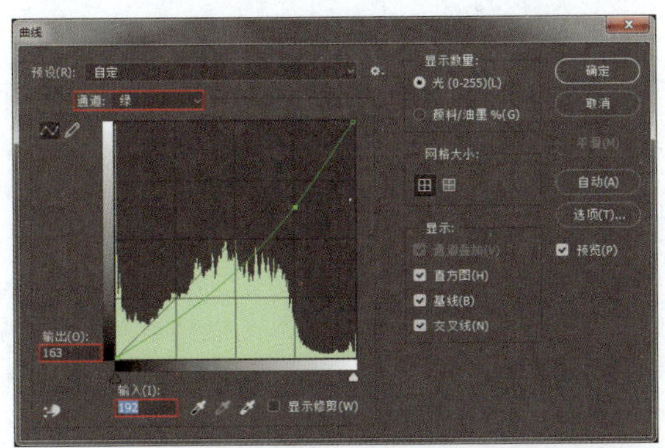

● 图 10—65 调整“绿”通道曲线参数

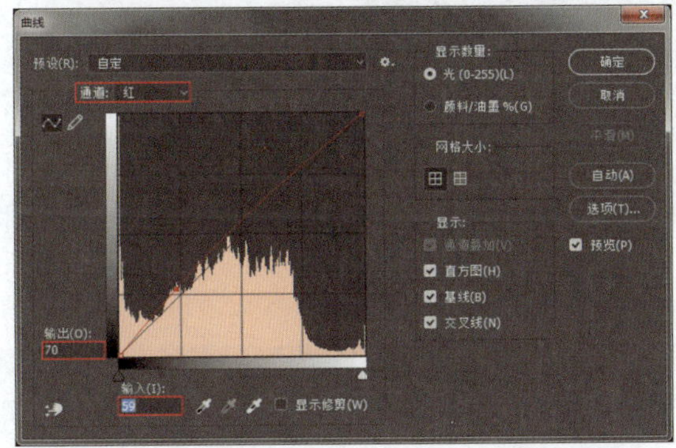

● 图 10—66 调整“红”通道曲线参数

4. 选择“蓝”通道，执行“图像”→“调整”→“曲线”，参数设置如图 10—67 所示。

5. 选择“红”通道，执行“图像”→“调整”→“亮度 / 对比度”，参数设置如图 10—68 所示。

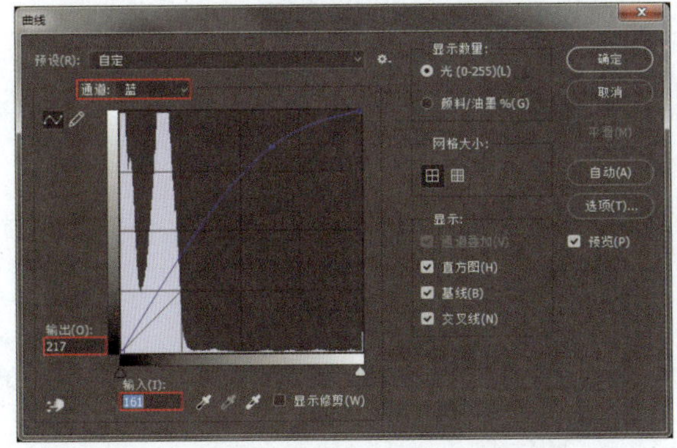

● 图 10—67 调整“蓝”通道曲线参数

● 图 10—68 调整“红”通道“亮度 / 对比度”参数

6. 选择“RGB”通道，观察图像，完成调色。

巩固训练 2　天使

一、案例分析

本案例综合了 Alpha 通道原理和通道抠图，先将树利用 Alpha 通道做出立体感，然后用通道对小女孩进行抠图，最后将各项素材合成效果图，素材和最终效果如图 10—69 和图 10—70 所示。

图 10—69　素材组

图 10—70　最终效果

二、操作步骤

1. 新建文件，设置图像宽度和高度为 800 像素 ×600 像素，分辨率为 100 像素 / 英寸，颜色模式为 RGB 颜色，背景内容为白色，命名为“天使”。

2. 打开巩固训练 2“素材 1.png”文件，将“素材 1.png”拖入“天使 .psd”文件中，生成“图层 1”，使用“移动工具”将素材移动到合适的位置，如图 10—71 所示。

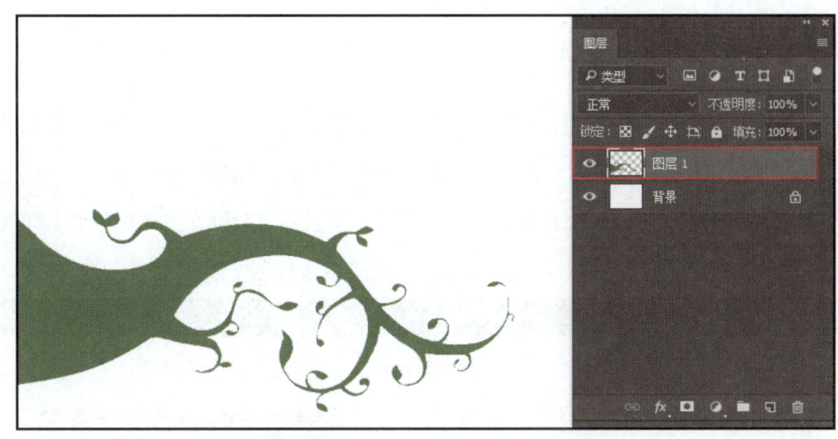

图 10—71 拖入“素材 1”

3. 选择“魔棒工具”，选择图像中的大树，执行“选择”→“存储选区”命令，将刚刚选择的区域存储为通道选区，命名为“大树”，如图 10—72 所示。

4. 在“通道”面板中选择“大树”通道。执行“滤镜”→“模糊”→“高斯模糊”命令，设置模糊半径为 15 像素。

5. 选择“大树”通道，按住鼠标左键将其拖动到“通道”面板底部的“创建新通道”按钮上，生成“大树 拷贝”通道，如图 10—73 所示。完成后取消选择。

6. 按住 Ctrl 键，单击“大树 拷贝”通道，将通道作为选区载入。按 Shift+F6 键羽化，设置羽化值为 20 像素，效果如图 10—74 所示。

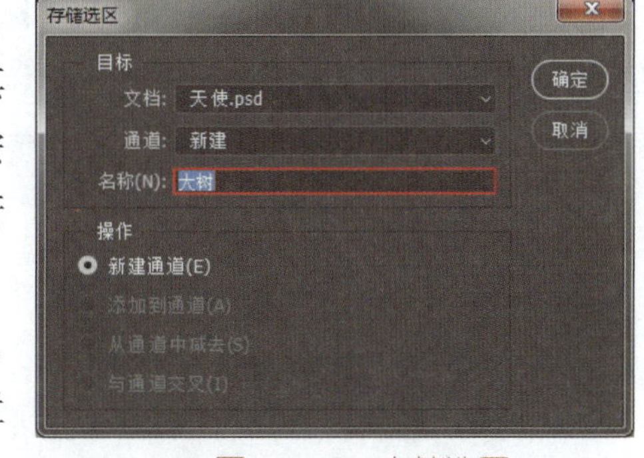

图 10—72 存储选区

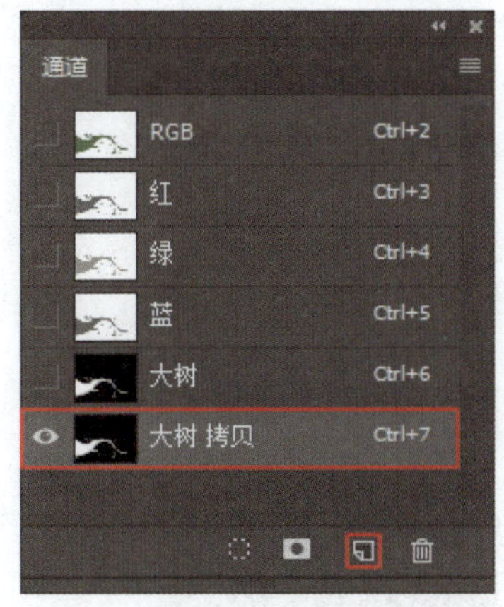

图 10—73 复制“大树”通道

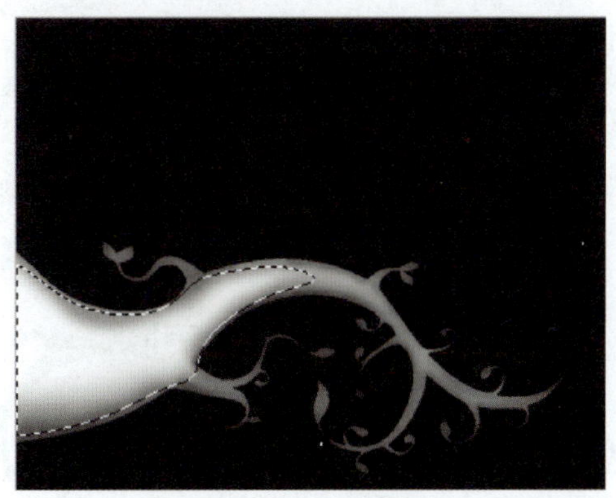

图 10—74 羽化效果

提示

高斯模糊的半径数值和羽化的半径数值均可根据每个图像自身大小的需要设定。

7. 选择“大树 拷贝”通道，选择“画笔工具”，将前景色设置为黑色，参数设置如图 10—75 所示。对图像中大树的边缘部分进行涂抹，目的在于增强大树的光影关系，使大树更有立体感，效果如图 10—76 所示。操作完成后取消选择。

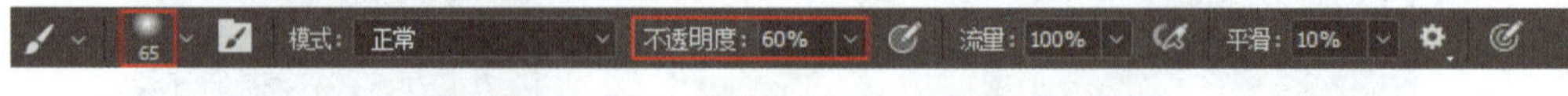

图 10—75 “画笔工具”选项栏参数设置

图 10—76 涂抹效果

提示

画笔的透明度及大小可根据需要进行调整。

8. 按住 Ctrl 键，单击“大树”通道，再单击“将通道作为选区载入”按钮。回到“图层”调板，新建图层，设置前景色为 #8fcb58，按 Alt+Delete 键填充前景色，效果如图 10—77 所示。完成后取消选择。

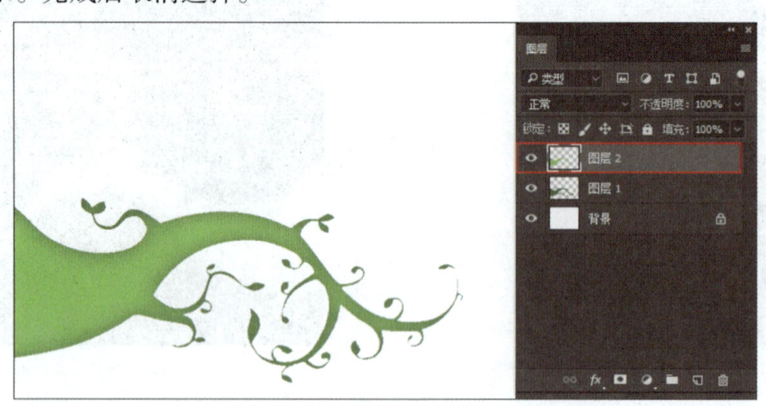

图 10—77 填充前景色 1

9. 同样的方法将“大树拷贝”通道作为选区载入，再次新建图层，设置前景色为 #d1f184，填充前景色，效果如图 10—78 所示。

10. 打开巩固训练 2“素材 2.jpg”文件，选择“通道”面板，选择对比较强的“红”通道，按住鼠标左键拖拽到“通道”面板底部的“创建新通道”按钮上，生成“红 拷贝”通道，如图 10—79 所示。

● 图 10—78　填充前景色 2

● 图 10—79　复制“红”通道

11. 按 Ctrl+L 键调出“色阶”对话框，参数设置如图 10—80 所示。

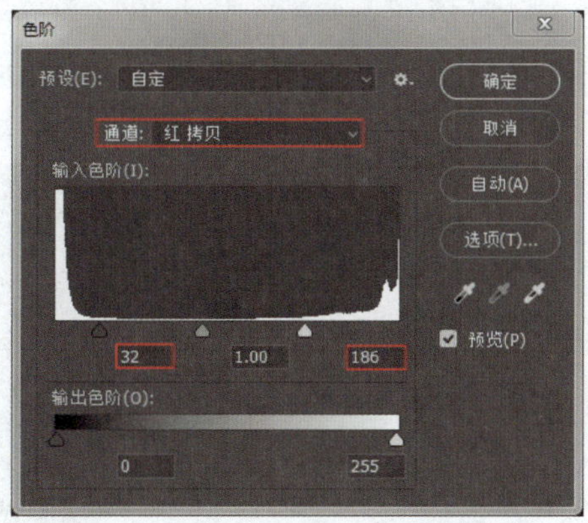

● 图 10—80　“色阶”参数设置

12. 将前景色设置为白色，背景色设置为黑色。选择“画笔工具”，将女孩图像主体涂成白色，如图 10—81 所示。

● 图 10—81　将女孩图像主体涂成白色

13. 按 X 键交换前景色和背景色，用“画笔工具”将背景涂成黑色，如图 10—82 所示。

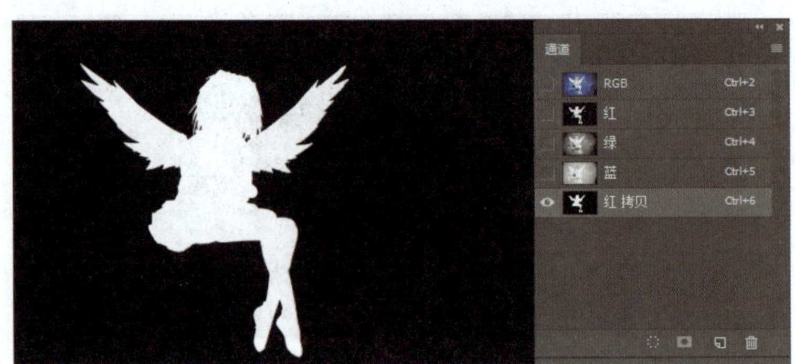

● 图 10—82　将背景涂成黑色

14. 按住 Ctrl 键，单击“红拷贝”通道，将通道作为选区载入，按 Shift+F6 键羽化，设置羽化值为 1 像素，回到“图层”面板，按 Ctrl+J 键复制图层，生成“图层 1”，效果如图 10—83 所示。

● 图 10—83　复制图层

15. 将选取出来的小女孩用“移动工具”拖拽到“天使 .psd”中，生成“图层 4”，调整大小，放到适合的位置，效果如图 10—84 所示。

图 10—84　拖拽素材并放到合适的位置

16. 选择“图层 3”，选择“橡皮擦工具”，参数设置如图 10—85 所示，对大树的亮部进行涂抹，注意要将人物的投影擦出来，如图 10—86 所示。

图 10—85 “橡皮擦工具”选项栏参数设置

图 10—86　涂抹大树亮部后的效果

提示

如有必要可对“图层 2”进行相同处理。

17. 打开巩固训练 2 “素材 3.png” 和 “素材 4.jpg” 两个文件，将 “素材 3.png” 和 “素材 4.jpg” 中的图像拖动到 “天使 .psd” 中，生成 “图层 5” 和 “图层 6”，调整图层顺序，将 “图层 6” 调整到 “背景” 图层上方，效果如图 10—87 所示。

● 图 10—87　拖拽素材并调整图层顺序

18. 单击 “图层 6”，选择菜单 “滤镜” → “渲染” → “镜头光晕” 命令，参数设置如图 10—88 所示。最终效果如图 10—70 所示。

● 图 10—88　“镜头光晕” 参数设置

巩固训练 3　邮票

一、案例分析

本案例是利用前面学到的 “动作的创建” 批量做出邮票的效果。

二、操作步骤

1. 执行“窗口”→“动作”命令，调出“动作”面板。

2. 打开巩固训练 3“源图”目录中的“素材 1.jpg”文件。

3. 单击“动作”面板上的“创建新动作”按钮，在弹出的对话框中输入动作名称“邮票”，其他参数使用默认值，如图 10—89 所示，单击“停止播放 / 记录”按钮开始录制动作。

4. 调整图像大小。执行“图像”→“图像大小”命令，在弹出的对话框中输入图 10—90 所示的数值，单击“确定”按钮。

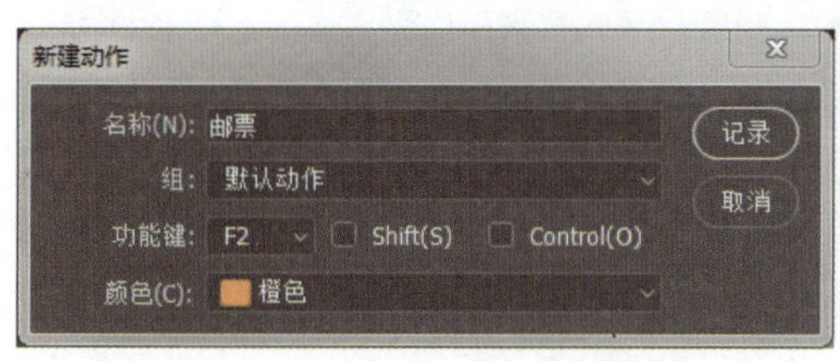

● 图 10—89 创建新动作

● 图 10—90 调整图像大小

提示

操作时应先更改分辨率，再更改高度，这样约束比例图片就不会变形。

5. 按 Ctrl+A 键全选图像，按 Ctrl+C 键复制图像。

6. 按 Ctrl+N 键新建一个名为“邮票”的文档，参数设置如图 10—91 所示。完成后按 Ctrl+V 键粘贴图像，如图 10—92 所示。

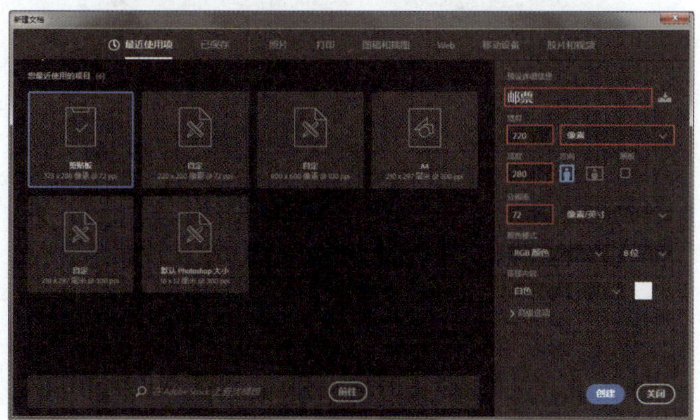

● 图 10—91 “新建文档”参数设置

图 10—92 粘贴图像

7. 按 Ctrl+A 键全选图像，执行“图层”→“将图层与选区对齐”→“水平居中”命令，操作完成后按 Ctrl+D 键取消选区。

8. 选择“自定义形状工具”，在工具栏中选择“路径”，单击“形状”旁的三角形下拉按钮，选择“邮票 2”，如图 10—93 所示。

9. 单击工具栏中“自定义形状工具”旁的三角形下拉按钮，在弹出的“自定形状选项”中选择“定义的比例”，如图 10—94 所示。

10. 回到“图层”面板，新建图层，选择“自定义形状工具”，在文件中拖动鼠标并产生邮票形状的路径，按 Ctrl+Enter 键转化路径为选区，按 D 键恢复前景色与背景色，按 Ctrl+Delete 键为选区填充白色背景色，如图 10—95 所示，按 Ctrl+D 键取消选择。

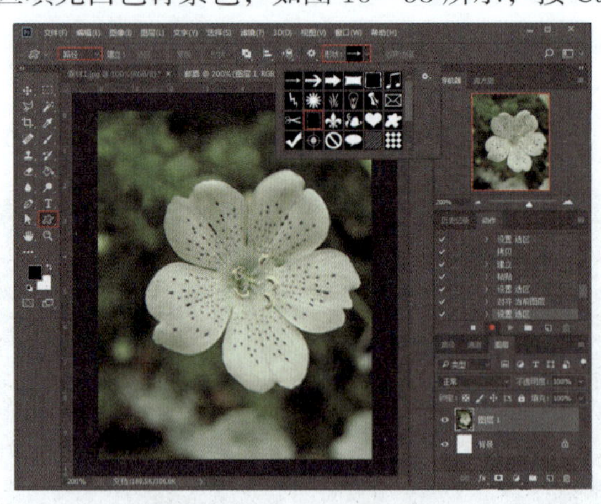

图 10—93 选择邮票形状

11. 选择“路径”面板，将刚刚产生的路径删除，回到“图层”面板，在“图层 2”中用“魔棒工具”选择邮票框外围选区，选择“图层 1”，删除选区内的图像。

● 图 10—94 选择“定义的比例”

● 图 10—95 制作邮票框

提示

路径在动作执行时会保留，所以必须到路径面板将路径删除。

12. 选择“竖排文字工具” ，在文档左上角单击，按 Ctrl+T 键调出“字符”面板，参数设置如图 10—96 所示，完成后输入“中国邮政”。

提示

在文字图层编辑状态按 Ctrl+T 键是调出“字符”面板而不是自由变换。

13. 同样，在邮票左下角及右下角分别输入“CHINA”和“1.20 元”。“CHINA”字体为“宋体”，字号为 12 点。“1.20 元”字体为“宋体”，其中“1”字号为 18 点，“.20”字号为 12 点，“元”字号为 8 点。效果如图 10—97 所示。

14. 按住 Ctrl 键，在“图层”面板中依次选取除“背景”图层以外的所有图层，按 Ctrl+E 键合并已选图层，按 Ctrl+A 键全选，选择菜单“图像”→“裁切”命令，效果如图 10—98 所示。

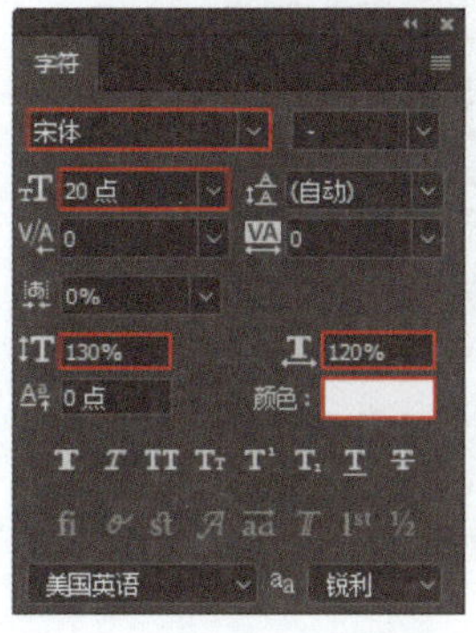

● 图 10—96 “字符”参数设置

● 图 10—97 文字形状及大小

● 图 10—98 裁切图像

15. 按 Ctrl+A 键全选，按 Ctrl+T 键自由变换，参数设置如图 10—99 所示，效果如图 10—100 所示。

图 10—99　设置缩小比例

图 10—100　缩小图像

提示

因为最开始复制过去的图像的大小与文档的大小并不相符，所以必须裁切图像，设置完裁切参数直接单击“确定”按钮即可。

16. 双击“图层”面板中合并图层的灰色区域或单击“图层”面板下方的“图层样式”按钮，在弹出的“图层样式”对话框中选择“投影”，参数设置如图 10—101 所示。

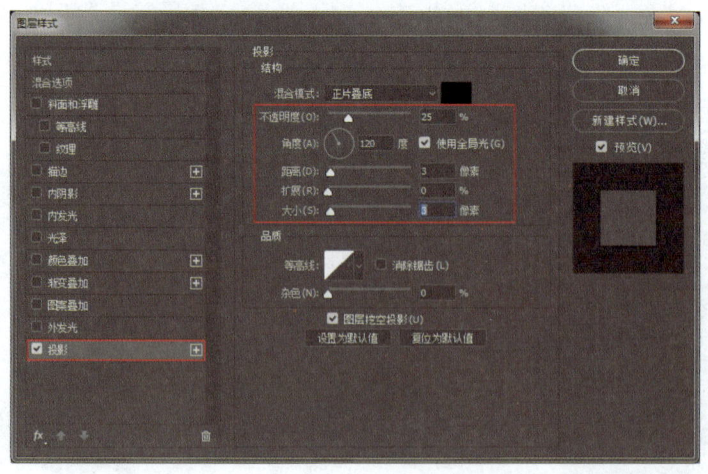

图 10—101　“投影”参数设置

17. 按 Ctrl+Shift+E 键合并可见图层，按 Ctrl+Shift+S 键存储到一个新建的文件夹中，不需要修改文件名，关闭文件。

18. 单击“动作”面板下方的“停止播放 / 记录”按钮，结束“邮票”效果动作的录制。

19. 执行“文件”→“自动”→“批处理”命令，弹出“批处理”对话框，选择动作组为“自定义序列”，动作为“邮票”，参数设置如图 10—102 所示，即可完成所有图片的处理。

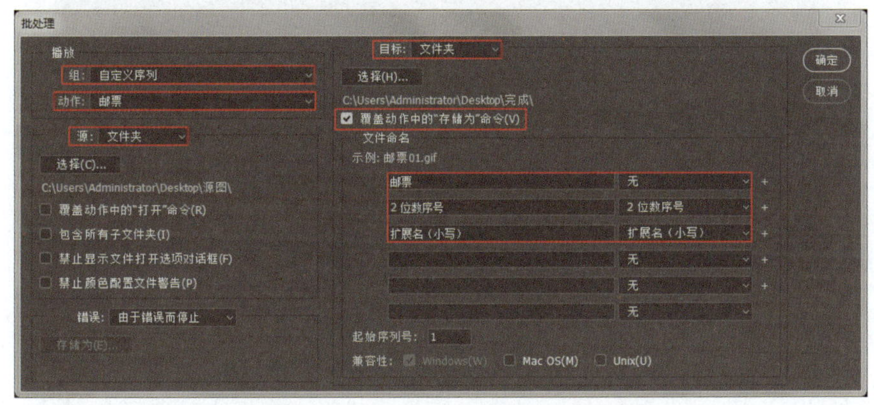

● 图 10—102 “批处理”参数设置

巩固训练 4 调皮的猫

一、案例分析

本案例是“动画”练习的进阶版，需要绘制出动画里出现的画面，再合成动画。需要制作的表情可分解为以下几幅表情图，如图 10—103 所示。表情的要求是眨两次眼睛后再吐舌头，所以每一帧表情的调整都要根据这一特点进行编辑。

眨眼

● 图 10—103 表情分解图

二、操作步骤

1. 按 Ctrl+N 键新建一个名为“表情”的文档，参数设置如图 10—104 所示。

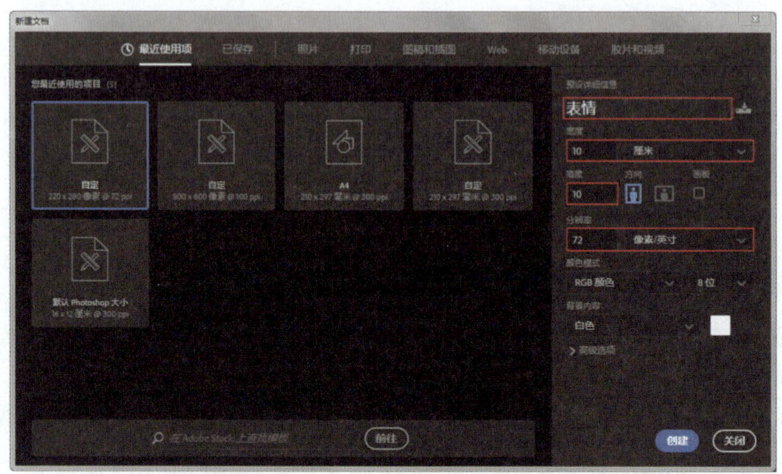

● 图 10—104 “新建文档”参数设置

2. 新建图层，命名为“脸”，再新建路径，命名为“脸 1”，如图 10—105 所示。

3. 选择“钢笔工具”，画出猫的外轮廓，单击“将路径作为选区载入”，设置前景色为 #2996a6，背景色为 #68ebff，选择“径向渐变”，效果如图 10—106 所示。完成后取消选择。

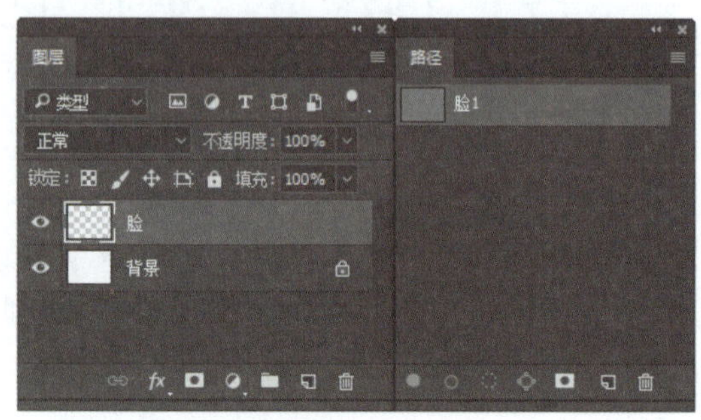

● 图 10—105 新建图层和路径

● 图 10—106 绘制图形并填充颜色

4. 在“图层”面板上选择“脸”，选择“画笔工具”，将画笔直径设置为 3 像素，在“路径”面板上选择“脸 1”，单击“用画笔描边路径”。

提示

本练习“用画笔描边路径”的地方均使用默认值黑色，直径为 3 像素。

5. 新建图层，命名为“左边的眼睛”。使用“椭圆选框工具”绘制正圆，填充白色，设置描边宽度为 3 像素，颜色为黑色；选择“画笔工具”，设置画笔直径为 15 像素，绘制眼珠。完成后移动到合适的位置。

6. 在“图层”面板选择“左边的眼睛”，按 Ctrl+J 键复制图层，图层命名为“右边的眼睛”。使用“移动工具”，按住 Shift 键将复制后的眼睛往右边移动，放到合适的位置，效果如图 10—107 所示。

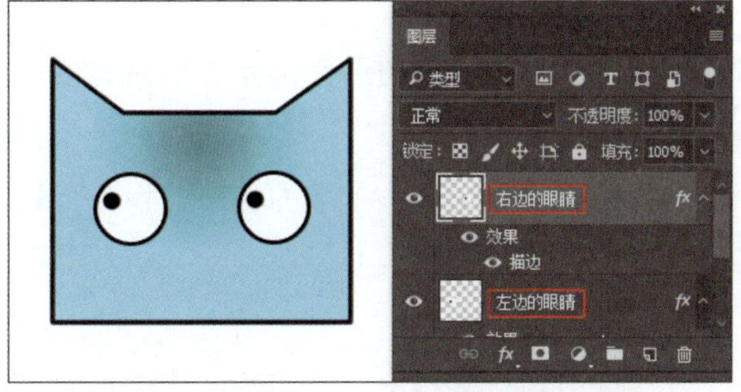

图 10—107　绘制右眼并调整位置

提示

因为右边的眼睛会有变动，所以左右眼要在不同的图层。

7. 新建图层，命名为“嘴巴”。新建“路径 2”，使用“钢笔工具”把嘴巴的线条画出来，描边路径，如图 10—108 所示。再次新建图层，命名为“吐舌头”，使用同样的方法把舌头画出来，舌头的颜色设置为 #ff3a3a，如图 10—109 所示。

图 10—108　绘制嘴巴

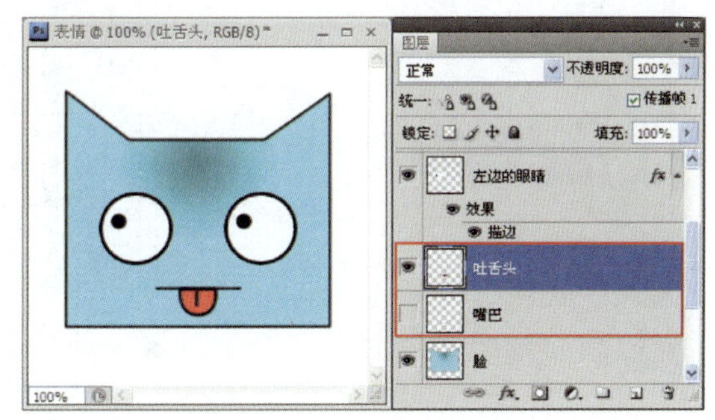

图 10—109　绘制舌头

8. 使用同样的方法把胡子和另外的眼睛画出来，如图 10—110 所示，分别将图层命名为“胡子”“眯眼”和“眨眼”。图层内容分布如图 10—111 所示。

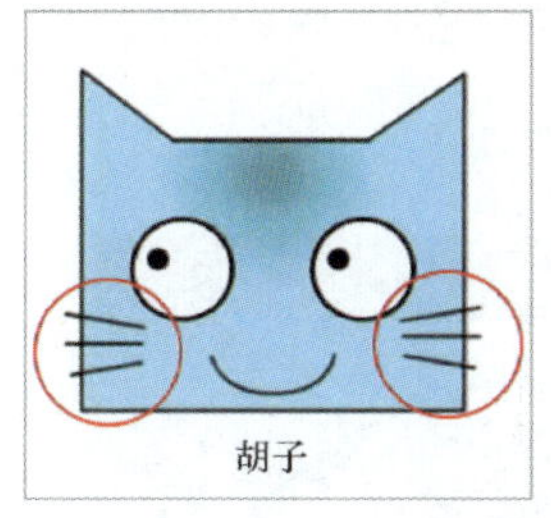

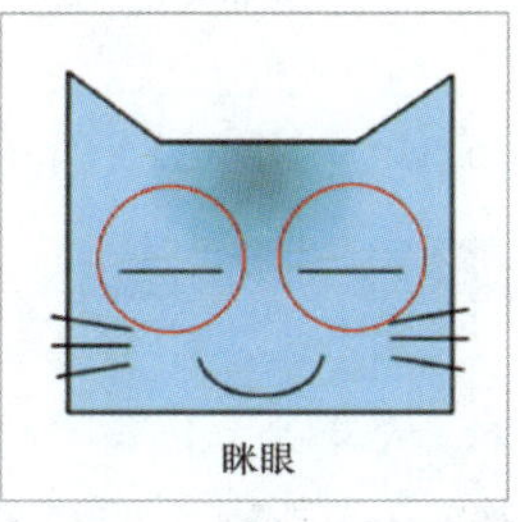

图 10—110　绘制表情其余部分

提示

画面里每个不同的部分都要在不同的图层里绘制。

9. 选择菜单“窗口”→“时间轴”命令，调出“时间轴”面板。在第一帧的时候将猫的表情调整成图 10—112 的状态，隐藏背景。

提示

表情的调整根据图层左侧的眼睛图层的可见性进行编辑。

10. 复制当前帧，将第二帧的表情调整为图 10—113 所示的表情。

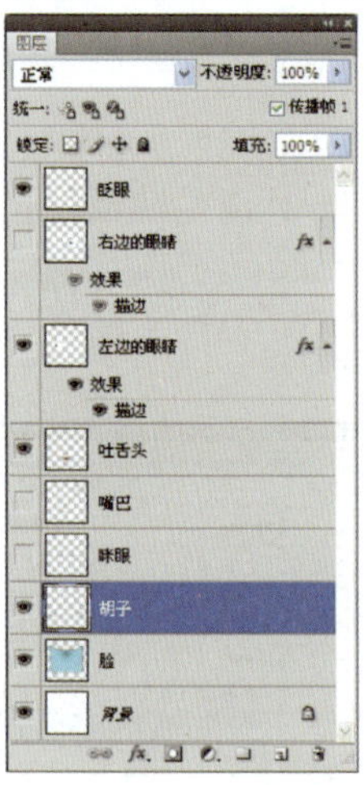

● 图 10—111　图层内容分布

● 图 10—112　调出“动画”面板并调整表情

● 图 10—113　复制当前帧并调整表情

11. 用同样的方法，将动画调成如图 10—114 所示的状态。

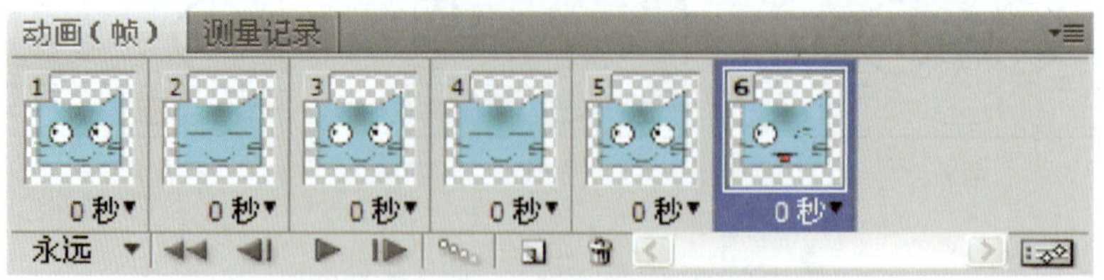

● 图 10—114　复制帧并调整动画状态

12. 播放动画，再根据需要调整当前帧停留时间，如图 10—115 所示。

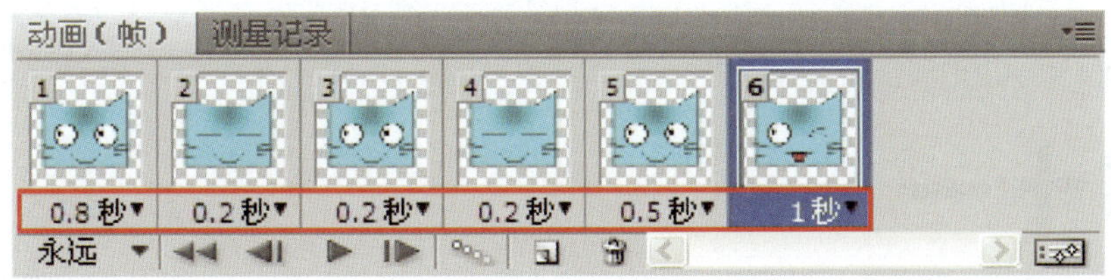

● 图 10—115 调整当前帧停留时间

13. 执行“文件”→“导出”→“存储为 Web 和设备所用格式（旧版）”命令，选择 GIF 格式，参数使用默认值。

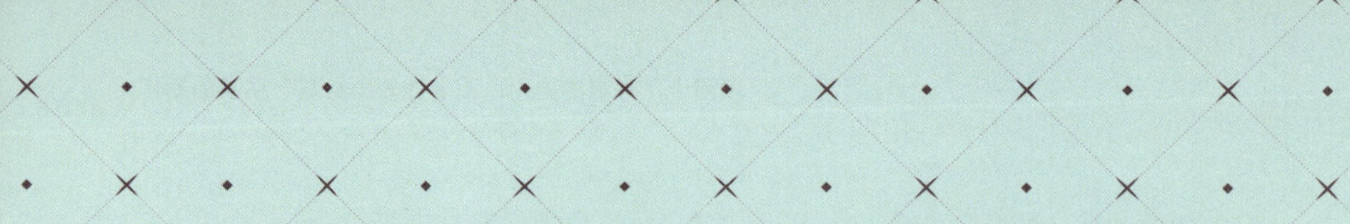

项目十一

综合项目训练三

前面各项目主要学习了 Photoshop 各项基本操作，只有将所学知识综合运用到实际工作中，才能真正理解知识，制作出理想的图像效果。

本项目中将通过两个实战项目的练习，将前面所学知识贯穿起来综合运用。

任务 1 “校园之星”评选宣传折页

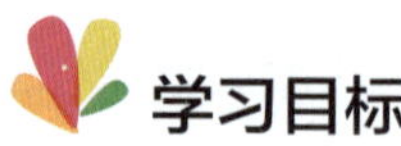

学习目标

能综合运用图层、蒙版、图层样式和“绘图工具”“文字工具”等工具编辑制作图像作品。

任务分析

本任务利用“校园之星”“无限活力”“奔跑吧”和“墨点图片”等主要素材的有机组合，搭配艺术字效果，设计出一幅具有一定设计性的三折页。通过这个任务，复习图层、笔刷、文字、蒙版、图层样式等相关知识。

相关素材如图 11—1 ～图 11—4 所示，最终效果如图 11—5 所示。

● 图 11—1 校园之星

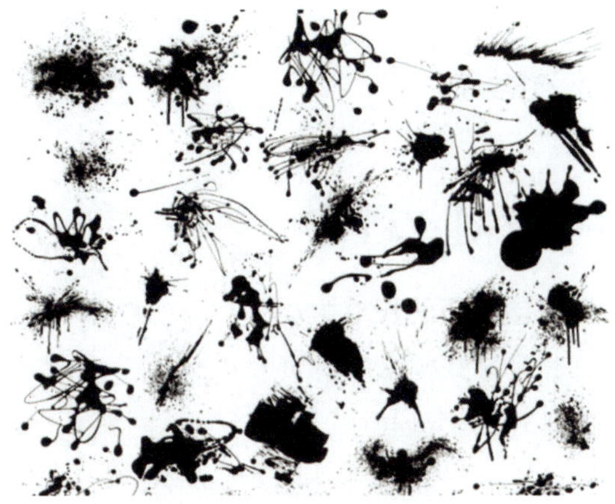

● 图 11—2 墨点图片

● 图 11—3 奔跑吧

● 图 11—4 无限活力

● 图 11—5 最终效果

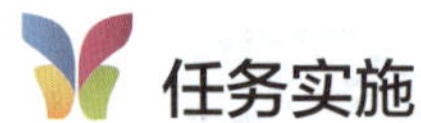

任务实施

一、新建文档

1. 设置折页的尺寸大小

用直尺量好要做的折页大小。

打开 Photoshop CC，执行“文件”→“新建”→“填入尺寸”命令，填入尺寸，注意尺寸值中每条边应加上 3 毫米出血位。例如：若宽度为 28.5 厘米，实际应填入 29.1 厘米，若高度 21 厘米，实际应填入 21.6 厘米，如图 11—6 所示。

2. 设置折页的分辨率

折页的印刷分辨率是 300dpi，在对话框中输入数字：300，选择单位“像素 / 英寸”，这是印刷输出的通用分辨率，如图 11—7 所示。

3. 设置折页的颜色模式

印刷的颜色模式是 CMYK，不是 RGB，所以新建文档时就要将文件设为 CMYK 模式，如图 11—8 所示。

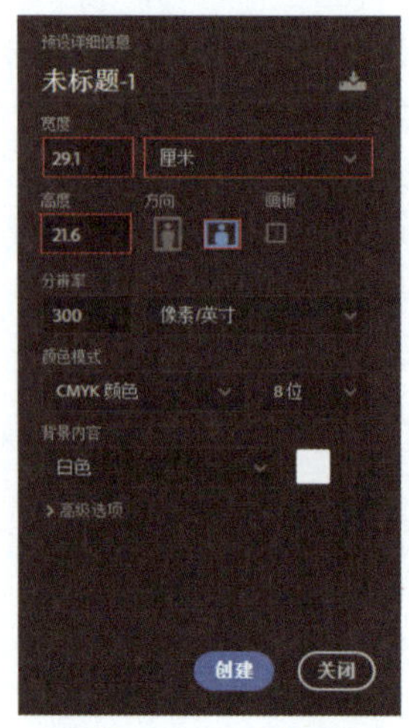

图 11—6　尺寸大小

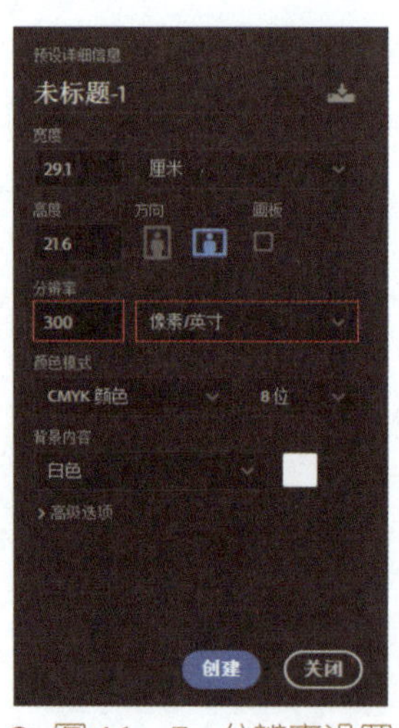

图 11—7　分辨率设置

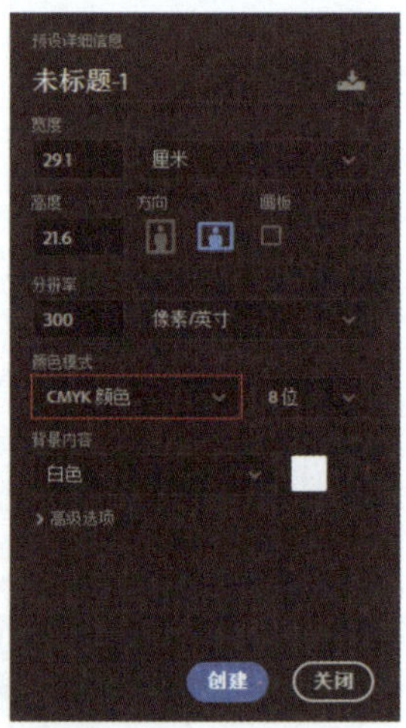

图 11—8　颜色模式

4. 打开标尺

按 Ctrl+R 键打开标尺，右击标尺在弹出的快捷菜单中选择“厘米”，将标尺的单位设为“厘米”。

5. 新建参考线

选择菜单“视图”→“新建参考线”命令，根据三折页的划分及出血尺寸，在水平方向上新建两条参考线（0.3 厘米、21.3 厘米），垂直方向上新建四条参考线（0.3 厘米、

9.8 厘米、19.3 厘米、28.8 厘米），建立完成后执行“视图”→“锁定参考线”命令锁定参考线，如果参考线没有显示，可以执行“视图”→“显示”→“参考线”命令使其显示出来，效果如图 11—9 所示。

● 图 11—9 调整“新建参考线”

参考线之外多出的 3 毫米就是出血，4 个方向的出血尺寸必须要一致。

二、活动简介页制作

1. 背景颜色

设置前景色为 #f9f1ab，按 Alt+Delete 组合键，将背景颜色填充为暗黄色。

2. 创建新组

在图层面板中创建新组，命名为“活动简介”，如图 11—10 所示，并参照图 11—5 所示效果添加栏目标题文字。

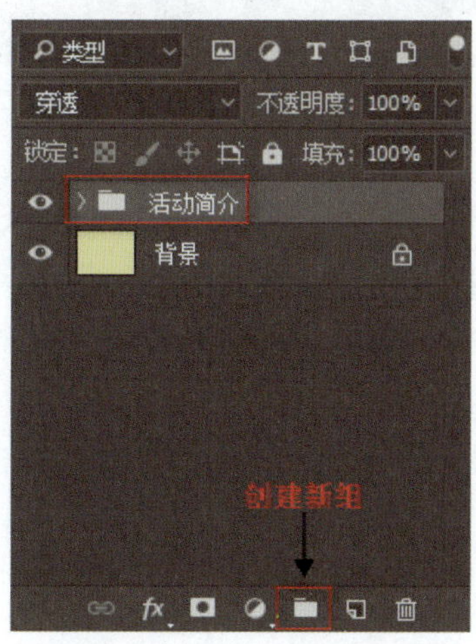

● 图 11—10 创建新组

导入素材“校园之星”至活动简介页，按 Ctrl+T 键进行自由变换，适当调整大小及位置。并适当调整图像的“色相 / 饱和度”，效果如图 11—11 所示。

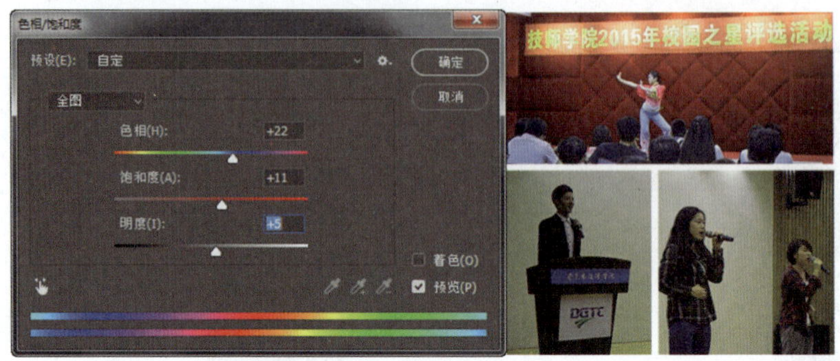

图 11—11　调整“色相 / 饱和度”

导入素材“奔跑吧”至活动简介页，适当调整图像大小及位置，并为其“添加图层蒙版”，单击选择“画笔工具”，将前景色设置为黑色，画笔大小为 100 左右，利用“画笔工具”处理图像边缘，使其与背景融合，效果如图 11—12 所示。

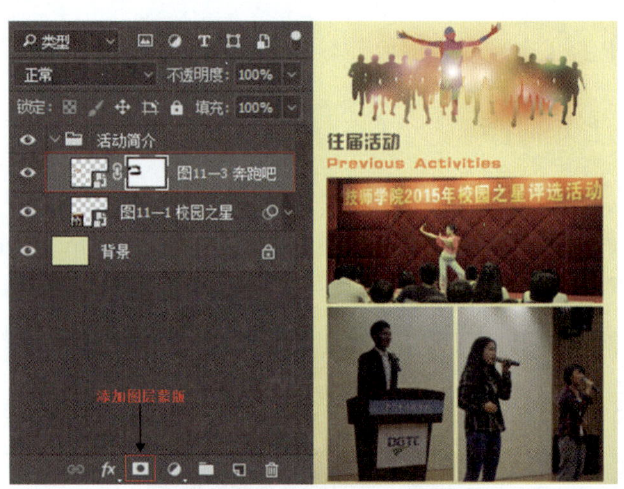

图 11—12　添加图层蒙版

导入素材“校园之星 logo 图像”至顶部，适当调整图像大小及位置，将图层混合模式设置为“正片叠底”，效果如图 11—13 所示。

3. 文字处理

在活动简介页中输入文字内容，并设置字体为“汉仪菱心体简”，效果如图 11—14 所示。

● 图 11—13 混合模式

● 图 11—14 文字处理

提示

文字和主要图片内容不要超过出血线位置，印刷时出血线以外的部分将被裁剪掉。

三、封底页制作

1. 导入图像

首先，创建“封底页”新组，利用活动简介页中的方法，将二维码、定位图像、网址图像及电话图像导入封底页中，效果如图 11—15 所示。

2. 文字处理

在封底页中输入相关文字，设置字体为“黑体”、字号为 15 点、颜色为 #e72833，效果如图 11—16 所示。

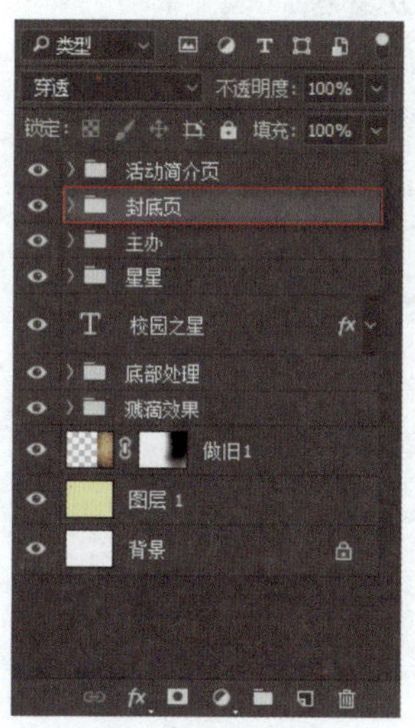

● 图 11—15 “封底页”新组

● 图 11—16 封底页文字

四、封面页制作

1. 载入画笔

在封面页中制作墨点效果。选择画笔工具，点击画笔预设，载入画笔，如图 11—17 所示，将墨点库中的“高清晰墨汁滴溅笔刷”载入画笔。

2. 墨点制作

在图层面板中新建 5 个图层，运用所载入画笔在这 5 个图层中绘制颜色为 #f5a437、#e94643、#f5a538、#f5a437、#f5cc1d 的墨点效果，并适当设置它们的透明度。效果如图 11—18 所示。

图 11—17 载入画笔

图 11—18 墨点效果

3. 图像处理

导入素材“星星”至封面页，按 Ctrl+T 键进行自由变换，适当调整大小及位置，并为其添加“图层蒙版”，单击选择“画笔工具”，将前景色设置为黑色，画笔大小为 100 左右，利用“画笔工具”处理星星底部，使其在下一步骤中可与“校园之星”文字融合，效果如图 11—19 所示。

● 图 11—19 星星装饰

4. 艺术字制作

在封面页中输入“校园之星”，设置字体为“汉仪菱心体简”，字号为 45 点，文字颜色为校（#f18b3f）、园（# 3a95d3）、之（# ce6998）、星（# 4f9836）。

在图层面板中双击“校园之星”，勾选“描边”和“投影”为其添加图层样式效果，“描边”具体参数如图 11—20 所示。“投影”具体参数如图 11—21 所示，效果如图 11—22 所示。

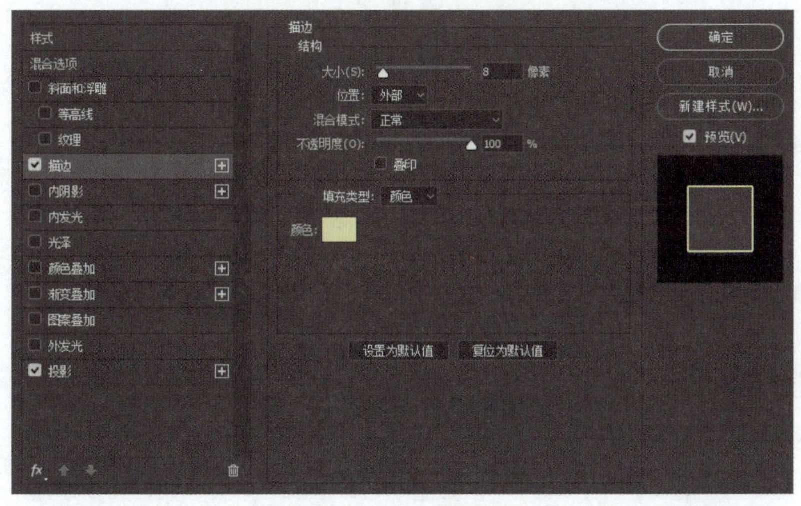

● 图 11—20 描边设置

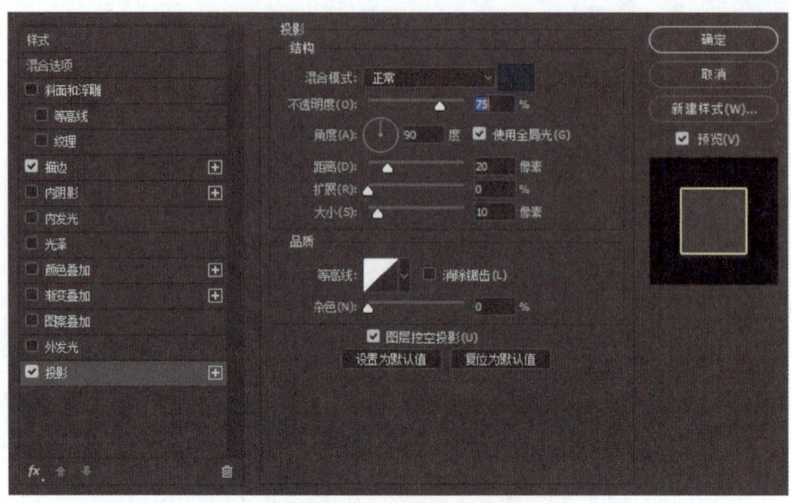

● 图 11—21 投影设置

● 图 11—22 “校园之星”效果

5. 其他文字

在艺术字下面输入主办单位等相关信息，字体为“黑体”、字号为 15 点、颜色为 #e72833，并适当调整好文字的位置。

6. 阴影区域处理

导入素材图像“做旧背景”，将其移至“封面页”区域，适当调整图像大小和位置，并将图像不透明度调至 50% 左右。

为“做旧背景”添加图层蒙版，单击选择“画笔工具”，将前景色设置为黑色，画笔大小为 900 左右、不透明度为 50%、流量为 60% 左右，如图 11—23 所示。将前景色设置为黑色，利用“画笔工具”处理“做旧背景”的明暗度，直至形成阴影效果，使其与封面页内容相融合，效果如图 11—24 所示。

● 图 11—23　画笔设置

● 图 11—24　明暗效果

用本步骤上述方法制作“活动简介页”明暗阴影效果，完成活动简介页阴影效果后，在折页底部导入图像素材“无限活力”，适当调整图像大小及位置，至此，“校园之星”三折页制作完成，最终效果如图 11—5 所示。

任务 2　校园网站首页

学习目标

1. 能利用所学知识设计网页内容。
2. 能通过切片工具对平面图进行切割，存储为网页所使用的格式。

任务分析

校园网是为学校师生提供教学、科研和综合信息服务的宽带多媒体网络。校园网内容涉及范围较广，为广大师生提供在校的学习生活所需，同时又涉及步入社会所必需的常识，致力于为学生提供更好的学习、生活、成长、就业的综合性服务平台。本任务的

内容就是利用 Photoshop 为本校校园网设计一个符合上述定位的网站首页。校园网最终效果如图 11—25 所示。

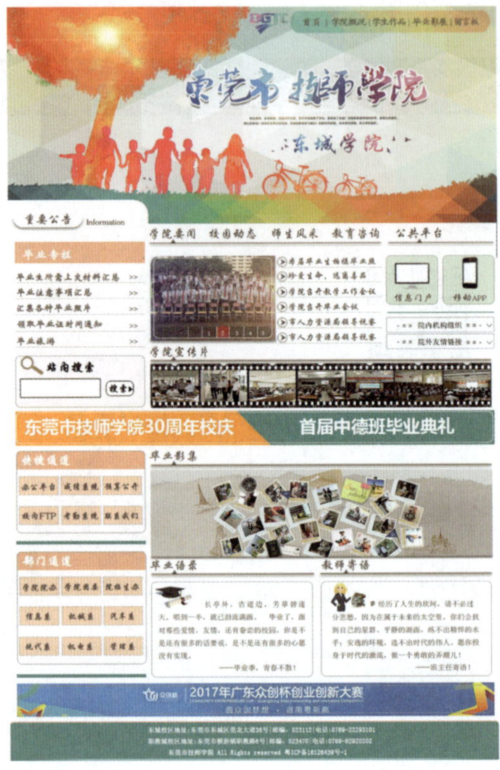

图 11—25　校园网最终效果

任务实施

一、新建文档

启动 Photoshop CC，执行“文件”→“新建”命令，打开“新建”对话框，在“名称”文本框中输入文件名“校园网主页”，在“宽度”和“高度”文本框中分别输入 1 000 和 1 550，单击“确定”，完成文档建立，如图 11—26 所示。

二、新建参考线

执行“视图”→“标尺”命令，或按 Ctrl+R 键显示出标尺，绘制参考线，以确定网页每部分区域的划分，如图 11—27 所示。

● 图 11—26　新建文档

三、制作网页 banner 和导航

1. 在“图层”面板中单击“创建新组”按钮，新建一个图层组，并将其命名为“banner”，将 banner 素材置入该组中，如图 11—28 所示。

2. 打开素材文件夹“图片”直接将“banner.jpg”拖入“校园网制作 .psd”图像文件中，按 Enter 键，在打开的对话框中单击“确定”置入图片。然后右击“图层”面板上“banner”图层，在弹出的快捷菜单中选择“栅格化图层”命令，将其转换为普通图层，如图 11—29 所示。

● 图 11—27　新建参考线

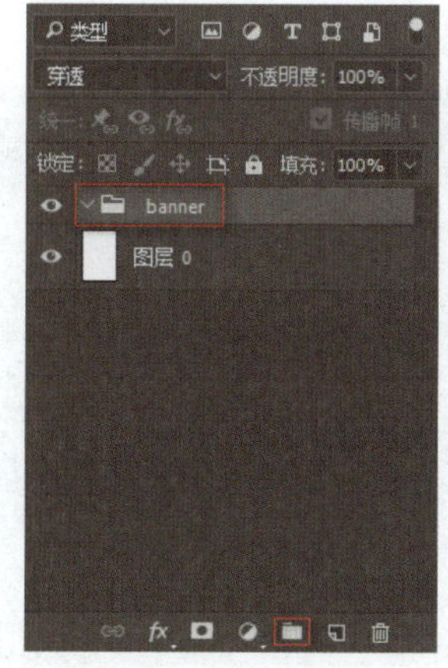

● 图 11—28　新建图层组

● 图 11—29　栅格化图层

3. 创建“导航”新组，将导航素材置入该组中。置入“导航背景 .png”素材文件，将其放置在 banner 的右上侧，并在导航背景上输入导航文本和分割线，效果如图 11—30 所示。

图 11—30　制作导航效果

4. 创建“艺术字”新组，将素材“艺术字配图”导入该组中。在 banner 中输入文本“东莞市技师学院”，字体为“叶根友行书繁”，字号为 70 点，适当调整文本的位置。将“艺术字配图”图层移至“东莞市技师学院”图层上方，按住 Alt 键，将光标放在两个图层之间创建剪贴蒙版，适当移动调整“艺术字配图”的大小与位置，效果如图 11—31 所示。

5. 在图层面板中双击“东莞市技师学院”，打开“图层样式”对话框，选择“描边”选项，设置其大小为“3”，颜色为 #ffffff；选择“投影”选项，设置其颜色为 #000000，不透明度“50%”，距离 7、扩展 2、大小 2，如图 11—32 所示。

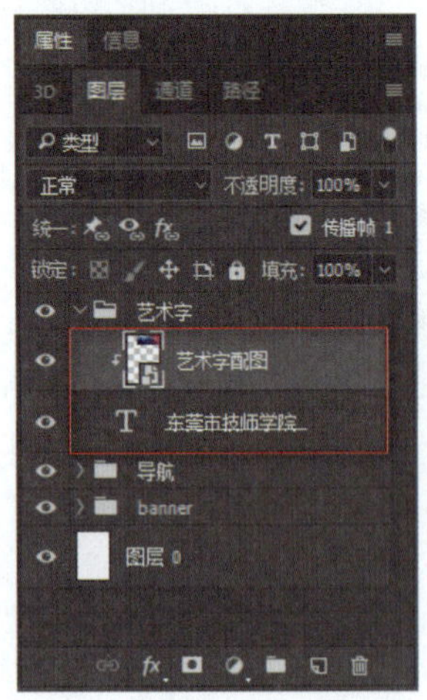

图 11—31　创建剪贴蒙版效果

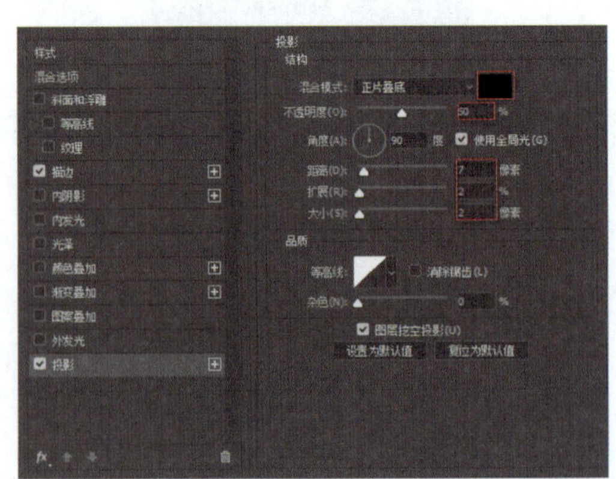

图 11—32　设置图层样式

四、制作网页内容区域

1. 制作网页内容区域前，在 banner 背景图像之上，利用圆角矩形工具绘制“内容区域”左侧背景。将圆角矩形的半径设置为 40 像素，颜色为 #ffffff，绘制到页面的最底部，并适当调整大小。

2. 创建“重要公告”新组，在页面左侧制作“重要公告”区域。绘制圆角矩形，将圆角矩形的半径设置为 90 像素，添加“斜面和浮雕”效果，参数如图 11—33 所示。在圆角矩形上添加文本“重要公告”和“Information”，字体为“方正行楷简体”，字号为 25 点和 15 点，颜色为 #695044，效果如图 11—34 所示。

3. 创建“毕业专栏”新组，在页面左侧制作“毕业专栏”区域。用矩形工具绘制矩形，将填充颜色设置为 #f6b693，描边无色，在矩形上输入文本“毕业专栏”，字体为“方正行楷简体”，字号为 25 点，颜色为 #ffffff。

4. 在“毕业专栏”区域制作 5 条虚线下划线。选择直线工具，设置线条为“虚线”，如图 11—35 所示。填充颜色为无色，描边颜色为 #766157，3 像素，粗细 1 像素。分别在 5 条虚线上输入文本内容和浏览更多“>>”，文本字体为“华文新魏”，字号为 20 点，颜色为 #766157。

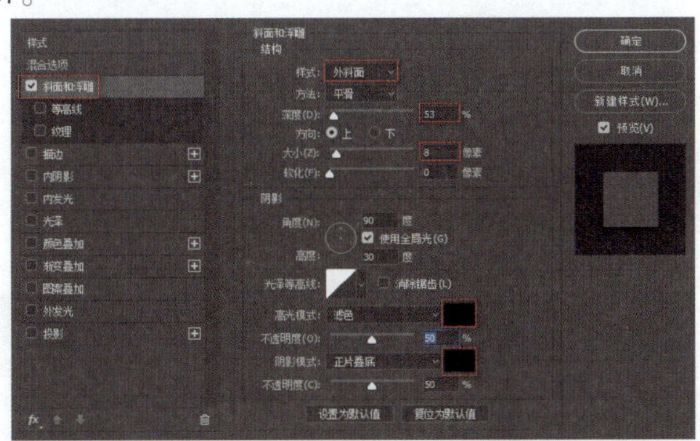

图 11—33 设置图层样式参数

图 11—34 重要公告效果

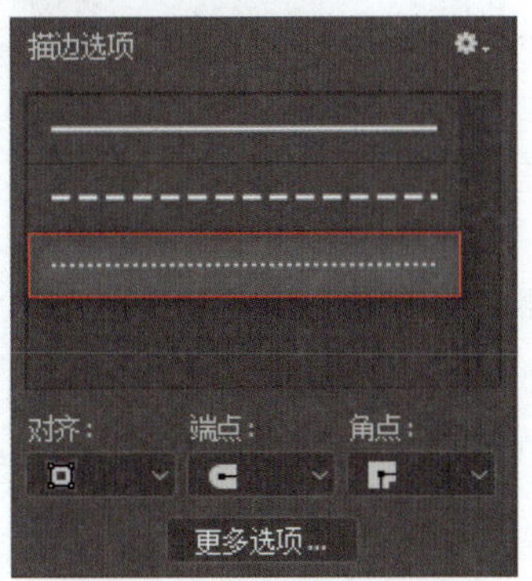

图 11—35 设置线型

5. 创建“站内搜索”新组，在页面左侧制作“站内搜索”区域。选择圆角矩形工具，填充颜色为 #faf8f8，描边颜色为 #766157，线型为实线，半径为 10 像素。

6. 在“站内搜索”内制作搜索图标。选择自定义形状工具，在形状库里找到“搜索”形状，按住 Shift 键，绘制“搜素”图标，将填充颜色设置为 #766157，描边颜色为 #a0a0a0。在其后输入文本“站内搜索”，本文字体为“方正行楷简体”，字号为 25 点，颜色为 #000000。

7. 绘制搜索框，选择矩形工具，设置填充颜色为 #ffffff，描边颜色为 #000000。在其后制作搜索按钮，选择圆角矩形工具，填充颜色为 #ffffff，描边颜色为 #000000，线型为实线，半径为 10 像素，输入文本“搜索”，字体为“方正行楷简体”，字号为 20 点，颜色为 #000000。最后绘制黑色三角形，效果如图 11—36 所示。

8. 创建“图像”新组，在页面中间制作“30 周年校庆”区域。导入素材图片“30 周年”，适当调整图像大小及位置。并利用圆角矩形在图像上绘制白边，选择圆角矩形，设置填充色为无色，描边色为 #ffffff，半径为 10 像素。

9. 创建“快捷通道”新组，在页面左侧制作“快捷通道”区域。选择圆角矩形工具，将填充颜色设置为 # f6b693，描边为 #766157，1 像素，半径为 10 像素绘制圆角矩形，将本图层命名为“快捷通道 1”，复制本图层，并命名为“快捷通道 2”。选中图层“快捷通道 2”，选择矩形工具，在“路径操作”中选择“减去顶层形状”，如图 11—37 所示。

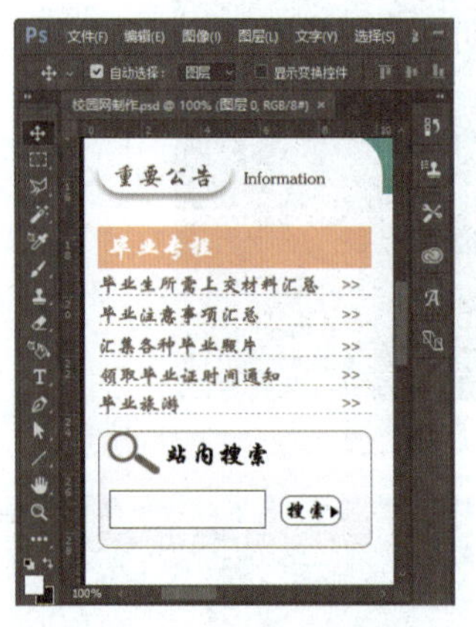

图 11—36　站内搜索效果

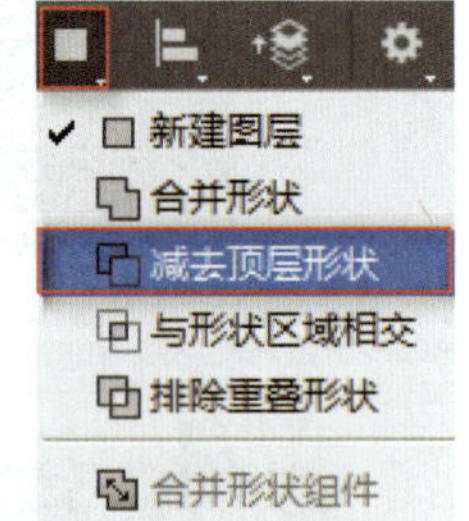

图 11—37　减去顶层形状

10. 利用矩形工具掏空“快捷通道 2”四分之三的空间，选择“快捷通道 1”，设置圆角矩形填充色为 #ffffff，效果如图 11—38 所示。最后将“快捷通道 1”和“快捷通道 2”合并，并重命名图层为“快捷通道”。

11. 选择矩形工具，设置填充色为 #fad3be，描边色为 #bfbfbf，1 像素，在快捷通道绘制 6 个矩形模块，并输入相应的文本，字体为“方正行楷简体”。“快捷通道”文本颜

色为 #ffffff，字号为 25 点。其余文本颜色为 #695044，字号为 18 点，效果如图 11—39 所示。

12. 打开素材文件夹“图片”，将“绿色间隔线 .png”拖到“快捷通道”下方，完成间隔效果的制作。

13. 创建“部门通道”新组，在页面左侧制作“部门通道”区域。重复步骤 9、10、11、12，完成“部门通道”的制作，效果如图 11—40 所示。

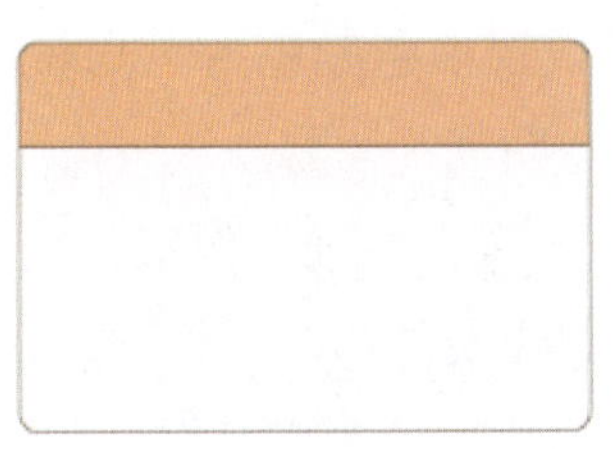

图 11—38 快捷通道框架图

11—39 快捷通道效果图

11—40 部门通道效果

14. 创建“二级导航”新组，在页面中上部制作“二级导航”区域。选择直线工具，将填充颜色设置为 #9b8a8”，描边为无色，1 像素，粗细 2 像素，绘制一条直线，将本图层命名为“间隔线”。

15. 双击“间隔线”图层，为其添加“斜面和浮雕”效果，参数设置如图 11—41 所示。

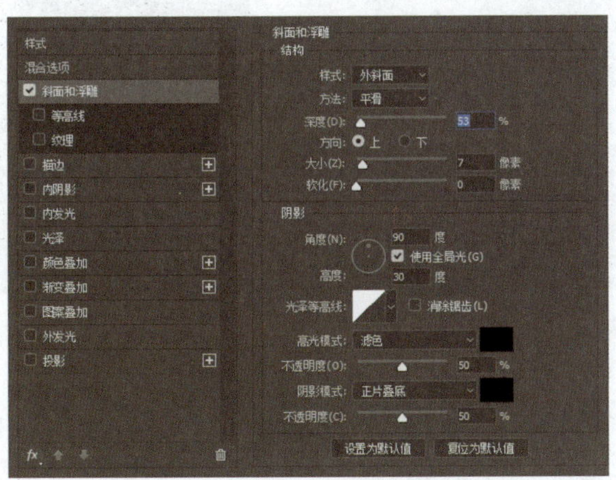

图 11—41 “间隔线”参数设置

16. 点击“自定义形状”，选择三角形，将填充颜色设置为 #9b8a82，在间隔线上绘制三角形，并输入导航文本，字体为“方正行楷简体”，字号为 25 点，文本颜色为 #695044，效果如图 11—42 所示。

17. 用同样的方法制作右侧“公共平台”的间隔线。

重要公告 Information

学院要闻 校园动态 师生风采 教育咨询 公共平台

毕业专题

● 图 11—42　二级导航效果

18. 创建“学校要闻”新组，在页面中间制作“学校要闻”区域。导入素材图片“14 广告 301”，适当调整图像大小及位置。并利用圆角矩形在图像上绘制白边，选择圆角矩形，设置填充色为无色，描边色为 #ffffff，半径为 10 像素。

19. 在图像底部制作图片轮播区域，选择圆角矩形工具，设置填色颜色为 #000000，描边无色，半径为 10 像素，绘制圆角矩形，设置圆角矩形不透明度为 40%。

20. 选择直线工具，设置填充色为 #ffffff，描边为无色，1 像素，粗细 1 像素，绘制一条直线，将本图层命名为“线条”。复制 6 条线条，并调整好线条位置。

21. 选择矩形工具，设置填充色为 #fe1125，描边为无色，在数字“2”上方绘制矩形和三角形，将不透明度设置为 60%，效果如图 11—43 所示。

22. 选择自定义形状工具，选择“前进”工具，如图 11—44 所示，将填充颜色设置为 #695044，描边为无色，绘制前进形状。

● 图 11—43　轮播区域效果

● 图 11—44　自定义“前进”形状

23. 在“前进”形状下制作 5 条虚线下划线。选择直线工具，设置线条为“虚线”。填充颜色为无色，描边色为 #766157，3 像素，粗细 1 像素。分别在 5 条虚线上输入文本内容，文本字体为“方正行楷简体”，字号为 18 点，颜色为 #766157，效果如图 11—45 所示。

24. 创建“公共平台”新组，在页面右侧制作“公共平台”区域。选择圆角矩形工具，设置填充色为 #ddeada，描边色为 #a9aca8，半径为 10 像素，绘制“信息门户”和“移动 APP”区域圆角矩形。

25. 导入素材图片“电脑”“手机”和“绿色间隔线”，适当调整图像大小及位置，输入文本“信息门户”和“移动 APP”，文本字体为“方正行楷简体”，字号为 16 点，颜色为 #766157。

26. 在绿色间隔线下方制作链接区域，选择矩形工具，设置填色颜色为 #ffffff，描边色为 #a9aca8，绘制矩形，在矩形中输入文本，文本字体为“新宋体”，字号为 12 点，颜色为 #000000，并制作左右两侧小物件，效果如图 11—46 所示。

本届毕业生拍摄毕业照
珍爱生命，远离毒品
学院召开教学工作会议
学院召开毕业会议
市人力资源局领导视察

● 图 11—45 学校要闻文字区域效果

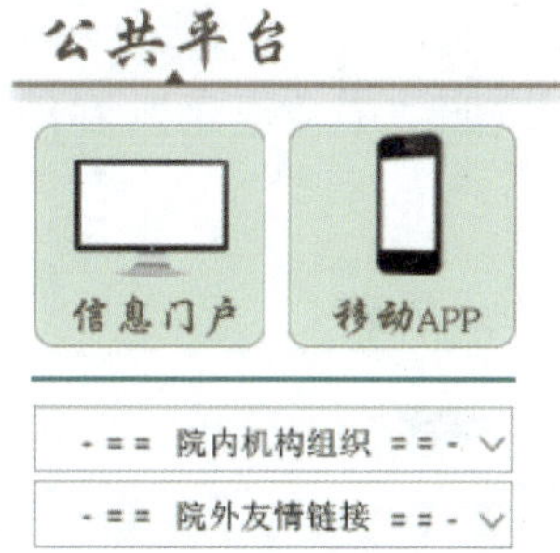

● 图 11—46 “公共平台”效果

27. 制作“学院宣传片”区域，输入文本“学院宣传片”文本，字体为“方正行楷简体”，字号为 25 点，文本颜色为 #695044。

28. 制作间隔线，根据上述步骤 14、15、16 的方法制作间隔线，或者复制上面已完成的间隔线。将图片“胶片播放”素材导入至“图像”组里，适当调整图像大小及位置，效果如图 11—47 所示。

● 图 11—47 “学院宣传片”效果

29. 按照“学院宣传片”制作方式，完成“毕业影集”区域的制作，效果如图 11—48 所示。

● 图 11—48 “毕业影集”效果

30. 制作“毕业语录”区域，输入文本“毕业语录”文本，字体为“方正行楷简体”，字号为 25 点，文本颜色为 #695044。复制以上间隔线，做间隔效果。

31. 选择圆角矩形工具，设置填充色为 #ffffff，描边色为 #a9aca8，半径为 10 像素，绘制“毕业语录”区域圆角矩形。

32. 在圆角矩形中导入素材图片“学士帽”，适当调整图像大小及位置，并在圆角矩形中输入文本，文本字体为“新宋体”，字号为 15 点，文本颜色为 #695044，效果如图 11—49 所示。

33. 按照“毕业语录”制作方式，完成“教师寄语”区域的制作，效果如图 11—50 所示。

毕业语录

长亭外，古道边，芳草碧连天。唱到一半，就已泪流满面。 毕业了，面对那些爱情，友情，还有眷恋的校园，你是不是还有很多的话要说，是不是还有很多的心愿没有实现。

——毕业季，青春不散！

图 11—49 “毕业语录”效果

教师寄语

经历了人生的坎坷，请不必过分悲愁，因为在属于未来的太空里，你们会找到自己的星群。平静的湖面，练不出精悍的水手；安逸的环境，选不出时代的伟人。愿你投身于时代的激流，做一个勇敢的弄潮儿！

——班主任寄语！

图 11—50 “教师寄语”效果

34. 将图片“众创杯”素材导入“图像”组里，适当调整图像大小及位置。并利用圆角矩形在图像上绘制白边，选择圆角矩形工具，设置填充色为无色，描边色为 #ffffff，半径为 10 像素，效果如图 11—51 所示。

图 11—51 “众创杯”效果

35. 创建“版权”新组，在页面底部制作“版权”区域。选择圆角矩形工具，设置填充色为 #078d8e，描边色为 #f6b693，半径为 10 像素，绘制“版权”区域圆角矩形。

36. 在版权区域输入文本，文本字体为“宋体”，字号为 13 点，文本颜色为 #ffffff，效果如图 11—52 所示。

东城校区地址：东莞市东城区莞龙大道36号|邮编：523112|电话：0769-22293101
职教城校区地址：东莞市横沥镇职教路6号|邮编：523470|电话：0769-82920202
东莞市技师学院 All Rights reserved 粤ICP备16126439号-1

图 11—52 “版权”效果

附录

Photoshop CC 常用快捷键

文件操作			
新建图形文件	Ctrl+N	用默认设置创建新文件	Ctrl+Alt+N
打开已有的图像	Ctrl+O	打开为	Ctrl+Alt+O
关闭当前图像	Ctrl+W	保存当前图像	Ctrl+S
另存为	Ctrl+Shift+S	存储副本	Ctrl+Alt+S
页面设置	Ctrl+Shift+P	打印	Ctrl+P
打开“首选项”对话框	Ctrl+K	显示最后一次显示的“首选项”对话框	Alt+Ctrl+K
工具箱			
矩形、椭圆选框工具	M	裁剪工具	C
移动工具	V	套索、多边形套索、磁性套索	L
魔棒工具	W	喷枪工具	J
画笔工具	B	橡皮图章、图案图章	S
历史记录画笔工具	Y	橡皮擦工具	E
铅笔、直线工具	N	模糊、锐化、涂抹工具	R
减淡、加深、海绵工具	O	钢笔、自由钢笔、磁性钢笔	P
添加锚点工具	+	删除锚点工具	–

直接选取工具	A	文字、文字蒙板、直排文字、直排文字蒙板	T
度量工具	U	直线渐变、径向渐变、对称渐变、角度渐变、菱形渐变	G
油漆桶工具	K	吸管、颜色取样器	I
抓手工具	H	缩放工具	Z
默认前景色和背景色	D	切换前景色和背景色	X
切换标准模式和快速蒙板模式	Q	标准屏幕模式、带有菜单栏的全屏模式、全屏模式	F
临时使用移动工具	Ctrl	临时使用吸色工具	Alt
临时使用抓手工具	空格	打开工具选项面板	Enter
快速输入工具选项（当前工具选项面板中至少有一个可调节数字）	0 至 9	循环选择画笔	[或]
选择第一个画笔	Shift+[	选择最后一个画笔	Shift+]
建立新渐变（在“渐变编辑器”中）	Ctrl+N		

注：多种工具共用一个快捷键的，同时按 Shift 键和该键，可在不同工具间循环切换

图层混合模式			
循环选择混合模式	Alt+– 或 +	正常	Ctrl+Alt+N
阈值（位图模式）	Ctrl+Alt+L	溶解	Ctrl+Alt+I
背后	Ctrl+Alt+Q	清除	Ctrl+Alt+R
正片叠底	Ctrl+Alt+M	屏幕	Ctrl+Alt+S
叠加	Ctrl+Alt+O	柔光	Ctrl+Alt+F
强光	Ctrl+Alt+H	颜色减淡	Ctrl+Alt+D
颜色加深	Ctrl+Alt+B	变暗	Ctrl+Alt+K
变亮	Ctrl+Alt+G	差值	Ctrl+Alt+E
排除	Ctrl+Alt+X	色相	Ctrl+Alt+U
饱和度	Ctrl+Alt+T	颜色	Ctrl+Alt+C

光度	Ctrl+Alt+Y	去色	海绵工具 +Ctrl+Alt+J
加色	海绵工具 +Ctrl +Alt+A	暗调	减淡 / 加深工具 +Ctrl+Alt+W
中间调	减淡 / 加深工具 +Ctrl+Alt+V	高光	减淡 / 加深工具 +Ctrl+Alt+Z
选择功能			
全部选取	Ctrl+A	取消选择	Ctrl+D
重新选择	Ctrl+Shift+D	羽化选择	Ctrl+Alt+D
反向选择	Ctrl+Shift+I	路径变选区	小键盘 Enter 键
载入选区	Ctrl+ 点按图层、路径、通道面板中的缩略图		
滤镜			
按上次的参数再做一次上次的滤镜	Ctrl+F	退去上次所做滤镜的效果	Ctrl+Shift+F
重复上次所做的滤镜（可调参数）	Ctrl+Alt+F		

在“3D 变化”滤镜中：

选择工具	V	立方体工具	M
球体工具	N	柱体工具	C
轨迹球	R	全景相机工具	E
视图操作			
显示彩色通道	Ctrl+~	显示单色通道	Ctrl+ 数字
显示复合通道	~	以 CMYK 方式预览（开关）	Ctrl+Y
打开 / 关闭色域警告	Ctrl+Shift+Y	放大视图	Ctrl++
缩小视图	Ctrl+–	满画布显示	Ctrl+0
实际像素显示	Ctrl+Alt+0	向上卷动一屏	PageUp
向下卷动一屏	PageDown	向左卷动一屏	Ctrl+PageUp
向右卷动一屏	Ctrl+PageDown	向上卷动 10 个单位	Shift+PageUp

向下卷动 10 个单位	Shift+PageDown	向左卷动 10 个单位	Shift+Ctrl+PageUp
向右卷动 10 个单位	Shift+Ctrl+PageDown	将视图移到左上角	Home
显示 / 隐藏参考线	Ctrl+;	显示 / 隐藏网格	Ctrl+”
贴紧参考线	Ctrl+Shift+;	锁定参考线	Ctrl+Alt+;
贴紧网格	Ctrl+Shift+”	显示 / 隐藏“画笔”面板	F5
显示 / 隐藏“颜色”面板	F6	显示 / 隐藏“图层”面板	F7
显示 / 隐藏“信息”面板	F8	显示 / 隐藏“动作”面板	F9
显示 / 隐藏所有命令面板	TAB	显示 / 隐藏工具箱以外的所有面板	Shift+TAB
文字处理（“文字工具”对话框中）			
左对齐或顶对齐	Ctrl+Shift+L	中对齐	Ctrl+Shift+C
右对齐或底对齐	Ctrl+Shift+R	左 / 右选择 1 个字符	Shift+ ← / →
下 / 上选择 1 行	Shift+ ↑ / ↓	选择所有字符	Ctrl+A
选择从插入点到鼠标点按点的字符	Shift 加点按	左 / 右移动 1 个字符	← / →
下 / 上移动 1 行	↑ / ↓	左 / 右移动 1 个字	Ctrl+ ← / →
将所选文本的文字大小减小 2 点像素	Ctrl+Shift+<	将所选文本的文字大小增大 2 点像素	Ctrl+Shift+>
将所选文本的文字大小减小 10 点像素	Ctrl+Alt+Shift+<	将所选文本的文字大小增大 10 点像素	Ctrl+Alt+Shift+>
将行距减小 2 点像素	Alt+ ↓	将行距增大 2 点像素	Alt+ ↑
将基线位移减小 2 点像素	Shift+Alt+ ↓	将基线位移增加 2 点像素	Shift+Alt+ ↑
将字距微调或字距调整减小 20/1 000 ems	Alt+ ←	将字距微调或字距调整增加 20/1 000 ems	Alt+ →
将字距微调或字距调整减小 100/1 000 ems	Ctrl+Alt+ ←	将字距微调或字距调整增加 100/1 000 ems	Ctrl+Alt+ →
设置“增效工具与暂存盘”（在“首选项”对话框中）	Ctrl+7	设置“内存与图像高速缓存”（在“首选项”对话框中）	Ctrl+8

编辑操作			
还原/重做前一步操作	Ctrl+Z	还原两步以上操作	Ctrl+Alt+Z
重做两步以上操作	Ctrl+Shift+Z	剪切选取的图像或路径	Ctrl+X 或 F2
拷贝选取的图像或路径	Ctrl+C	合并拷贝	Ctrl+Shift+C
将剪贴板的内容粘贴到当前图形中	Ctrl+V 或 F4	将剪贴板的内容粘贴到选框中	Ctrl+Shift+V
自由变换	Ctrl+T	应用自由变换（在自由变换模式下）	Enter
从中心或对称点开始变换（在自由变换模式下）	Alt	限制（在自由变换模式下）	Shift
扭曲（在自由变换模式下）	Ctrl	取消变形（在自由变换模式下）	Esc
自由变换复制的像素数据	Ctrl+Shift+T	再次变换复制的像素数据并建立一个副本	Ctrl+Shift+Alt+T
删除选框中的图案或选取的路径	Del	用背景色填充所选区域或整个图层	Ctrl+BackSpace 或 Ctrl+Del
用前景色填充所选区域或整个图层	Alt+BackSpace 或 Alt+Del	弹出“填充”对话框	Shift+BackSpace
从历史记录中填充	Alt+Ctrl+Backspace		

图像调整			
调整色阶	Ctrl+L	自动调整色阶	Ctrl+Shift+L
打开“曲线调整”对话框	Ctrl+M	打开“色彩平衡”对话框	Ctrl+B
打开“色相/饱和度”对话框	Ctrl+U	去色	Ctrl+Shift+U
反相	Ctrl+I		

在“曲线”对话框中：

移动所选点	↑/↓/←/→	以 10 点为增幅移动所选点	Shif+ ↑/↓/←/→
选择多个控制点	Shift 加点按	添加新的点	点按网格
前移控制点	Ctrl+Tab	后移控制点	Ctrl+Shift+Tab

删除点	Ctrl 加点按点	取消选择所选通道上的所有点	Ctrl+D
选择彩色通道	Ctrl+~	选择单色通道	Ctrl+ 数字
使曲线网格更精细或更粗糙	Alt 加点按网格		
在“色相 / 饱和度”对话框中：			
只调整红色	Ctrl+1	只调整黄色	Ctrl+2
只调整绿色	Ctrl+3	只调整青色	Ctrl+4
只调整蓝色	Ctrl+5	只调整洋红色	Ctrl+6
图层操作			
以默认选项建立一个新的图层	Ctrl+Alt+Shift+N	通过拷贝建立一个图层	Ctrl+J
通过剪切建立一个图层	Ctrl+Shift+J	“图层”面板“锁定”功能开关	/
与前一图层编组	Ctrl+G	取消编组	Ctrl+Shift+G
向下合并或合并联结图层	Ctrl+E	合并可见图层	Ctrl+Shift+E
盖印或盖印联结图层	Ctrl+Alt+E	盖印可见图层	Ctrl+Alt+Shift+E
激活下一个图层	Alt+[	激活上一个图层	Alt+]
激活底部图层	Shift+Alt+[	激活顶部图层	Shift+Alt+]
将当前层下移一层	Ctrl+[	将当前层上移一层	Ctrl+]
将当前层移到最上面	Ctrl+Shift+]	调整当前图层的透明度（（当前工具为无数字参数的，如移动工具）	0 至 9